Mannheimer Geschichtsblätter

Herausgeber
Prof. Dr. Hermann Wiegand
Prof. Dr. Alfried Wieczorek
Prof. Dr. Ulrich Nieß
Dr. Hans-Jürgen Buderer
Prof. Dr. Wilhelm Kreutz

Vorwort der Herausgeber

Zahlreiche „Erinnerungsorte" der 400-jährigen Geschichte Mannheims sind noch heute im Stadtbild sichtbar, auch wenn Zeit und Umstände ihrer Genese aus dem Bewusstsein der Öffentlichkeit verschwunden sind. Dies veranlasste einige Autorinnen und Autoren diese in den „Mannheimer Geschichtsblättern" erneut in den Blick zu rücken.

Das Nebeneinander von Altneckar und Neckarkanal ist allen Mannheimern vertraut. Heinrich Rentschler zeigt, dass die seit der Carl-Theodor-Zeit diskutierten Neckardurchschnitte zwischen Feudenheim und Neckarbrücke bereits an der Wende vom 18. zum 19. Jahrhundert ausgeführt wurden. Hans-Otto Brinkkötter untersucht die Motivvorlage des jüngst restaurierten Treppengeländers im Haus des kurfürstlichen Leibchirurgen Heiligenstein in C 4, 6. Hier wohnte vorübergehend auch Friedrich Engelhorn, dessen Sohn, Dr. Friedrich Engelhorn, 1885 Marie Joerger heiratete. Die amüsanten Geheimnisse des Hochzeitsmahls enthüllt Hans-Otto Brinkkötter in seinem Aufsatz „Erbsen mit gefüllten Enten". Einem profaneren Lebensbereich entstammt die Toilettenschüssel, die im Zuge der Renovierung des barocken Anwesens C 4, 6 entdeckt wurde und die Jutta Neuhaus akribisch analysiert. Monika Ryll interpretiert die zu Beginn des 20. Jahrhunderts erbauten Gartenpavillons als öffentliche Zeichen großbürgerlicher Wohnkultur. Andreas Mix erinnert an die bis zu diesem Zeitpunkt erfolgreichste Bundesgartenschau von 1975. Die Nachtseite der Hafenstadt Mannheim beleuchtet Christian Könne in seinem Beitrag „Zwischen Straßenstrich und Lupinenstraße".

Den dunkelsten Jahren der deutschen Geschichte widmet sich zum einen Anselm Küsters, der die „Handlungsmöglichkeiten" des Weinheimer Unternehmers Freudenberg am Beispiel der „Arisierung" der Lederfirma Hirsch analysiert. Zum anderen stellt Maike Piecuch die neue Präsentation der Häftlingskleidung in der KZ-Gedenkstätte Sandhofen vor. Darüber hinaus schildert die amerikanische Schriftstellerin Toby Sonneman in bewegenden Worten das Schicksal ihrer Familie. Besonders eindrucksvoll sind die Fotos, mit denen ihr Vater die letzten Monate seines Aufenthalts in Mannheim und im schwäbischen Freudental dokumentierte.

Den Einfluss des französischen Fotografen Gaston Paris auf die Entwicklung der Fotografie, den die Gastausstellung des „Centre Pompidou Paris" in den Reiss-Engelhorn-Museen deutlich gemacht hat, stellt Claude W. Sui vor. Über neue Quellen im MARCHIVUM berichtet Harald Stockert in seinen Beiträgen zur Einführung des Führerscheins in Mannheim sowie zu den mit Unterstützung der DFG digitalisierten Mannheimer Verlassenschaftsakten. Welch innovative Rolle Mannheim und seine Handelshochschule in der deutschen Bildungsgeschichte spielten, unterstreichen die Ausführungen Alfred Storchs.

Luisa Reiblich, langjährige Mitarbeiterin der Reiss-Engelhorn-Museen, die das Lektorat und die graphische Gestaltung der „Mannheimer Geschichtsblätter" viele Jahre verantwortete, ging im Frühsommer 2019 in den Ruhestand. Ihr Engagement und ihr Sinn für Ästhetik haben nicht nur das äußere Erscheinungsbild der Geschichtsblätter geprägt. Nicht zuletzt müssen wir ihr für die redaktionelle Betreuung der „Mannheimer Geschichtsblätter" danken und wünschen ihr für die Zukunft alles erdenklich Gute.

Leider hat ihr Ausscheiden das Erscheinen dieses Bandes erheblich verzögert. Wir bitten dies zu entschuldigen.

Mannheim, im September 2019

Prof. Dr. Hermann Wiegand
Prof. Dr. Ulrich Nieß

Prof. Dr. Alfried Wieczorek
Dr. Hans-Jürgen Buderer
Prof. Dr. Wilhelm Kreutz

Danke!

Wir sind noch immer vollkommen begeistert! Dank der finanziellen Unterstützung durch den Mannheimer Altertumsverein (MAV) hat die Museumspädagogik der Reiss-Engelhorn-

Abb. 1 (oben) und
Abb. 2 (rechts)
Aktionen der ReissNägel
Fotos: rem, Jasmin Hoffmann

Museen 2018 einige schöne Vorhaben (Abb. 1 und 2) umsetzen können.

Seit Anfang 2018 arbeitet das Projektteam mit allen Kräften daran, den Besuch der Dauerausstellung „Versunkene Geschichte" im Museum Weltkulturen noch attraktiver zu gestalten. Dafür wurden Rätselhefte konzipiert, zunächst eines, mit dem Kinder von fünf bis sieben Jahren zusammen mit ihren Eltern die Ausstellung erobern können (Abb. 3). Für die Altersgruppe der Acht- bis Zwölfjährigen ist aktuell ein zweites Heft im Entstehen, das auf die Bedürfnisse größerer Kinder abgestimmt ist und ebenso Lust auf die Ausstellung macht. Die Hefte sind an der Kasse im Museum Weltkulturen D 5 für jeweils einen Euro erhältlich.

Abb. 3 (unten)
Das Rätselheft zur „Versunkenen Geschichte"
Foto: rem, Jasmin Hoffmann

Ebenso unterstützte der MAV die Weihnachtsaktion des Jugendclubs „ReissNägel". Dabei erarbeiteten sich die Kinder und Jugendlichen, die sich jeden Monat einmal in den rem treffen, die Ausstellung „MUMIEN – Geheimnisse des Lebens". Die Kinder erfanden dafür eine Geschichte, in der, vom Weihnachtsmann angeführt, die Mumien zum Sprechen gebracht werden. Innerhalb dieses fiktiven Rahmens führten die Kinder ihre Eltern und Angehörigen durch die Schau und präsentierten dabei ihr neu erworbenes Wissen: eine Freude für die Kinder und

eine Schulung ihrer Fähigkeiten, Inhalte anschaulich zu vermitteln.

Wir sind glücklich, im MAV so engagierte Förderer unserer Arbeit zu haben. Dafür möchten wir uns auf diesem Weg herzlich bedanken. DANKE, dass auch Sie mit Ihrem Mitgliedsbeitrag helfen, unsere Ausstellungen für Kinder und ihre Familien lebendig zu präsentieren!

Sibylle Schwab und Kristin Knaack

Hans-Jürgen Buderer

Förderkreis-Team in neuen Büroräumen

6 Damen – das Team, das die komplexen Strukturen des Fördererkreises für die Reiss-Engelhorn-Museen und dessen rem Service GmbH kompetent und mit großem Erfolg im Griff hat, hat im Juni 2019 neue Büroräume bezogen.

„Kann ich als Mitglied im Fördererkreis ...?" so beginnen die häufig gestellten Fragen vieler Mitglieder, die sich an die Geschäftsstelle des Fördererkreises wenden, und Doreen Hamann, seit 2015 Leiterin der Geschäftsstelle, weiß sie in allen Fällen mit Geduld und Sachwissen zu beantworten. Mitgliederbetreuung, das heißt aber nicht nur die richtigen Antworten zu den eingehenden Fragen parat zu haben. Das beinhaltet auch die organisatorische Vorbereitung der zahlreichen Veranstaltungen für die Mitglieder, wie die vielbesuchten Previews zu den Ausstellungen der rem, die Aktivitäten des rem-Jugendclubs und die jährliche Mitgliederversammlung, dem wichtigsten Forum der Kommunikation des Vorstandes mit den Mitgliedern.

Doreen Hamann ist nicht nur die Anlaufstelle für die Mitglieder und Schnittstelle nach außen. Das nach innen gerichtet Gefüge ihrer Arbeit in der Geschäftsstelle ist nicht weniger komplex und differenziert. Die Pflege der umfassenden Adressdatenbank, die aufwändige Aktualisierung und sorgfältige Vorbereitung der Post- und Mailversande an die über 1600 Mitglieder verlangen ein hohes Maß an Sorgfalt und Verantwortungsbewusstsein im Umgang mit diesen sensiblen Daten. „Wir beachten hier nicht nur die gesetzlichen Vorgaben des Datenschutzes, sondern haben uns selbst die Einhaltung hoher Standards zum Ziel gesetzt" so Doreen Hamann zu diesem Bereich ihrer Tätigkeit.

Mit der Leitung der Geschäftsstelle ist sie auch für die komplexe Zuarbeit zu den Aufgaben des fünfköpfigen Vorstandes verantwortlich, den Vorstandsvorsitzenden (Dr. Hans-Jürgen Buderer) und dessen Stellvertreter (Dr. Michael Kost), das

Rechnungswesen (Alexander Spieß) und die juristischen Belange (Dr. Martin Feick) sowie die Betreuung der rem Service GmbH (Elena Bichelmeier). Das beinhaltet auch die Kommunikation mit dem Vorstand in Fragen der Verwaltung der Immobilien des Förderkreises. Nicht weniger aufwändig ist die Sorge um den Fluss des Informationsaustausches zu den Gremien, dem Stiftungsrat (Vorstand: Prof. Dr. Carl-Heinrich Esser), dem Kuratorium (Kuratoriumssprecher: Dr. Lothar Stöckbauer), dem Generaldirektion der rem (Prof. Dr. Alfried Wieczorek) und deren Verwaltung (Arndt Zimmermann). Auch der Austausch mit dem Altertumsverein (Vorsitzender: Prof. Dr. Hermann Wiegand / Leitung der Geschäftsstelle: Henrike Stecker) wird von ihr aktiv mitgetragen.

Nach außen treten sie hinter den über fünfzig Damen und den fünf Herren, die täglich in den Museumsshops die Kundschaft betreuen, fast nicht in Erscheinung, die Geschäftsleitung der rem Service GmbH, Daniela Philipp und Virginie Kaufmann sowie die den Einkauf unterstützenden „helfenden Hände" Edith Keller und Ute Huber und schließlich die Koordinationsstelle für die Einsätze der Mitarbeiterinnen und Mitarbeiter in den Shops im Museum für Weltkulturen D5 und dem Museum Zeughaus C5 mit seinen Kunst- und Kulturgeschichtlichen Sammlungen, um die sich Barbara Buderer, seit 2018 im Team, kümmert. Mit in ihren Aufgabenbereich gehören auch die Buchhaltung, die täglichen Abrechnungen der Einnahmen der Shops, um die sie sich regelmäßig unterstützt von Monika Grönert kümmert.

Enttäuschung über umsatzschwache Tage, auch wenn das für die Buchhaltung weniger Arbeit bedeutet - gute Laune an Tagen, an denen es viel zu tun gibt, weil es in den Kassen der Shops geklingelt hat. „Wir haben dabei immer im Blick, dass es ja grundsätzlich um die Fördermöglichkeiten für das Museum geht ...," so beide Damen, „... Ankäufe für die Sammlungsbestände ebenso wie die Unterstützung der wissenschaftlichen Arbeit des Hauses und nicht zuletzt der überre-

Hans-Jürgen Buderer

gional wirksamen Ausstellungsprojekte. Dass der Fördererkreis 2018 anlässlich seines fünfzigjährigen Bestehens dem Haus die Mittel für „Belle Epoque", die Neupräsentation der Kunst- und Kulturgeschichtlichen Sammlungen im Museum Zeughaus, zur Verfügung gestellt hat, halten sie für eine dem Förderanliegen des Vereins ausgesprochen angemessene Entscheidung.

Zwei Shops mit täglich vier Ehrenamtlichen zu besetzen, das fordert heraus. Nicht immer werden mit den täglich eingehenden Mailnachrichten Termine für den Einsatz in einem der Shops angeboten. Da gibt es auch die Information über Ausfälle wegen Krankheit, für die es Ersatz zu finden gilt. Erfreulicher – wenn auch für die Organisation nicht weniger folgenschwer – sind da die Hinweise auf die Urlaubswünsche, die dann bei der Einsatzplanung zu berücksichtigen sind. „Solange das alles mit etwas Vorlauf abläuft, ist das ganz gut zu bewältigen", so Barbara Buderer, „aber manchmal kommt der Anruf auch erst eine Stunde vor dem Termin und dann kann auch eine SOS-Mail an alle oftmals nichts mehr retten." Doch sie ist voll des Lobes an „ihr" Team ehrenamtlicher Verkäuferinnen und Verkäufer, das mit großem Engagement und freundlichem Entgegenkommen erfolgreich die Shops betreibt.

Für das weite Spektrum des Angebots an Schmuck und Schals, an Gläsern und Erinnerungsstücken an einen Museums- oder Ausstellungsbesuch, auch die vielen jungen Besucher ansprechend, sorgen Daniela Philipp und Virginie Kaufmann unterstützt von Edith Keller und Ute Huber. „Was spricht an? Was wird gekauft?" Nicht nur Fragen des Geschmacks spielen hier eine Rolle, sondern verantwortungsbewusstes kaufmännisches Entscheiden bei der Auswahl und der Preisgestaltung. Doch auch die Präsentation des Angebotes ist entscheidend. „Wie bringen wir dies oder jenes in einer ansprechenden Form an unsere Kunden?" Auch das sind Fragen, die das Team um die beiden Geschäftsführerinnen bewegen. Sie suchen aber nicht nur den Erfahrungsaustausch mit den zahlreichen Ehrenamtlichen, die im Shop den Kontakt zum Kunden pflegen. Nicht weniger wichtig ist das Gespräch mit den Sammlungsleitern und den Projektleitern der Sonderausstellungen. „Frühzeitig über die Vorhaben des Hauses Bescheid wissen, um den Einkauf mit seiner Produktepalette darauf abzustimmen", so erklärt Daniela Philipp ihr Bemühen und Virginie Kauffmann bestätigt. „Wir stehen schon heute im Kontakt mit den Organisatoren der Tutanchamun-Ausstellung im nächsten Jahr." Auch der Reise-Service gehört in den Geschäftsbereich der rem Service GmbH. Daniela Philipp engagiert sich hier in besonderem Maße.

Im Museum Weltkulturen in D5 waren Lager und Büro der rem Service GmbH untergebracht

Förderkreis-Team in neuen Büroräumen

– in C4, 9 das Büro der Geschäftsstelle des Fördererkreises für die Reiss-Engelhorn-Museen. Mit dem Start des Neubaus für das Peter und Traudel Engelhorn Museum in C4, 12 im Mai des Jahres sind Service und Geschäftsstelle nach C 4, 12 umgezogen. „Wir haben jetzt einfach mehr Platz für die Geschäftsstelle. Das ist schon von erheblichem Vorteil. Ganz wesentlich aber ist, dass sich die Kommunikation zwischen der rem Service GmbH und der Geschäftsstelle ganz optimal verdichtet", freut sich Dr. Hans-Jürgen Buderer, Vorstandsvorsitzender des Fördererkreises für die Reiss-Engelhorn-Museen.

Heinrich Renschler

Neckardurchschnitte Mannheim-Feudenheim – Neckarbrücke 1789-1805 (Teil II)

1. Ausführung der Baumaßnahmen von 1790 bis 1805

In einem Kupferstich nach einer Zeichnung von Peter Dewarat aus dem Jahr 1795 sind die geplanten Neckardurchschnitte (Abb. 1) zu sehen. Die Große Neckarkorrektion begann an der Feudenheimer Farth, heute etwa in Verlängerung der Feudenheimer Neckarstraße, und reichte bis zur Neckarbrücke in Mannheim, damals eine Schiffsbrücke, heute der Bereich unterhalb der Kurpfalzbrücke. Der Fluss war ursprünglich zwischen diesen beiden Punkten 7,2 km lang, nach der Begradigung durch die Durchschnitte waren es nur noch 4,5 km, 2,7 km weniger.

Abb. 2 und 3, der Blick in die Neckarstraße und der Blick auf die Farth (Furt) über den Neckar zum Campingplatz Neuostheim, zeigen den Anfang der geplanten Begradigung im heutigen Feudenheim. Ihr Endpunkt lag an der damaligen Schiffsbrücke, heute unterhalb der Kurpfalzbrücke in Mannheim (Abb. 4).

Im Folgenden wird versucht, den weiteren Ablauf der Bauarbeiten nach den Akten des Generallandesarchivs Karlsruhe in den Beständen 229 Nr. 28319 und 213/3169 darzustellen.

1.1 Bauarbeiten bis zum 17. Januar 1794

Die Ausführung der für die städtebauliche Entwicklung Mannheims bedeutsamen Hochwasserschutzmaßnahme fiel in ein schwieriges Jahrzehnt. Trotz der kurpfälzischen Neutralität während der kriegerischen Auseinandersetzungen von 1792 bis 1797 zwischen Frankreich einerseits und der Koalition Österreich/Preußen andererseits wurden Kampfhandlungen auch in der Region um Mannheim ausgetragen. Friedrich Christoph Dyckerhoff wurde in dieser Zeit vor fast unlösbare Probleme bei der Finanzierung, der Bereitstellung von Arbeitskräften und der Ausführung gestellt.

Eine Zusammenstellung der entstehenden Gesamtbaukosten ist den Akten nicht zu entneh-

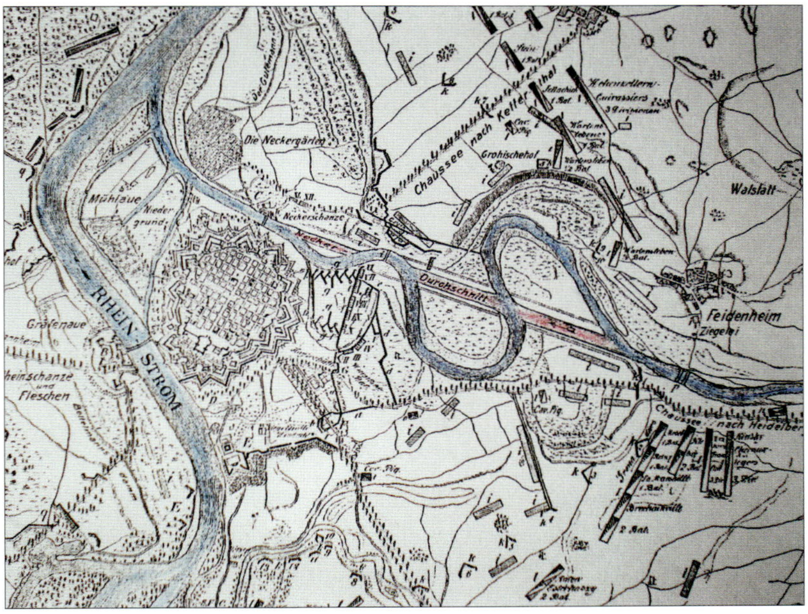

Abb. 1 (oben)
Geplante Neckardurchschnitte
Aus: F. Walter, Mannheim in Vergangenheit und Gegenwart, Band 1, S. 827, Belagerung Mannheims 1795

Abb. 2 und 3 (unten)
Links Feudenheimer Neckarstraße, rechts Feudenheimer Farth 2010
Fotos: Heinrich Renschler

Abb. 4 (oben)
Der Endpunkt der Durchschnitte an der Kurpfalzbrücke in Mannheim 2012
Foto: Heinrich Renschler

men. Die Stadt Mannheim sollte sich offenbar daran beteiligen. Sie war dazu nicht in der Lage, weshalb mit kurfürstlichem Erlass vom 6. Oktober 1791[1] die kurpfälzische Hofkammer die Anweisung erhielt, der Stadtkasse Mannheim ein unverzinsliches Darlehen in Höhe von 4.000 Gulden auf drei bis vier Jahre auszuzahlen. Notwendig war dieses Darlehen „bei dem angezeigt zerrütteten Zustand der städtischen Casse".

Die Forderungen der Bauleitung, vertreten durch F. C. Dyckerhoff, an die kurpfälzische Hofkammer belegen, dass die Kosten von dieser getragen wurden. Es ist davon auszugehen, dass die umfangreichen Erd- und Uferverbauarbeiten weitgehend vom Militär ausgeführt worden sind. Das für die Ufersicherung benötigte Material – Weidenfaschinen und Holzstickel – stammte aus den kurpfälzischen Forsten beiderseits des Rheins. Die Sicherung schützt das Ufer gegen die Reibungs- und Druckkräfte des strömenden Wassers sowie gegen das über die Böschung gleitende Geschiebe. Verwendet werden dafür Faschinen, aus frischen Weiden hergestellte, ca. zwei bis sechs Meter lange und 0,2 bis 0,5 m dicke Bündel. Um ein Aufschwimmen zu verhindern, müssen sie mit Pfählen (Stickel) an der Flusssohle befestigt werden.[2] Abb. 5 zeigt, vereinfacht dargestellt, den Aufbau einer Ufersicherung mit Faschine und Stickel. Abb. 6 (aus dem Jahr 1995) illustriert, wie solche Arbeiten an einer Ufersicherung sicher auch schon um 1793 vonstatten gingen.

In einem Schreiben vom 28. Oktober 1793[3] an die kurpfälzische Hofforstkammer berichtete F. C. Dyckerhoff, er sei mit der Arbeit an den Neckardurchschnitten soweit gekommen, dass er in kurzem deren Vollendung entgegensehe. Für die dazu gehörigen Uferverwahrungen benötige er noch ca. 70.000 bis 80.000 Faschinen. Er stellte den Antrag, den Ersten Forstkommissar Kling zu beauftragen, Faschinen und Stickel aus frischen Weiden abzugeben.

Die Bauarbeiten gingen unter der Leitung von F. C. Dyckerhoff recht zügig voran. Drei Monate nach dieser hoffnungsvollen Aussicht aber kam der Rückschlag. Durch die Wirren der Koalitionskriege sah sich Kurfürst Carl Theodor gezwungen, mit dem Erlass vom 11. Januar 1794[4] die Einstellung der Arbeiten an den Neckardurchschnitten zu verfügen. Der Kurfürst begründete dies mit den

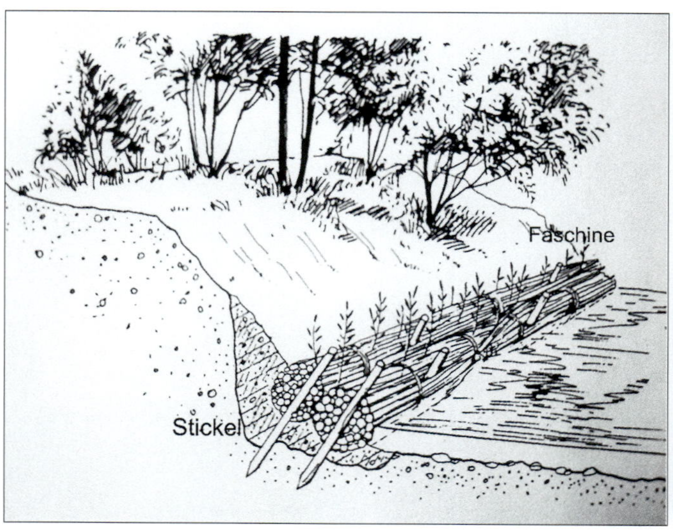

Heinrich Renschler

durch die „gegenwärtig leidigen Kriegsumständen beinahe ganz entschöpfte churfürtsliche Kassen". Dyckerhoff wurde in dem Ausführungserlass angewiesen, die Baustelle zu sichern: Er solle „mit solcher ganzen Arbeit einhalten und nicht mehr weiter fortsetzen zu lassen, sondern die Vervollständigung dergestalt zu treffen, damit dasjenige allschon gefertiget ist, nicht wieder zusammenfalle und vergeblich werde".

Den Stand der Arbeiten zum Zeitpunkt der Einstellung dokumentierte Jakob Friedrich Dyckerhoff, der Sohn von F. C. Dyckerhoff, in einem Bestandsplan (Abb. 7).[5] Er zeigt, dass die Neckardurchstiche von Feudenheim bis zur Neckarschanze zum Schutz der Stadt fast vollendet waren. Doch könnten höhere Neckarwasserführungen arbeiten versuchte er mit hohem Einsatz gegenüber seinen vorgesetzten kurfürstlichen Stellen immer wieder, Material und Geld zu beschaffen. Er wollte trotz aller ungünstigen politischen Umstände das Werk fertig stellen und vor allem das schon Vorhandene nicht verfallen lassen. Oberstes Gebot war ihm demnach die Weisung in der Verfügung, alles dafür zu tun, „damit dasjenige allschon gefertiget ist, nicht wieder zusammenfalle und vergeblich werde".

Schon im Februar 1794 gab es bei steigendem Neckarwasserstand Probleme mit der Schifffahrt und der Flößerei wegen der schadhaften Sperren zum alten Neckarlauf an den Durchschnitten. Das Neckargrafenamt Heidelberg berichtete am 7. Februar 1794 dem Kurfürsten[6], dass der Neckar

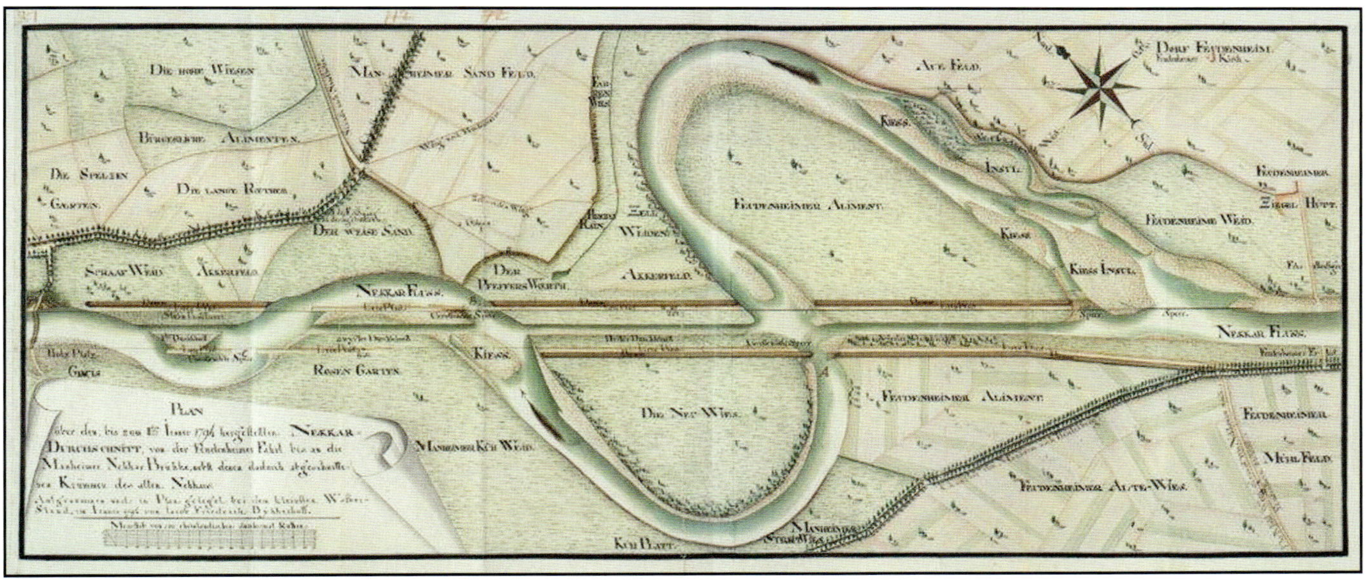

große Schäden und damit Kosten an den noch nicht völlig gesicherten Ufern verursachen.

1.2 Bauarbeiten bis Ende 1795

Aus Vermerken, Protokollen und Verfügungen wird das Bemühen Dyckerhoffs um die Vollendung der Großen Neckarkorrektion deutlich, denn er sah in ihr eine Lebensaufgabe. Nach der kurfürstlichen Verfügung zur Einstellung der Bau-

Abb. 5 (vorige Seite links unten) Uferbefestigung mit Faschinen und Stickel Aus: H. Patt, P. Jürging, W. Kraus: Naturnaher Wasserbau, S. 27

Abb. 6 (vorige Seite rechts unten) Faschineneinbau Aus: Umweltministerium Baden-Württemberg: Handbuch für Wasserbau, Heft 5, S. 68

bei Feudenheim an der ersten Sperre zum alten Neckar beim sogenannten Lettenhemmel nicht ohne Gefahr zu passieren sei.

Es erging die dringende Bitte, den Fluss dort wieder in einen befahrbaren Zustand zu versetzen. Dieser kam der kurfürstliche Statthalter von Oberndorf mit dem Erlass vom 9. Februar 1794[7] an F. C. Dyckerhoff, den Missstand schleunigst zu beheben, umgehend nach.

Die in Abb. 8[8] mit einem Strich dargestellte Sperre zwischen dem neuen und dem alten, trocken zu legenden Flussbett war sicherlich ein Leitdamm aus im Boden befestigten Faschinen und Steinwurf, der verhindern sollte, dass das Wasser in das alte Neckarbett zurückfloss.

Abb. 7
„Plan über den bis zum 11. Jenner 1794 hergestellten Neckardurchschnitt, von der Feudenheimer Fahrt bis an die Mannheimer Nekkar Brükke, nebst denen dadurch abgeschnittenen Krümmen des alten Nekkars.
Aufgenommen und in Plan geleget bei kleinsten Wasserstand, im Jenner 1794 von Jakob Friedrich Dykkerhoff."
Generallandesarchiv Karlsruhe Sig. 213/3169

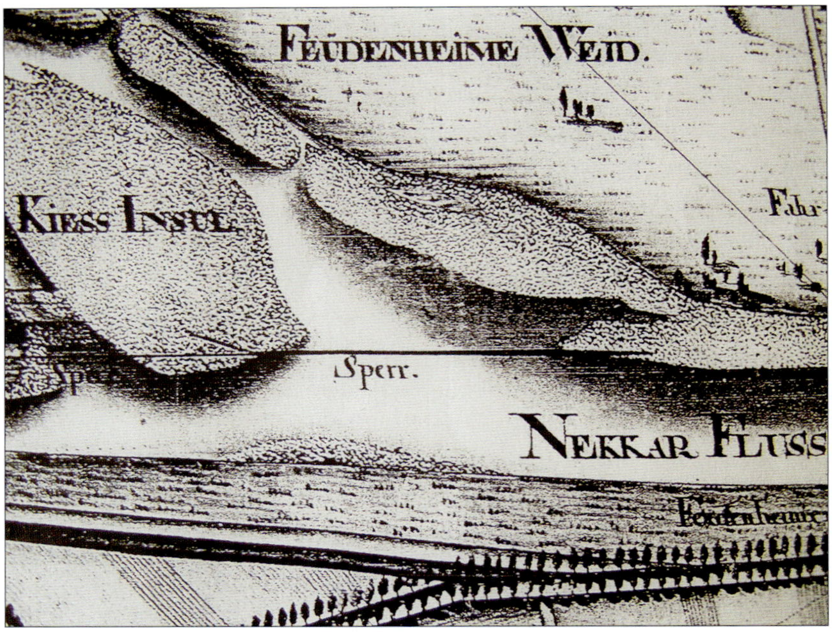

Abb. 8
Sperre bei Feudenheim am sogenannten Lettenhemmel
Ausschnitt aus der Karte Generallandesarchiv Karlsruhe Sig. 213 Nr. 3169

Dem Vorwurf, nicht zielgerecht vorzugehen, trat F. C. Dyckerhoff in seinem Bericht vom 11. Februar 1794[9] an den Kurfürsten entgegen: „Die Ausführung der in Schrag liegenden Sperr würde ich ohnfelbar beschleuniget und so nach und nach in vorkommenden Frühjahr und Sommer nebst denen übrigen Arbeiten vollendet haben, wenn nicht der leidige Umstand eingetreten wäre, dass die Franzosen die Gegend überschwemmt, die Waldungen unsicher gemacht, verfolglich die Beschaffung der nötigen Faschinen vernichtet und über dieses besonders die Casse bey der dermaligen Kriegs [...] Schohnung erfordern, ich auch per Rescriptum Clementissimum d.d.11. vorigen Monaths gnädigst angewiesen worden, mit der Arbeit einzuhalten und nur dasjenige, allschon gefertiget zu unterhalten trachten solle."

Über die bautechnische Ausführung der Sperre machte F. C. Dyckerhoff keine Angaben. Im Bericht zu den Klagen der Schiffer beschrieb er die örtliche Situation: „[...] ob nun gleich die Klagen der Schiffner allerdings ungegründet, so mag doch an dem seyn, dass selbe besonders bey dermal sehr kleine Wasser an dieser Sperr einige Hindernis in ihrer Fahrt graben, welches aber nicht anders zu beseitigen ist, als die weitere Schließung vorzukehren." Die Äußerung deutet darauf hin, dass sich das neue Flussbett bei kleiner Wasserführung am Anfang des Durchschnittes mit Geschiebe zusetzte und der Neckar in sein altes Bett floss. Die Wiederherstellung der Sperre und ein ausreichend großer Querschnitt des neuen Neckarbetts waren erforderlich, den beklagten Missstand zu beheben.

Für die Fortsetzung der Arbeiten bittet er deshalb um den kurfürstlichen Entschluss, „die churfürstliche Genaralcasse zur Verabreichung deren 2000 fl exclusive jener wochentlich bereits gnädigst bestimten 50 fl unterhaltungs Kosten und die churfürstliche Hofforstkammer zur schleunigen Zuweisung derer 4000 Faschinen nebst so viel Stickel aus Keferthaler Forst Waldungen gnädigst zu beauftragen und der weitere Höchste Befehl zur unterthänigst huldigsten Befolgung an mich zu erlassen seye".

Die Kassenlage veranlasste die kurfürstliche Regierung mit Erlass vom 13. Februar 1794[10], von Dyckerhoff zu prüfen zu lassen, ob der Neckar sich bei dem zu dieser Zeit herrschenden hohen Wasserstand nicht von selbst eintiefe. In seinem umfangreichen Sachstandsbericht vom 17. Februar 1794[11] schrieb Dyckerhoff dazu: „Es mag wohl seyen und ist außer allem Zweifel, dass bey dermalig hohem Gewässer der Canal des zweiten Durchschnitts etwas vertiefet und auch erweitert wird, indessen kann der ganze Endzweck nicht erziehlet werden, wenn die nötigen Sperren nicht ihre Vollkommenheit erhalten."

Es war ihm offenbar ein Anliegen, noch einmal den Grund der Großen Neckarkorrektion darzulegen und zu schildern, was bisher erreicht und was noch dringend notwendig ist: „Die Haupt Ursachen, weswegen der Neckardurchschnitt gemacht worden sind,

1. die bis hierher sich ergeben habende Ufer Beschädigungen zu beseitigen,
2. das commercium (dem Verkehr) durch Abscheidung deren Krümmmungen zu erleichtern,
3. die Überschwemmungen und verderbliche Eisgänge von denen feudenheimer, seckenheimer und neckarauer Marckungen so als der Stadt Mannheim selbsten abzuwenden und
4. das durch den krummen Lauf verlohren Land wiederum zu gewinnen."

Zu den vier Begründungen für die Durchschnitte erläuterte er

zu 1: die Gefahr der Uferbeschädigungen sei abgewendet,

Heinrich Renschler

zu 2: der bessere Wasserabfluss sei durch das Abschneiden der Flussschleifen erreicht,

zu 3 und 4: Die Ziele, die Überschwemmungen und verderblichen Eisgänge von den Feudenheimer, Seckenheimer und Neckarauer Gemarkungen sowie der Stadt Mannheim abzuwenden und das durch die Neckarschleifen verlorene Land zu gewinnen, werden erst dann erreicht, wenn die Sperren vom neuen zum alten Neckar dauerhaft geschlossen sind. Von besonderer Bedeutung ist die Sperre am sogenannten Lettenhemmel, diese müsste nach den Beschreibungen der Akten die erste Sperre nach der Feudenheimer Farth an der Feudenheimer Weid sein.

Auch sei die Chaussee von Mannheim nach Heidelberg von der Feudenheimer Farth bis zur Neuwieß als Damm zu gestalten, um so die drei Gemeinden und die Stadt vor Hochwasser und Eisgängen zu bewahren. Dieser Vorschlag wurde anhand des Bestandsplans vom 11. Januar 1794 (siehe Abb. 7) vom Verfasser rekonstruiert.

Um den kurfürstlichen Auftrag zu erfüllen, bat F. C. Dyckerhof um 3.000 Faschinen und Stickel und ca. 1.500 Gulden. Die Hofforstkammer und die Generalkasse sollten entsprechend zur Abgabe angewiesen werden. Die eindringliche Bitte hatte raschen Erfolg, mit dem Erlass vom 17. Februar 1794[12] wurden die Mittel bewilligt.

Im Frühjahr 1794 traten zudem Schwierigkeiten bei der Brandholzversorgung von Mannheim auf. Das Holz lieferten Eberbacher „Holzgewerbler" mit Flözen auf dem Neckar. Doch das Passieren der nicht vollends fertig gestellten Neckardurchschnitte mit den 20 Schuh (ca. sechs Meter) breiten Flözen erschien ihnen zu gefährlich. Sie sahen sich genötigt, wahrscheinlich über das Neckargrafenamt Heidelberg, um Abhilfe zu ersuchen. F. C. Dyckerhoff erhielt im Erlass vom 29. April 1794[13] die Weisung, das Problem schleunigst zu lösen.

Der kurpfälzischen Regierung lag schon an der Fortsetzung der Bauarbeiten an den Neckardurchstichen, denn die kurpfälzische Hofforstkammer wurde im Erlass vom 23. September 1794[14] angehalten, aus den Käfertaler Cameralwaldungen Faschinen und Holzstickel zu liefern.

1.3 Bauarbeiten bis 1803; Ende der Kurpfalz

Obwohl die Kurpfalz im Ersten Koalitionskrieg (1792-1797) neutral war, durchzogen wechselnd französische und österreichische Truppen die Region um die Stadt. Als ausgebaute Festung war Mannheim für die Kriegsparteien strategisch von Bedeutung, es musste in den Jahren 1794 bis 1797 wechselnde Belagerungen durch Franzosen und Österreicher ertragen.

1.4 Bauarbeiten bis 1808 nach dem Übergang an Kurbaden

Nach dem Übergang der rechtsrheinischen Kurpfalz an Kurbaden 1803 führte die Wasser- und Straßenbauverwaltung, die dem Departement der Finanzen nachgeordnet war, die Arbeiten an den Neckardurchschnitten weiter.

Die Bauakten[15] liefern keine Hinweise auf Schwierigkeiten. In die Bauarbeiten war nun auch der kurbadische Ingenieur Johann Gottfried Tulla eingebunden. Nach dem Kurbadischen Hofraths-Protokoll II. Senat vom 20. Juni 1805[16] zeigte Wasserbauinspektor und Ingenieur Dyckerhoff am 14. Juni 1805 an, „dass die Uferverwahrung an dem Neckardurchschnitt in diesem Frühjahr vollends ausgeführt worden sey". Es ist zu vermuten, dass es Jakob Friedrich Dyckerhoff war, der Sohn von Friedrich Christoph Dyckerhoff, der diese „Fertigstellungsanzeige" vorlegte. Jacob Arnold Dyckerhoff erlebte den Abschluss der von ihm begonnenen Arbeit nicht mehr, er starb am 25. April 1804. Die Ausführung der Großen Neckarkorrektion war eine Familienarbeit der Dyckerhoffs. Der Großvater Jakob Arnold begann sie, der Sohn Friedrich Christoph führte sie maßgeblich aus und der Enkel Jakob Friedrich zeigte die Fertigstellung dem Kurbadischen Hofrat an. Damit war der erste Teil der Neckarkorrektion von Feudenheim bis zur Neckarbrücke abgeschlossen.

Der zweite Teil von der Neckarbrücke bis zur Rheinmündung erfolgte dann mit der Tulla'schen Rheinkorrektion und dem Mannheimer Hafenbau. Die verbesserte Special-Karte der Gegend von Mannheim von 1814 (Abb. 9) zeigt den fertig ausgebauten Neckar.

1.5 Ausführung und Finanzierung

Es ist anzunehmen, dass die Bauarbeiten an der

Neckardurchschnitte Mannheim-Feudenheim – Neckarbrücke 1789-1805 (Teil II)

Abb. 9
Verbesserte Specialkarte der Gegend von Mannheim um 1814 mit Neckarkorrektion
Aus: Der Neckar in alten Landkarten. Katalog zur Ausstellung der Badischen Landesbibliothek 1988, S. 133

Großen Neckarkorrektion zunächst weitgehend ruhten und das bis zum 11. Januar 1794 fertig gestellte neue Flussbett Gefahr lief, zu verfallen.

So sah F. C. Dyckerhoff trotz aller Bemühungen die Sicherheit des Bauwerkes gefährdet, da die zur Abwendung von gefährlichen Neckarüberschwemmungen und Eisgängen und auch für die Neckarschifffahrt erforderlichen Durchschnitte und Sperren, wie die bei Feudenheim, durch Witterungsereignisse und durchziehende Kriegstruppen stark beschädigt seien. In seinem Sachstandsbericht an den Kurfürsten vom 6. Februar 1797[17] schrieb er: „Unterm 11ten Januar 1794 haben Euer Churfürstliche Durchlaucht gnädigst zu verordnen geruhet; dass die unter meiner Direction hergestellt werdende NeckarDurchschnitt=arbeiten wegen denen leidigen Kriegsumstände bis auf weiteres eingestellet und nur dasjenige welches bereits gefertiget worden, durch zu trefende Anstalten [...] erhalten werden solle, damit das allschon hergestellte, nicht wieder zusammenfalle und vergeblich werde [...] Diesem höchstgnädigen Befehl (die Arbeiten einzustellen) habe ich mich unterhänigst gefüget." Er bat eindringlich um die notwendigen Verfügungen zur Sicherung der bisher angelegten Durchschnitte und schloss: „Ich unterstelle jedoch alles gehorsamst Euer Churfürstlichen Durchlaucht höchsten Einsicht, entledige mich meiner aufhabenden unterthänigsten Pflicht, und ersterbe in tiefster Verehrung. Euer churfürstlichen Durchlaucht unterthänigst treust gehorsamer F. C. Dyckerhoff"

Mit dem Erlass vom 21. Oktober 1797[18] wurde die kurpfälzische Hofkammer angewiesen, die notwendigen Gelder für die dringendsten Ausbesserungsarbeiten bereit zu stellen. F. C. Dyckerhoff ließ nicht nach, mit seinen Einflussmöglichkeiten immer wieder auf die Gefahren bei Hochwasser und Eisgängen für die Stadt Mannheim und ihre Umgebung hinzuweisen, die durch die nur teils fertig gestellten Neckardurchschnitte entstünden.

Am 11. September 1798 fand in Anwesenheit des Präsidenten der kurpfälzischen Hofkammer Freiherr von Perglass eine entscheidende Sitzung mit allen wichtigen Hofkammerräten und den beiden Räten Friedrich Christoph Dyckerhoff und seinem Sohn Jakob Friedrich Dyckerhoff statt. Den Sitzungsverlauf protokolliert die Niederschrift vom 11. September 1798[19]. Anlass und

Stand der Hochwasserschutzarbeiten sind nachstehend auszugsweise dargestellt. Zum Anlass der Hochwasserschutzmaßnahmen wird ausgeführt: „Bekanntlich hat der Neckarfluß von Anfang dieses Jahrhunderts bis zum Jahre 1789 bei starken Fluten und Eisgängen in hiesiger Gegend und Stadt große Verheerungen verursacht, und dadurch von Zeit zu Zeit kostspielige Ufer-Verwahrung und sonstige Reparationen notwendig gemacht, wodurch zwar dem Übel auf kurze Zeit gesteuert, einmal aber demselben abgeholfen wurde, vielmehr verschlimmerte sich die Lage des Flussbetts dermasen, und bildete in der Folge solche Krümmer und Kiesanlagen, dass im Jahr 1788 schon bei dem Zugefrieren des Flusses, solcher das alte Strohmbett verliese, die Chaussee von Seckenheim bis an hiesiger Stadt bei mehrere Stellen durchbrach, die ganze Neckarauer samt einem Teile der Seckenheimer so, als hiesig städtischen Gemarkung überschwemmte und mit Eis belegte, sofort oberhalb dem Eichelsheimer Schlosse den Hinterschlädigdamm hinwechnahm und allda in den Rhein stürzte. [...] Der dadurch zugegangene Schaden war daher auf allen Seiten sehr beträchtlich. Bei eingetretenem FrühJahren und in der Folge wurden die Chausseen, Dämme und Ufer wieder in voriger Art hergestellt; [...] und schrieb die Gröse des Schadens dem harten Winter und heftigen Eisgang zu, und glaubte, nicht sobald wieder diesem Schicksale ausgesezt zu sein.

Allein! Im Sommer des Jahres 1789 wurde abermal hiesige Stadt und Gegend, beinahe mit einem ähnlichen betroffen, und da bis zur Mitte des Sommers die Ufer und Dämme nicht ausgebessert waren; so hat das zu der Zeit erfolgte hohe Sommerwasser, so zunächst die Höhe des 1784 Winterwassers erreichte, einen um so empfindlicheren Schaden verursacht, als dadurch der gröste Teil von Sommerfrüchten vernichtet worden ist."

Mit dieser Schilderung aus den Katastrophenjahren hat F. C. Dyckerhoff nochmals eindringlich auf die möglichen Verheerungen hingewiesen, sollte das neue Flussbett nicht endgültig vollendet werden.

Für die Ausführung wird vorgeschlagen: „Zu diesem Geschäft hat Tit. Dyckerhoff die Monate September, October, November und December d.J., weil mit diesen die Zeit eintritt, wo keine grosen Wasserfluten zu befürchten sind, bestimmt." Zudem weist Dyckerhoff auf die Schäden an der Feudenheimer Zeil oder Weid, der ersten Sperre hin: „[...] obgleich nicht allzu hohe doch reisende Gewässer an der in vorderen Vorträgen bezeichneten Stelle nicht nur, sondern auch an der Feudenheimer Zeile, woselbst das alte Neckarbett zugedammt worden, eine weitere Verheerung angerichtet habe." Er fährt fort, dass „[...] es ihm doch eben so schmerzlich, als auch unwirtschaftlich erscheine, ein soweit gediehenes und vorteilhaftes Werk einem Verderb zu überlassen, welcher durch das reisende Gewässer vorgearbeitet, von einem nach den Naturanzeigen zu eintrettendem strengen Winter vollendet zu werden drohet".

Nach seinen Berechnungen wurden für die Sicherungsarbeiten am neuen Neckarlauf ca. 3.451 fl 43 kr benötigt, zuzüglich 500 Gulden für Sicherungen an der Feudenheimer Zeil, insgesamt demnach 3.941 fl 43 kr.

Auch diskutierten die Sitzungsteilnehmer über das von der Stadt Mannheim nicht fristgerecht zurückgezahlte Darlehen in Höhe von 4.000 Gulden, das am 6. Oktober 1791[20] gewährt worden war. Da diese Summe für die kurfürstliche Kasse von nicht geringer Bedeutung zur Finanzierung des Bauwerkes war und in den vergangenen sieben Jahren nichts zurückerstattet wurde, bat die Hofkammer den Kurfürsten um den Erlass der Rückzahlungsverfügung.

In der Verfügung vom 15. September 1798[21] bewilligte der Kurfürst 3.451 fl 43 kr für die Wasserbauarbeiten am Neckar und zusätzlich 500 fl für die Ausbesserungsarbeiten an der Feudenheimer Zeil. In einer weiteren Verfügung vom 15. September 1798[22] wurde der Stadtrat Mannheim angewiesen, die am 6. Oktober 1791 gewährten 4.000 fl unverzüglich zurück zu erstatten. Der Verfasser konnte keinen Hinweis finden, ob die Erstattung erfolgte.

Die Stadt Mannheim war nach einem Vermerk vom 10. November 1798[23] besorgt über den schleppenden Verlauf der Bauarbeiten: „Churpfälz. Regg. berichtet, wie der Stadtrath die Besorgnis äußern, dass bei der noch nicht vollendet und zum Theil wieder verfallenen Neckardurchschnitts Arbeit ein eintrettender Eisgang von nachtheiligen Folgen für die Stadt seyen könnte." F. C. Dyckerhoff sollte unverzüglich angewiesen werden, für einen zügigen Arbeitsablauf zu sorgen. Den Akten ist nicht zu entnehmen, ob es weitere Widerstände bei der Mittelbereitstellung gab. Die Bauarbeiten scheinen nun zügig vorangekommen zu sein.

2. Entschädigungen

2.1 Kurfürstliche Zeit bis 1803

Sowohl die kurfürstliche Verwaltung als auch die spätere badische Verwaltung als deren Nachfolgerin mussten Entschädigungsfragen sachgerecht entscheiden. In einem Bearbeitungsvermerk vom 10. November 1798[24] werden die Fragen der kurpfälzischen Hofkammer wie folgt wiedergegeben:

„1. Churpfälz. Hofkammer stellet die Frag auf, wem durch die neue Neckarleitung das vormalige nun sich trocken legende Bett gebühre und dann
2. wer auf die sich ergebende Alluvionen[25] Anspruch zu machen habe."

Der Bearbeiter Hofkammerrat Grua widmete sich eingehend dieser Problematik. Die erste Frage beantwortete er nach den geltenden Regeln der kurpfälzischen Hofkammer, danach fallen die Flüsse im Gebiet der Hofkammer unter das Recht des Landesherrn. Demnach folgt auch, dass das Bett des trocken gelegten Neckars weiter beim Landesherrn verbleibt. Dieser hat für das neue Neckarbett, das auf seine Anordnung vom 19. Juni 1790 künstlich durch Grabung angelegt wurde und für das fremde Grundstücke benötigt wurden, eine Entschädigung zu zahlen.

Zur zweiten Frage stellte der Bearbeiter fest, dass der Landesherr das Recht an den Alluvionen hat. Es sei aber in Betracht zu ziehen, dass durch Nutzungsänderungen der landwirtschaftlich genutzten Flächen zu Lasten des alten Eigentümers ein neues Flussbett entsteht; neben Zuweisung von angeschwemmtem Land am alten Flusslauf müsse auch der Verlust des Wachstums nach Abschätzung entschädigt werden.

Nach dem Protokoll des Churpfälzischen Regierungsrats vom 7. Dezember 1798[26] einigte sich dieser auf folgenden Vorschlag an den Kurfürsten, den Tit. Herr von Dawans erarbeitete:

- Es soll eine Kommission eingesetzt werden, die die benötigten Flächen für den neuen Flusslauf und die des aufgelassenen, trocken gelegten Flussbettes ermittelt.
- Die Beteiligten, die kurpfälzische Hofkammer, die Stadt Mannheim, die Gemeinde Feudenheim und die Privateigentümer, sollen auf der Grundlage der Erhebungen der Kommission ein einvernehmliches Ergebnis verhandeln.

Nach diesen Grundsätzen erließ Kurfürst Carl Theodor die Verfügung vom 29. Dezember 1798[27]: „Ihrer Churfürstl. Durchlaucht gnädigster Wille ist, dass wegen der durch die neue Neckarleitung erzeugt werdende Trockenlegung des vormaligen Bettes und sich allenfalls ergebende Alluvionen, eine Commission niedergesetzt werde, welche den Flächeninhalt des zum neuen Flusslauf bestimmten Feldes unter gehöriger Sondierung der verschiedenen Eigenthümer desselben, dann den Flächenraum des alten Alveorum[28] unter Anwendung der allenfällig schicklichen Abtheilungs Linie aufnehmen und berechnen, dann den Werth des ersteren nach dessen verschiedenen Güte gegen jenen des lezteren in nehmlichen Ruthenmaas abschäzen lassen."

Ein Ausführungsvermerk vom 29. Dezember 1798[29] erläutert die Umsetzung der kurfürstlichen Verfügung vom selben Tag: Erstens habe der Staat das Recht, sich das alte Neckarbett anzueignen; eine Entschädigung sei demjenigen zu leisten, der für das neue Flussbett Grundstücke hergeben musste.

Zweitens bestehe die Entschädigung nicht nur in der gleichen Fläche, sondern es sei auch der Mehrwert des benötigten, alten Feldes gegenüber dem zugewiesenen, neuen Feld zu vergüten. Die kurfürstliche Regierung übernahm den oben erwähnten Vorschlag des Tit. Herrn von Dawans, eine Kommission zu ernennen, welche die Flächeninhalte des benötigten und des zugewiesenen Grundes sowie den Wert der zu tauschenden Grundstücke ermittle. Auf dieser Grundlage sollte dann eine einvernehmliche Regelung zwischen den Beteiligten, der Stadt Mannheim, der Gemeinde Feudenheim und den Privateigentümern angestrebt werden. Die Entscheidung über die Entschädigung der für das neue Neckarbett enteigneten Eigentümer sollte jedoch bis zur Vorlage neuer Daten zurückgestellt werden.

In den Akten des Generallandesarchivs finden sich keine Anhaltspunkte über das Ergebnis der

Heinrich Renschler

Grundstücksverhandlungen zu kurfürstlichen Zeiten.

2.2 Großherzogtum Baden

Die Entschädigungsverpflichtungen des früheren Landesherrn Kurfürst Carl Theodor gingen an den neuen Landesherrn Großherzog Karl Friedrich als dessen Rechtsnachfolger auf dem Gebiet der rechtsrheinischen Kurpfalz über. Die Abwicklung der Ansprüche der Stadt Mannheim und der Gemeinde Feudenheim war Aufgabe der Großherzoglichen Behörde in Mannheim. Zu Entschädigungsansprüchen privater Grundstückseigentümer fanden sich in den Akten keine Hinweise.

Nachdem die Großherzogliche Verwaltung und auch die Verwaltung der Stadt Mannheim sich den neuen politischen Verhältnissen angepasst hatten, griff der Stadtmagistrat Mannheim die in der Churfürstlichen Verfügung vom 29. Dezember 1798 für notwendig erachtete Entschädigung der Beteiligten, die Land zum Neckardurchschnitt gegeben haben, Anfang 1810 auf. Im Bericht vom 10. Februar 1810[30] an die Großherzogliche Regierung des Neckarkreises stellte die Stadt Mannheim den Antrag,

- den Wert der für den Durchschnitt in Anspruch genommenen und der verlandeten Flussabschnitte des Altneckars abzuschätzen,
- und dazu eine Commission einzusetzen, die die Verhandlungen mit der Stadt Mannheim und der Gemeinde Feudenheim führt.

Der Stadtmagistrat war der Auffassung, dass die Anerkennung des der Stadt Mannheim und der Gemeinde Feudenheim zustehenden Eigentums durch die kurfürstlichen Erlasse geregelt sei, diese seien lediglich zu vollziehen. Er nahm dabei auf die entsprechende alte Verfügung vom 29. Dezember 1798[31] Bezug.

Strittig war im Wesentlichen die Vermarkung der Grenze des Altneckars an der Gemarkungsgrenze Mannheim/Feudenheim in der Feudenheimer Au. Auch über die Kostenverteilung von Sanierungen am Neckardurchschnitt, die von der Gemeinde Feudenheim ausgeführt wurden, gab es unterschiedliche Auffassungen. Da aus dieser Zeit keine Gemarkungspläne zu erhalten waren, wurde vom Verfasser auf einem heutigen Stadtplan der strittige Bereich eingetragen (Abb. 10).

Der erste Ortstermin an der Feudenheimer Furth fand auf Einladung des Großherzoglichen Hofgerichtsraths von Verschaffelt am 5. Oktober 1810[33] statt. An der Verhandlung nahmen von Verschaffelt sowie Vertreter der Gemeinde Feudenheim, der Stadt Mannheim und des Großherzoglichen Bezirksamts Ladenburg teil. Da der Vogt (Bürgermeister) der Gemeinde Feudenheim kein Verwaltungsfachmann im damaligen Sinne war, vertrat das Großherzogliche Amt Ladenburg die Interessen der Gemeinde Feudenheim.

Anhand von Plänen, die den Akten nicht beilagen, nahmen die Teilnehmer des Ortstermins das Ufer des Neckardurchschnitts, den Feudenheimer Damm, das Bett des alten Neckars und die von Feudenheim angelegten Weidebuschanlagen in Augenschein. Die beiden Gemeinden sollten innerhalb von 14 Tagen, bis zum 19. Oktober 1810, ihre Vorstellungen zu den Entschädigungsansprüchen Hofgerichtsrath von Verschaffelt vorlegen. Die Entschädigungsansprüche bearbeitete der Stadtrat von Mannheim recht hinhaltend. In seinem Schreiben vom 2. November 1813[34] an das Stadtamt Mannheim drückte das Großherzogliche Amt Ladenburg sein Unverständnis darüber aus, dass Stadtrat und Stadtamt Mannheim die im Erlass des Direktoriums des Neckarkreises vom 10. April 1810 (Nr. 2266) festgelegte Erklärung zu den Entschädigungsansprüchen der Stadt Mannheim noch nicht abgegeben hätten und bittet um Erledigung der Sache. Die Vorlage an Hofgerichtsrath von Verschaffelt erfolgte dann am 15. Juni 1812.

Dieser hatte nun das Gutachten der Stadt Mannheim vom 15. Juni 1812 und das des Amts Ladenburg vom 16. Februar 1811 vor sich. Da er aber offenbar von anderen Aufgaben in Anspruch genommen war, blieben beide Gutachten unbearbeitet liegen.

Das Directorium des Neckarkreises sah sich deshalb nach zehn Jahren veranlasst, Hofgerichtsrath von Verschaffelt mit Erlass vom 7. März 1820 (Nr. 1137)[35] an die Erledigung des Auftrags vom 10. April 1810 zu erinnern.

In den folgenden Akten ist Hofgerichtsrath von Verschaffelt im Zusammenhang mit den Entschädigungsansprüchen nicht mehr erwähnt. Seine Aufgaben wurden vom Großherzoglichen Regie-

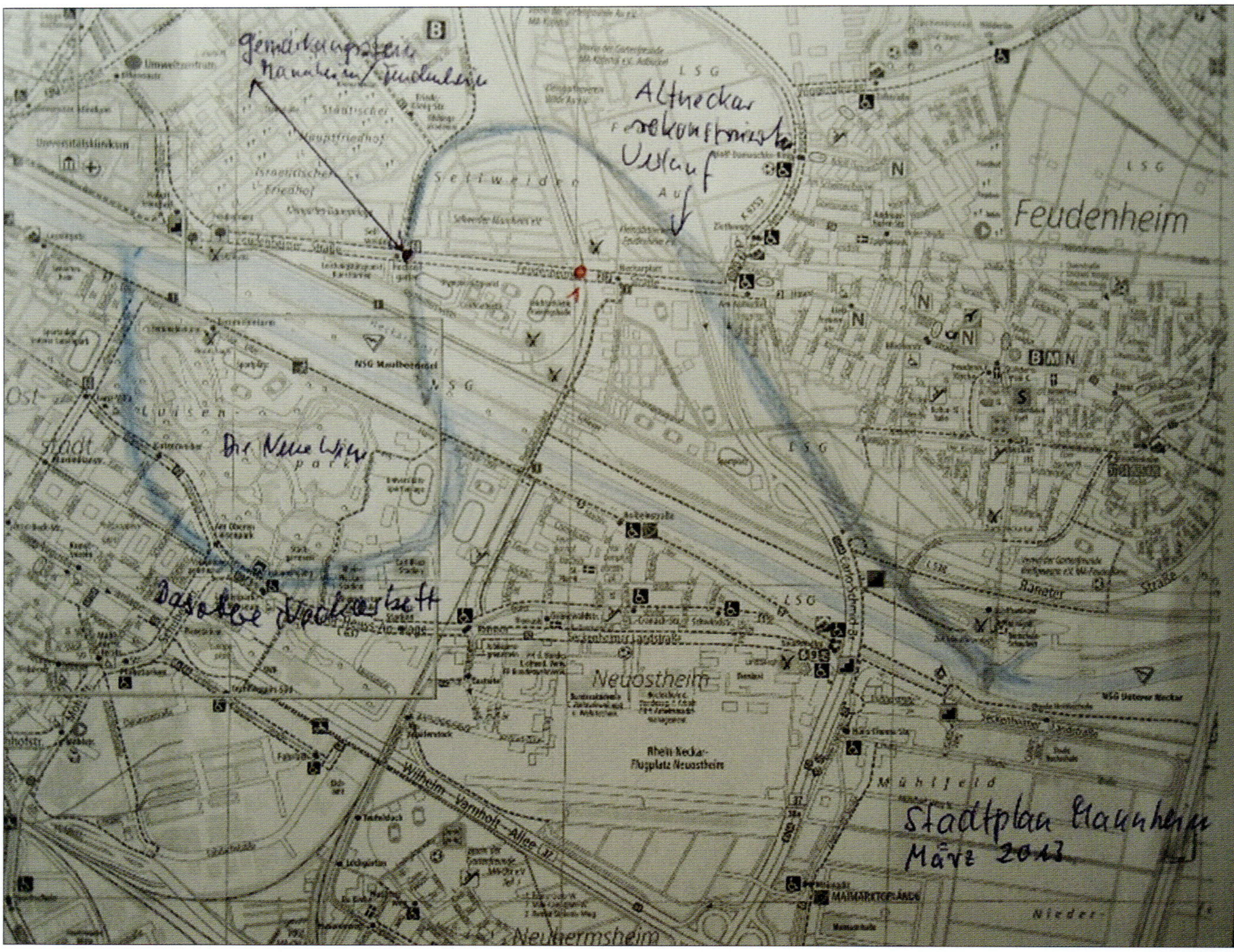

Abb. 10
Der Verhandlungsbereich
Skizze des Autors auf der Grundlage des Stadtplans von Mannheim

rungsrat Georg von Vogel übernommen. Mit Beschluss vom 11. Dezember 1833 (Nr. 25353)[36] übertrug die Regierung des Unterrheinkreises von Vogel die Verhandlungen mit dem Ziel, eine Einigung zu erreichen.

Die Stadt Mannheim tat sich offenbar schwer, ihre Deputierten dafür zu bestimmen. Dazu war Bürgermeister Hutter erst mit dem Bericht vom 3. Dezember 1834 (Nr. 3047) an Regierungsrath von Vogel in der Lage. Am 27. Januar 1835[37] lud dieser als „ernannter Commissarius der Großherzoglichen Regierung des Unterrreinkreises" die Vertreter der Stadt Mannheim, die Gemeinderäte Lorenz und Hendrich, sowie die Bürgerausschussmitglieder David Bender und Ferdinand Grabert zur Verhandlung am 7. Februar 1835 in sein Büro der Großherzoglichen Kreisregierung ein. Die Verhandlung war gut vorbereitet und wurde vom Verhandlungsführer von Vogel sicher und zielorientiert geführt, denn schon am Ende des Tages konnte ein Vergleich[38] mit folgenden Vereinbarungen geschlossen werden:

1. Die Stadt Mannheim erhält zum Ausgleich des zum Neckardurchschnitt gegebenen Landes Flächen auf dem linken Neckarufer.
2. Die Gemeinde Feudenheim erhält zum Ausgleich des zum Neckardurchschnitt gegebenen Landes Flächen auf dem rechten Neckarufer.
3. Auf einen finanziellen Ausgleich wegen unterschiedlicher Bodenwerte verzichten beide Gemeinden. Die gegenseitigen Grundstücksansprüche sind damit ausgeglichen.
4. Der Großherzogliche Fiscus verzichtet auf das gesamte Altneckarbett und die Ansprüche auf das Fischwasser. Die Gemeinde Feudenheim erhält das Fischwasser auf dem unteren Neckarufer als Eigentum. Die Stadt Mannheim erhält das Fischwasser auf dem linken Neckarufer als Eigentum.

Heinrich Renschler

5. Die Gemeinde Feudenheim erhält aus der Verpachtung der Fischwasser Dornhamm und Kuhamm von der Stadt Mannheim 646 fl 17 kr. Es ist eine teilweise Entschädigung für den Aufwand der Gemeinde Feudenheim, den sie für den Dammbau hatte.
6. Als weitere Entschädigung für den in Ziffer 5 genannten Dammbau zahlt die Stadt Mannheim entsprechend ihrer Quote von zwei Dritteln der Baukosten an die Gemeinde Feudenheim 4.000 fl.
7. An der Stadtgrenze zu Feudenheim bei den Sellweiden ist die Stadt Mannheim berechtigt, die Grenzsteine auf die Krone des Ufers zu setzen; die eigentliche Grenze der Mannheimer Gemarkung ist eine Ruthe Nürnberger Maßes in das Altwasser zu legen.
Die Regierung des Unterrheinkreises genehmigte mit Beschluss vom 19. Juni 1835 (Nr. 11703) den Vergleich zwischen der Stadt Mannheim und der Gemeinde Feudenheim vom 7. Februar 1835.

In den folgenden Jahren wird zwischen der Stadt Mannheim und der Gemeinde Feudenheim um die zutreffende Interpretation der Ziffer 7 des Vergleichs gerungen. Die wesentliche Bestimmung bei der Umsetzung des Vergleichs war die Grenzziehung entlang des Fischwassers/Altneckar längs des Dornhamms. Strittig war der Punkt am Ufer des Altneckars, an dem die Grenzsteine gesetzt werden sollten. Die Ziffer 4a, wonach die Gemeinde Feudenheim das Fischwasser auf dem unteren Ufer des Altneckars erhielt, spielte bei den Grenzstreitigkeiten eine Rolle. Als Ausgangspunkt wäre die Kenntnis der Markungsgrenzen vor dem Neckardurchschnitt, also vor 1795, hilfreich gewesen.

Die Stadt Mannheim muss Grenzsteine ohne Absprache mit der Gemeinde Feudenheim gesetzt haben. So erklärt sich ein Schreiben des Bezirksamts Ladenburg vom 8. September 1835 (Nr. 9874)[39] an das Stadtamt Mannheim. Die Gemeinde reklamiert, dass Mannheim durch den Renovator Karl die Grenze am Dornhamm habe abstecken lassen. Allerdings habe er die Grenzsteine dort in die Böschung und nicht auf die Krone gesetzt; dies widerspräche dem Vergleich vom 7. Ferbruar 1835. Künftig seien die Grenzen gemeinschaftlich zu vermarken.

Schon am 24. Oktober 1835 trafen sich die Bevollmächtigten der Stadt Mannheim und der Gemeinde Feudenheim, um sich über die Setzung der Grenzsteine zu einigen; dazu erstellte Renovator Carl den Plan vom 27. Oktober 1835.[40]

Im Bericht des Gemeinderats Mannheim vom 29. Oktober 1835 (Nr. 287441) wurden die Streitpunkte von Bürgermeister Hutter angesprochen. Der Gemeinderat Mannheim stellte fest, dass die Grenzsteine in vollem Umfang nach Nr. 7 des Vergleichs vom 7. Februar 1835 gesetzt wurden. Ziel aus Mannheimer Sicht sollte sein, das gesamte rechte Ufer des Altneckars bis zur Gemarkungsgrenze zu Feudenheim zugesprochen zu bekommen. Der Gemeinde Feudenheim sollte der unmittelbare Zutritt zu den Sellweiden unmöglich gemacht werden. Die von der Gemeinde Feudenheim ins Gespräch gebrachte Verschiebung der Grenzsteine auf die höchste Krone hätte einen mehrere Fuß breiten Weg am Altneckarufer neben den Mannheimer Sellweiden ermöglicht. Die Gemeinde Feudenheim hätte somit am gesamten rechten Altneckarufer Eigentum erhalten. Dies war aber für die Stadt Mannheim nicht akzeptabel.

Abb. 11
Jubiläums-Gemarkungsstein von 1907[32]
Foto: Heinrich Renschler

In der Hoffnung auf eine endgültige Einigung beauftragte die Regierung des Unterrheinkreises mit Beschluss vom 5. Juli 1839 (Nr. 15358)[42] nun Regierungsrath Junghanns, erneut einen gemeinschaftlichen Lokaltermin am strittigen Ufergelände einzuberufen. Den Termin realisierte Junghanns am 22. Juli 1839, wie aus dem Erlass der Regierung des Unterrheinkreises vom 5. August 1839 (Nr. 17811)[43] zu entnehmen ist.

Danach einigten sich die Gemeinderäte von Mannheim und Feudenheim auf Geländepunkte für die Setzung der Grenzsteine im Bereich des Fischwassers Dornhamm. Damit war der Rechtsstreit zwischen der Stadt Mannheim und der Gemeinde Feudenheim als beigelegt anzusehen (Abb. 11).

Der Inhalt der Verständigung vom 22. Juli 1839 fände sich sicher in den Stadtratsprotokollen, wenn im MARCHIVUM diese Protokolle aus den Jahren 1835 bis 1840 nicht fehlen würden. Auch im Generallandesarchiv Karlsruhe finden sich keine Dokumente aus dem Sommer 1839.

3. Auswirkungen und Kritik

Die Neckardurchschnitte bewirkten, dass die Stadt zunächst vor größeren Hochwasserschäden verschont blieb. Am 28. Mai 1817[44] überflutete der Neckar die Neckargärten auf der rechten Seite, betroffen waren weitgehend landwirtschaftlich genutzte Flächen. Die Schäden hielten sich offenbar in Grenzen.

Die Neckardurchschnitte nach den Planungen von C. A. Collini, J. A. von Traitteur, J. A. und F. C. Dyckerhoff verkürzten die Fließstrecke des Neckars von Feudenheim bis zur Neckarbrücke in Mannheim um ca. 2,7 km. Die dadurch bedingte Erhöhung der Fließgeschwindigkeit führte zu einem schnelleren Abfluss. Es ist deshalb anzunehmen, dass die von F. C. Dyckerhoff zur kurpfälzischen Zeit beklagten Mängel an den Sperren bei den Durchschnitten in den Jahren um 1800 behoben wurden. Da ein freier Abfluss des Neckars bei seiner damaligen Mündung in den Rhein noch nicht möglich war, konnte das Neckarhochwasser mit hoher Geschwindigkeit auf die Stadt Mannheim treffen und die Neckargärten und die Mühlau überfluten.

Auf diese Unzulänglichkeit wies W. J. Freiherr van Wyck in seiner 1825 erschienenen Schrift „Der Mittel-Rhein und Mannheim in hydrotechnischer Sicht"[45] hin. Auf S. 95 schrieb er im Nachtrag: „Was insbesonders die ausgeführte Rectification des Neckar anbelangt, so ist augenscheinlich, dass diese im Jahr 1790-1794 nicht mit der gehörigen Sachkenntnis ausgeführt ist. Wie könnte es sonst im Plane liegen, die Flussbahn durch die hart an beiden Ufern hinziehenden Dämme zu beschränken? Dieser Rectification ist es zuzuschreiben, dass im Monat Mai des Jahres 1817 die Neckar-Fluthen mit einer nie gekannten Schnelligkeit herbeigeführt wurden, so dass plötzlich einer Menge Mannheimer Einwohner, die sich in den Neckargärten befanden, der Rückzug abgeschnitten wurde und einige sogar ihr Heil auf den Dächern ihrer Gartenhäuser suchten, und von aller Communication abgeschnitten, auf denselben eine Nacht verweilen mussten, bis man zu ihrer Rettung, mit Nachen beikommen konnte."

Eine Erwiderung darauf verfasste Jakob Friedrich Dyckerhoff in „Einige Bemerkungen über die Denkschrift des W. J. van Wyck ‚Der Mittel-Rhein und Mannheim in hydrotechnischer Hinsicht'"[46]. Zu den Bemerkungen über die Große Neckarkorrektion seines Großvaters und Vaters schrieb er auf S. 11: „Die Fluthen des Neckar waren von jeher der Gegend von Mannheim gefahrdrohend, sie waren es bevor die Krümmungen der Feudenheimer Fähre abgeschnitten wurden, sie werden es so lange bleiben, als das Profil des Neckars in der Nähe der Stadt und Einmündung in den Rhein diejenige Capazität nicht hat, welche die hier einwirkenden Umstände fordern."

Johann Gottfried Tulla, der Leiter der Großherzoglich Badischen Ober-, Wasser- und Straßenbaudirektion beurteilte 1825 die Neckarkorrektion von 1789 bis 1805 aus der Sicht der Wasserwirtschaft[47]: „Die möglichst gerade Leitung der Flüsse, die Abschneidung ihrer Nebenarme, die Demolirung der schädlichen Dämme u.s.w. oder, mit einem Wort, die Rektifikation der Flüsse, ist diejenige Operation, durch welche ihren Zerstörungen Einhalt gethan, und ihren Wasserspiegel so gesenkt wird, daß die Nachtheile der Ueberschwemmungen und die Eisgänge vermindert, oder vollkommen beseitigt werden.

Die Richtigkeit dieser Behauptung beweisen alle die, an Bächen, Flüssen und Strömen, nach passenden Plänen, ausgeführten Rektifikationen [...]

Heinrich Renschler

Der Lauf des Neckars, war für die Stadt Mannheim Gefahr drohend; es ließ daher in den 1790er Jahren der Kurfürst Carl Theodor, dem, von Feudenheim bis Mannheim sehr gekrümmten Neckar, vermittelst Durchschnitten, einen geraden Lauf anweisen. Es kann nicht verkannt werden, dass, ohne diese Rektifikation des Neckars, (welche zwar noch nicht vollkommen ausgeführt ist) die Stadt Mannheim und die Strasse von Mannheim bis Seckenheim, bei jedem Hohwasser und Eisgang mehr gefährdet, oder wirklich beschädigt worden wäre."

Demnach entsprach die von C. A. Collini 1765 konzipierte, von J. A. von Traitteur, J. A. Dyckerhoff, F. C. Dyckerhoff und J. F. Dyckerhoff von 1789 bis 1805 ausgeführte Große Neckarkorrektion dem damaligen Stand der Wasserbautechnik.

Die nächsten einschneidenden Veränderungen im Flussregime des Neckars waren im Laufe des 19. Jahrhunderts der Hafenbau und die Verlegung der Neckarmündung in den Rhein. Mit Abschluss dieser Arbeiten war die Hochwassergefahr für Mannheim weitgehend gebannt.

1 Generallandesarchiv Karlsruhe (im Folgenden GLA KA) Bestand 229 Nr. 28319, Den nötig erscheinenden Durchschnitt des Neckars überhalb der Feudenheimer Fahrt 1789-1798.

2 F. Schleicher: Taschenbuch für Bauingenieure, Heidelberg-Berlin 1955, 2. Band, S. 720ff.

3 GLA KA Abt. Mannheim Specialia 213/3169, Acta den Neckar Durchschnitt dahier betreffend 1789-1790.

4 GLA KA Bestand 229 Nr. 28319, Den nötig erscheinenden Durchschnitt des Neckars überhalb der Feudenheimer Fahrt 1789-1798,. GLA KA Abt. Mannheim Specialia 213/3169, Acta den Neckar Durchschnitt dahier betreffend 1789-1790.

5 GLA KA Sig. 213 Nr. 3169.

6 GLA KA Bestand 229, wie Anm. 1.

7 GLA KA Bestand 229, wie Anm. 1.

8 GLA KA: Sig. 213 Nr. 3169 Ausschnitt.

9 GLA KA Bestand 229, wie Anm. 1.

10 GLA KA Bestand 229, wie Anm. 1.

11 GLA KA Bestand 229, wie Anm. 1.

12 GLA KA Abt. Mannheim Specialia 213/3169, Acta den Neckar Durchschnitt dahier betreffend 1789-1790.

13 GLA KA Abt. Mannheim Specialia 213/3169, Acta den Neckar Durchschnitt dahier betreffend 1789-1790.

14 GLA KA Abt. Mannheim Specialia 213/3169, Acta den Neckar Durchschnitt dahier betreffend 1789-1790.

15 GLA KA Bestand 229, wie Anm. 1. GLA KA Abt. Mannheim Specialia 213/3169, Acta den Neckar Durchschnitt dahier betreffend 1789-1790.

16 GLA KA Abt. Mannheim Specialia 213/3169, Acta den Neckar Durchschnitt dahier betreffend 1789-1790.

17 GLA KA Abt. Mannheim Specialia 213/3169, Acta den Neckar Durchschnitt dahier betreffend 1789-1790.

18 GLA KA Bestand 229, wie Anm. 1.

19 GLA KA Abt. Mannheim Specialia 213/3169, Acta den Neckar Durchschnitt dahier betreffend 1789-1790.

20 GLA KA Bestand 229, wie Anm. 1.

21 GLA KA Abt. Mannheim Specialia 213/3169, Acta den Neckar Durchschnitt dahier betreffend 1789-1790.

22 GLA KA Bestand 229, wie Anm. 1.

23 GLA KA Bestand 229, wie Anm. 1.

24 GLA KA Bestand 229, wie Anm. 1.

25 Angeschwemmtes Land.

26 GLA KA Bestand 229, wie Anm. 1.

27 GLA KA Bestand 229, wie Anm. 1.

28 Flussbett.

29 GLA KA Bestand 229, wie Anm. 1.

30 GLA KA Bestand 362 Nr. 1627, Bericht des Stadtmagistrat zu Mannheim vom 10.02.1810.

31 GLA KA Bestand 229 Nr. 28319 Verfügung vom 29.12.1798.

32 Jubiläums-Gemarkungsstein von 1907 an der Feudenheimer Straße, Haltestelle Pfeiferswörth.

33 GLA KA Bestand 362 Nr. 162, Aktenvermerk Actum Mannheim den 10.05.1810.

34 GLA KA Bestand 362 Nr. 1620, Großherzogliches Amt Ladenburg Schreiben vom 02.11.1812, Nr. 4859.

Neckardurchschnitte Mannheim-Feudenheim – Neckarbrücke 1789-1805 (Teil II)

35 GLA KA Bestand 362 Nr. 1627.

36 GLA KA Bestand 362 Nr. 1620, Erlass der Regierung des Unterrheinkreises vom 11.12.1833, Nr. 25353.

37 GLA KA Bestand 362 Nr. 1620, Schreiben vom 27.01.1835, Nr. 2398.

38 GLA KA Bestand 362 Nr. 1620, Actum 7. Februar 1835, Nr. 4098.

39 GLA KA Bestand 362 Nr. 1620 Heft 1.

40 GLA KA Bestand 362 Nr. 1620 Heft 1.

41 GLA KA Bestand 362 Nr. 1620.

42 GLA KA Bestand 262 Nr. 1620 Heft 2, Vogtsgericht Feudenheim.

43 GLA KA Bestand 362 Nr. 1620 Heft 2, Vogtsgericht Feudenheim.

44 Friedrich Walter: Mannheim in Vergangenheit und Gegenwart, Mannheim 1907, 2. Band, S. 116.

45 W. J. van Wyck: Der Mittel-Rhein und Mannheim in hydrotechnischer Hinsicht, Bibliothek Reiss-Engelhorn-Museen Sig. Mh 422.

46 Jakob Friedrich Dyckerhoff: Einige Bemerkungen über die Denkschrift des W. J. van Wyck „Der Mittel-Rhein und Mannheim in hydrotechnischer Hinsicht", Bibliothek Reiss-Engelhorn-Museen Sig. Mh 434.

47 Johann Gottfried Tulla: Ueber die Rektifikation des Rheins von seinem Austritt aus der Schweiz bis zu seinem Eintritt in das Großherzogthum Hessen, Karlsruhe 1825, Chr. Fr. Müller's Hofbuchdruckerey, S. 7 und 8.

Literatur

Baden-Württemberg Umweltministerium: Handbuch für Wasserbau, Naturgemäße Bauweisen, Heft 5, Ufer- und Böschungssicherungen

Collini, Cosimo Alessandro: Vortrag „Über die Überschwemmungen des Neckars bei Mannheim mit Beweisen und Erläuterungen", aus dem Französischen ins Deutsche übersetzt, in der Neuen Hof- und Akademischen Buchhandlung 1790, MARCHIVUM Sig. A17/5

Dyckerhoff, J. F.: Einige Bemerkungen über die Denkschrift des W. J. van Wyck „Der Mittel-Rhein und Mannheim in hydrotechnischer Hinsicht", Bibliothek Reiss-Engelhorn-Museen Sig. Mh. 434

Dyckerhoff, Hermann: Chronik der Familie Dyckerhoff seit 1651, MARCHIVUM Sig. E30/1

Familie Dyckerhoff, zwei Bände, MARCHIVUM Sig. 2005 B 393

Facius, Friedrich: Hafenbau und Flusskorrektion - Zur Entstehungsgeschichte der Schiffslandestellen und Hafenanlagen in Mannheim von 1607 bis 1845, Sonderdruck aus „Mannheimer Hefte" 1981/2

Förderkreis historischer Grabstätten in Mannheim e.V. (Hrsg.): Die Friedhöfe in Mannheim, Mannheim 1992

Generallandesarchiv Karlsruhe, Abteilung Mannheim Specialia unter GLA 213/3172, Damm- und Reparation – Stadt Mannheim, Anlage zweier Durchschnitte im Neckar

Generallandesarchiv Karlsruhe, Den nötig erscheinenden Durchschnitt des Neckars überhalb der Feudenheimer Fahrt 1789-1798, Bestand 229 Nr. 28319

Generallandesarchiv Karlsruhe, Abteilung Mannheim Specialia unter GLA 213/3165, Sanierung an der Käfertaler Chaussee

Generallandesarchiv Karlsruhe, Abteilung Mannheim Specialia unter GLA 213/3169, Acta den Neckar Durchschnitt dahier betreffent 1789-1790

Kreutz, Jörg: Cosimo Alessandro Collini (1712-1806). Ein europäischer Aufklärer am kurpfälzischen Hof, Ubstadt-Weiher 2009

Patt, Heinz; Jürging, Peter; Kraus, Werner: Naturnaher Wasserbau. Entwicklung und Gestaltung von Fließgewässer, Heidelberg / Berlin 2009

Schleicher, Ferdinand: Taschenbuch für Bauingenieure, zweiter Band, zweite Auflage Berlin / Göttingen / Heidelberg 1955

Mannheimer Geschichtsblätter, Jahrgänge VI 1905, IX 1908 und XI 1910

Aus „Tagebuch eines Landwirts und fleißigen Beobachters", Mannheimer Intelligenzblatt vom 11. März 1817

Sr. Churfürstl. Durchlaucht zu Pfalzbaiern Hof- und Staatskalender aus dem Jahr 1789, MARCHIVUM

Tulla, Johann Gottfried: Ueber die Rektifikation des Rheins von seinem Austritt aus der Schweiz bis zu seinem Eintritt in das Großherzogthum Hessen, Karlsruhe 1825, Chr. Fr. Müller's Hofbuchdruckerey

Traitteur, Johann Andreas: Abhandlung über die Wasserbaukunst in specie über Dämme gegen Überschwemmungen; Abhandlung über die Civilbaukunst, 1845, MARCHIVUM Sig. Kl.Erw. Nr.1252

van Wyck, W. J.: Der Mittel-Rhein und Mannheim in hydrotechnischer Hinsicht, Bibliothek Reiss-Engelhorn-Museen Sig. Mh 422

Waldeck, Florian: Alte Mannheimer Familien, Teil 2, Mannheim 1922, S. 48-64

Walter, Friedrich: Mannheim in Vergangenheit und Gegenwart, Band 1 und 2, Mannheim 1907

Weckesser, Hans: Mannheimer Stadtgeschichte(n), Mannheimer Morgen vom 6./7. September 1979

Hans-Otto Brinkkötter

Erbsen mit gefüllten Enten – Ein Mannheimer Hochzeitsmahl im Jahre 1885

In Memoriam Dr. Grit Arnscheidt[1]

Im Herbst 2018 publizierte das Friedrich Engelhorn-Archiv e.V. eine von Dr. Sebastian Parzer verfasste Biographie über Dr. Friedrich Engelhorn (1855-1911), den ältesten Sohn des BASF-Gründers Friedrich Engelhorn senior.[2] Darin wird unter vielem anderen auch dessen Hochzeit mit der wohlhabenden Mannheimer Kaufmannstochter Marie Joerger im Herbst 1885 facettenreich dargestellt (Abb. 1 und 2). Dies gilt insbesondere für das Festessen, das im Elternhaus der Braut in M 1, 4 zelebriert wurde. Als Lektor des Buchprojekts stolperte ich über den Satz, dass es 1885 beim Hochzeitsmahl „Erbsen mit gefüllten Enten" gegeben habe. Nahm ich doch an, dass es wohl heißen müsse „Ente gefüllt mit Erbsen". Sebastian Parzer wies als Autor empört meine Zweifel zurück und präsentierte gleich als Quelle seiner Aussage ein im Friedrich Engelhorn-Archiv aufbewahrtes Dokument, in dem tatsächlich – heute und auch damals absolut unüblich – die bloße Beilage vorangestellt ist (Abb. 3).[3]

Nun begannen wir zu rätseln. Dass es sich um einen bloßen Schreib- bzw. Setzfehler der Gastgeber handelte, durfte bei der insgesamt sorgfältigen Vorbereitung sowie in Anbetracht des hohen Niveaus aller Beteiligten mit an Sicherheit grenzender Wahrscheinlichkeit ausgeschlossen werden. In Ermangelung jeglicher eigener Kocherfahrungen wurde beschlossen, die Frage an Experten der Kochkunst im 19. Jahrhundert sowie an aktuelle Sterneköche weiterzuleiten.[4] Abgesehen von Hinweisen, wie zum Beispiel dass bei Paul Bocuse ein Rezept für ein vergleichbares Gericht zu finden sei, blieb die Frage weiterhin offen, bis

Abb. 1 (links)
Die Braut Marie Joerger

Abb. 2 (rechts)
Der Bräutigam
Dr. Friedrich Engelhorn

Fotos: Friedrich Engelhorn-Archiv e.V. Mannheim

Erbsen mit gefüllten Enten – Ein Mannheimer Hochzeitsmahl

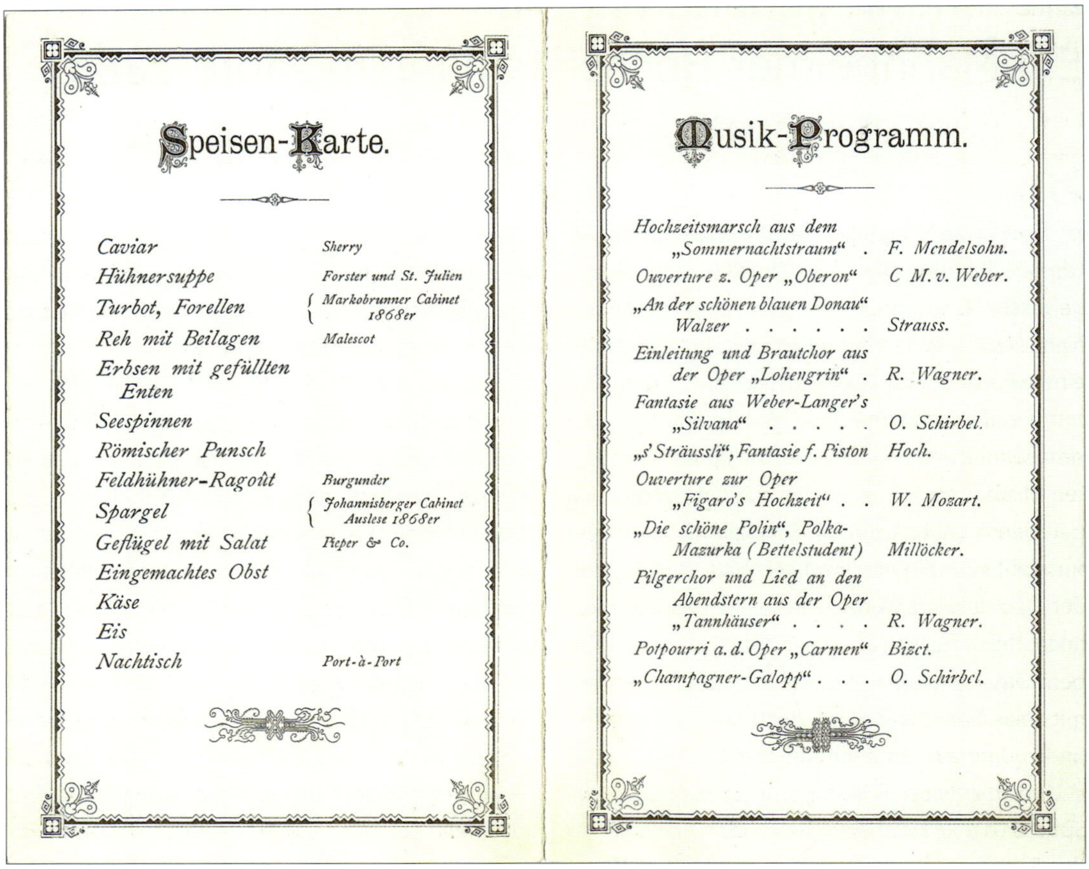

Speisen-Karte.

Caviar	*Sherry*
Hühnersuppe	*Forster und St. Julien*
Turbot, Forellen	*Markobrunner Cabinet 1868er*
Reh mit Beilagen	*Malescot*
Erbsen mit gefüllten Enten	
Seespinnen	
Römischer Punsch	
Feldhühner-Ragoût	*Burgunder*
Spargel	*Johannisberger Cabinet Auslese 1868er*
Geflügel mit Salat	*Pieper & Co.*
Eingemachtes Obst	
Käse	
Eis	
Nachtisch	*Port-à-Port*

Musik-Programm.

Hochzeitsmarsch aus dem „Sommernachtstraum“ .	*F. Mendelsohn.*
Ouverture z. Oper „Oberon“	*C M. v. Weber.*
„An der schönen blauen Donau“ Walzer	*Strauss.*
Einleitung und Brautchor aus der Oper „Lohengrin“ .	*R. Wagner.*
Fantasie aus Weber-Langer's „Silvana“	*O. Schirbel.*
„s' Sträussli“, Fantasie f. Piston	*Hoch.*
Ouverture zur Oper „Figaro's Hochzeit“ . .	*W. Mozart.*
„Die schöne Polin“, Polka-Mazurka (Bettelstudent)	*Millöcker.*
Pilgerchor und Lied an den Abendstern aus der Oper „Tannhäuser“	*R. Wagner.*
Potpourri a. d. Oper „Carmen“	*Bizet.*
„Champagner-Galopp“ . . .	*O. Schirbel.*

Abb. 3
Menüfolge und Musikprogramm bei der Engelhorn-Joerger-Hochzeit 1885
Friedrich Engelhorn-Archiv e.V. Mannheim

der Autor schließlich eine überzeugende Antwort dafür fand, dass die relativ ordinäre Beilage – die Erbsen – im Vergleich zum Höherwertigen – der Ente – bewusst vorangestellt wurde.

Auf die plausible Lösung kam Sebastian Parzer, als er nämlich die auf der Karte ebenfalls abgedruckten Musikstücke näher analysiert hatte und feststellte, dass fast alle Stücke mehr oder weniger deutliche Anspielungen auf den Anlass des Tages – die Hochzeit – enthielten. Deshalb soll dieser Musikteil hier zunächst näher dargestellt werden, nicht zuletzt um sich auch eine konkretere Vorstellung von einer Hochzeit in der Kaiserzeit machen zu können, im Jahre 1885 im gehobenen Bürgertum Mannheims, mit entsprechendem Lokalkolorit. So schreibt der Autor unter anderem:

„Zu dem festlichen Rahmen gehörte neben den Gaumenfreuden auch ein abwechslungsrei-cher Ohrenschmaus. Insgesamt war die Reihenfolge der Piècen wohl durchdacht: Zunächst der feierliche Hochzeitsmarsch aus dem „Sommernachtstraum" von Felix Mendelssohn und danach die schwungvolle Ouvertüre zur Märchenoper „Oberon" von Carl Maria von Weber. Weiter ging es mit dem stimmungsvollen „Donau-Walzer" von Johann Strauss (Sohn), dem der weihevolle Brautchor aus Richard Wagners „Lohengrin" folgte. Daran schlossen sich mehrere gefällige, fröhliche Musikstücke an, darunter das „s' Sträussli"[5], eine Fantasie für Piston des Wiener Bläsers Theodor Hoch[6]. Ein ernsterer, eher besinnlicher Teil kam anschließend mit dem „Pilgerchor" und dem „Lied an den Abendstern" aus Wagners „Tannhäuser". Zum Schluss ertönte aufheiternd ein Potpourri aus „Carmen" von Georges Bizet, bevor ein flotter „Champagner-Galopp" des Mannheimer Kapellmeisters Otto Schirbel den Schlussakkord setzte.[7]

Es erklangen insgesamt Klassiker des gut bürgerlichen Musikgeschmacks, wodurch sie perfekt zu einem solchen Anlass passten. Wer sie ausgewählt hat, war ein Kenner. Mehrere Stücke wurden sicherlich wegen ihrer anlassbezogenen Titel gewählt, so der Brautchor aus „Lohengrin", die Ouvertüre aus „Figaros Hochzeit" und die „Die schöne Polin" aus dem „Bettelstudenten" von Carl Millöcker. Auch die romantische Oper „Oberon" wurde natürlich wegen der thematisierten unbedingten Treue von Liebenden ausgesucht. Dies gilt ebenso für die erst wenige Monate zuvor uraufgeführte „Silvana" in der Version von Ferdinand Langer, wo eine dramatische Liebe in einer Sagenwelt ein Happy End erlebt.[8]

Dabei wurden mit Wagner, Strauss, Millöcker, Langer, Schirbel und Hoch auffallend viele zeitgenössische Komponisten gewählt. Als einziger nicht deutschsprachiger Komponist kam Bizet mit einem Potpourri aus „Carmen" zur Aufführung, die erst ein Jahrzehnt zuvor uraufgeführt worden war, sehr wahrscheinlich mit der anzüglich gemeinten „Habanera"-Arie, in der Carmen die Liebe mit einem unsteten Vogel vergleicht. Ob für die Auswahl von „Figaros Hochzeit" neben dem Titel der Oper auch das dort thematisierte „ius primae noctis" eine Rolle spielte, muss dahingestellt bleiben. Das Programm war jedenfalls voll gespickt mit anlassbezogenen, spitzfindigen Anspielungen und zudem ausgesprochen aktuell."

Und mit dieser Feststellung waren eine erste Spur und ein passender Schlüssel zur Lösung des Rätsels gefunden. Bei den den Enten vorangestellten Erbsen musste es sich ebenfalls um eine gezielte hintersinnige Anspielung handeln, und zwar eine, die genau zu dem Anlass Trauung passte. Und Parzer fand alsbald heraus, als er sich die Erbsen intensiver vornahm, dass Erbsen damals ein bekanntes Fruchtbarkeitssymbol waren. Veranschaulicht man sich die Erbsen in einer Schote, so ist dieses Symbol durchaus leicht nachvollziehbar und wurde sicherlich von den geladenen Gästen auch so verstanden. Die überraschende Wortstellung war also ein bewusst gesetzter Akzent der Brauteltern, die absichtlich – dezent versteckt – die Erbsen beim Hochzeitsmahl damit in den Vordergrund stellten.

Bleiben zur umfassenden Abrundung hier noch das exquisite Festessen sowie die Weinauswahl näher zu betrachten, mit denen Parzer einen fundierten Einblick in die Esskultur des gehobenen Bürgerstandes in Mannheim im ausgehenden 19. Jahrhundert bietet. Dabei wird auch das hohe Niveau der gastgebenden Brauteltern deutlich, das ebenso Haltung und Anspruch der Braut selbst geprägt haben wird. Es dürfte ebenso vom Bräutigam goutiert worden sein. Denn er hatte, wie Parzer zuvor ausführte, nicht nur wenige Jahre vorher während seiner einjährigen Dienstzeit in Berlin als Kavallerist bei der kaiserlichen Garde im Ulanen-Regiment den Prunk am Kaiserhof kennengelernt, sondern auch die bürgerliche Prachtentfaltung im Palais Engelhorn, seinem eigenen luxuriösen Elternhaus, mehrere Jahre lang unmittelbar selbst erlebt.[9] Zunächst zur erlesenen Menüfolge:

„Sie begann mit Kaviar und Hühnersuppe, gefolgt von Fisch, nämlich Forelle und Steinbutt, letzterer vornehm englisch als Turbot bezeichnet. Danach wurden Reh mit Beilagen serviert und anschließend – die bereits erörterten – „Erbsen mit gefüllten Enten" [...]. Nach der Ente kamen Seespinnen auf den Tisch. Deren Wahl dürfte neben der Tatsache, begehrte Speisekrebse zu sein, vielleicht ebenfalls als eine hintersinnige Anspielung zu verstehen sein, dass der Bräutigam von einer Spinne umgarnt wurde. Mit dem Römischen Punsch folgte ein leichter, erfrischender Gang. Auch das Feldhühner-Ragout sowie der Spargel stellten danach leichtere Gänge dar. Vor dem abschließenden Käse, Eis und nicht näher bezeichnetem „Nachtisch" wurden auch noch Geflügel mit Salat sowie „Eingemachtes Obst" geboten. Ein wahrlich opulentes, durchkomponiertes Hochzeitsmahl!"

Nur, dass Spargel im Herbst – am 26. September – im Rahmen eines Festmahls angeboten wurde, ließ mich als Lektor auch noch nach Abschluss des Manuskriptes rätseln. Wie konnte überhaupt ein üblicherweise nur bis Johannis gestochener Spargel noch genießbar und Teil eines festlichen Essens im Herbst sein? Parzer war sich jedoch von Anfang an sicher, dass es bereits damals gute Konservierungsmöglichkeiten gab, sodass der mit dem Verlag vereinbarte Termin zur Abgabe des Manuskriptes nicht verschoben wurde.

Im Rahmen der später noch vertieft durchgeführten Recherchen fand Parzer seine Vermutung voll bestätigt. Zunächst stieß er im Zusammenhang mit dem Spargel auf eine rein regional basierte Erklärung. Dass der Spargel natürlich aus der unmittelbar näheren Umgebung stammte, insbesondere aus Schwetzingen, war bereits zu vermuten und konnte sehr schnell plausibel belegt werden. Denn just nach Abgabe des Manuskriptes erschien ein Buch mit detaillierten Angaben zur Geschichte des

Spargelanbaus in Schwetzingen sowie zur industriellen Konservierung des Spargels.[10]

Diese Geschichte ist maßgeblich von dem aus Mannheim stammenden Max Bassermann geprägt, der 1871 bei Schwetzingen ein 24 Morgen großes Grundstück mit sandigem Boden erwarb, um dort erste sogenannte Spargel-Plantagen anzulegen.[11] Diese Großkulturen erwiesen sich schon beim ersten Stechen nach drei Jahren als sehr erfolgreich und machten alsbald eine Erweiterung des Vertriebs erforderlich. Neue industrielle Methoden, die einige Jahrzehnte zuvor in Frankreich und England zur Konservierung von Lebensmitteln, besonders für Obst und Gemüse, entwickelt worden waren, boten geeignete Lösungen an.[12] Damit konnte Spargel auch außerhalb der kurzen Saison deutschlandweit ohne besondere Mühen genossen werden.[13] Dazu gründete Bassermann 1875 mit einem Partner eine Konservenfabrik, in der Spargel anfangs in erhitzten und anschließend luftdicht verschlossenen Einmachgläsern und später in zugelöteten Dosen aus Weißblech steril konserviert wurden.[14] Damit war der Grundstein gelegt für Schwetzingen als Spargelstadt, wo dann 1883 auch die erste Spargelausstellung stattfand, also gerade zwei Jahre vor dem hier näher betrachteten Hochzeitsmahl. Alle Zweifel hinsichtlich der Möglichkeit, Spargel in hoher Qualität auch noch im September darzubieten, waren somit restlos beseitigt.

Zur Beurteilung der Weine wurde in Ermangelung eigener vertiefter önologischer Kenntnisse ein anerkannter Fachmann gesucht. Da kam für den Verfasser nur Herr Bernhard Wolff, der überregional anerkannte Kellermeister der BASF, in Betracht. Und dieser ließ sich nicht lange bitten, als er die Karte mit den kredenzten Weinen las. Parzer fasst dessen fachkundige Aussagen wie folgt zusammen:

„Lässt man die vorgesehenen Weine von einem ausgewiesenen Weinkenner beurteilen, so erfährt man, dass die Kombination von Kaviar und Sherry als Entree der Speisenfolge „für die heutige Zunge ungewöhnlich" sei.[15] Der kredenzte „Forster" Riesling hätte als der „edelste Riesling der Pfalz gegolten, mit dem sogar die Einweihung des Suezkanals gefeiert worden sei". Im Übrigen sei es interessant, dass alle deutschen Weine ohne Angabe des Erzeugers angegeben wurden. „Die Herkunft war eben das entscheidende Kriterium." Der zur Hühnersuppe wahlweise angebotene Bordeaux aus Saint Julien stamme aus einer sogenannten Gemeindeappellation, in der „hoch klassifizierte Weingüter beheimatet" seien. Der den Fisch „stilsicher" begleitende Riesling aus Markobrunn, eine der besten Rheingauer Lagen, wird mit Jahrgang angegeben. Dies sei ein deutliches Indiz dafür, dass diese Weine „als die damals wertvollsten" angesehen wurden. Da sich der Geschmack gewandelt hat, werden diese Weine wegen ihrer „reifen Restsüße" heute als Speisebegleiter weniger geschätzt. „Klassisch" sei der zum Reh gereichte Malescot, der von dem Weingut Château Malescot Saint-Excupéry bezogen wurde. Als Troisième Cru Classé gehörte es in der zweiten Hälfte des 19. Jahrhunderts zu den allerersten Adressen innerhalb der Bordeaux-Weingüter. Anschließend Burgunder, sicherlich Pinot Noir aus Burgund, bei einem Feldhühner-Ragout zu genießen, sei auch heute noch eine „klassische Mariage von Speise und Wein".

Der zum Spargel gereichte Johannisberger – ein Riesling – stammte aus einem traditionsreichen, sehr alten Weingut, das der Legende nach schon unter Karl dem Großen angelegt wurde. Es zähle zu den „besten im Rheingau", die mit den berühmten späten Lesen den „Weltruhm" des Rheingauer Rieslings begründet hätten. Die bei der Hochzeit aufgetischten Flaschen waren mit dem Zusatz „Cabinet" versehen, was darauf hinweise, dass es sich um eine „lagerfähige edelsüße Qualität" handelte. Zum Spargel allerdings eine edelsüße Auslese zu reichen, wirke heute „befremdlich", sei aber früher nicht ungewöhnlich gewesen. Danach zum „Geflügel mit Salat" Champagner aus dem Hause „Pieper & Co" vorzusehen, sei wiederum eine Überraschung, während der Port zum Nachtisch weiterhin eine „stilsichere Kombination" sei. Soweit der Kommentar des Experten, der zusammenfassend hinzufügte, dass die Weinauswahl sich „auf dem Niveau eines Staatsempfanges" bewegte."

Das hier dargestellte Hochzeitsmahl ist nur ein kleiner Ausschnitt aus der Biographie über Dr. Friedrich Engelhorn insgesamt. Dieser Ausschnitt ist jedoch typisch für die akribische Arbeitsweise von Sebastian Parzer. Sie zeigt, dass er sich mit Speisen und begleitenden Weinen intensiv beschäftigte und Erfahrung bei jeweils auf ihrem Fachgebiet ausgewiesenen Kennern sammelte. Ebenso deutlich wird in diesem Werk sein ausgeprägter Forscherdrang, wie beispielsweise seine weiteren Untersuchungsergebnisse zu dem Musikprogramm selbst offenbaren, wo er der Frage nachgeht, in welcher Besetzung die Musikstücke aufgeführt wurden. In diesem Zusammenhang konnte er ebenfalls höchst interessante Feststellungen zur Mannheimer Musikszene in der Mitte der zweiten Hälfte des 19. Jahrhunderts treffen:

„In welcher Besetzung die musikalischen Leckerbissen präsentiert wurden, ist nicht bekannt. Sicherlich waren ein Klavier beteiligt und zumindest auch ein Blasinstrument, da ausdrücklich ein Piston erwähnt wurde, und zwar für die Fantasie „s' Sträussli" von Theodor Hoch. Ob der damals bekannte Piston-Virtuose aus Wien engagiert wurde, um seine Komposition der Hochzeitsgesellschaft selbst vorzutragen, ist eher unwahrscheinlich. Denn gute, im Umgang mit dem Piston, das im Vergleich zu den Trompeten einen wärmeren und weniger harten Ton erzeugt,[16] geübte Musiker gab es in Mannheim zur Genüge.

Dagegen ist davon auszugehen, dass der königlich preußische Militär-Musikdirektor Otto Schirbel vom Badischen Grenadierregiment „Kaiser Wilhelm", ein damals in der Quadratestadt bekannter Dirigent, persönlich auftrat. Dafür spricht vor allem, dass er mit zwei eigenen Kompositionen vertreten war, und sein „Champagner-Galopp" für das Finale sorgte, und somit auffallend stark zur musikalischen Gestaltung der Feier insgesamt beitragen konnte. Dies deutet darauf hin, dass er bei allen Stücken für ein kleines, vorwiegend aus Bläsern bestehendes Ensemble selbst den Taktstock schwang.[17] Ob daneben auch noch ein Braut- bzw. Pilgerchor auftrat sowie Sänger – ein Tenor für „Die schöne Polin" und ein Bariton für das „Lied an den Abendstern" –, ist zwar nicht völlig auszuschließen, zumal der Mannheimer Opernchor am Nationaltheater gut besetzt war und jede Stimme qualifiziert anbieten konnte. Doch ist dies eher nicht zu vermuten; jedenfalls gibt es dafür keinerlei Anhaltspunkte im Programm.

Dass insgesamt Stücke aus sieben verschiedenen Opern von verschiedenen Komponisten erklangen, zeigt die ausgeprägte Affinität zur Oper, die in Mannheim generell einen sehr hohen Stellenwert hatte. Auch die Brautleute selbst erwiesen sich als Opernfreunde und wählten später exponierte Sitzplätze im Nationaltheater.[18] Da es aber für das Mitwirken von weiteren Solisten keinerlei Anhaltspunkte im Programm gibt sowie auch keine sonstigen Belege dazu gefunden werden konnten, muss offen bleiben, ob „nur" ein kleines, vermutlich von Otto Schirbel angeführtes Ensemble für den guten Ton bei der Tafelmusik sorgte. Jedenfalls verdienten sich die Regimentsmusiker mit derartigen Auftritten gern ein Zubrot."

Aus der Sicht des begleitenden Lektors bleibt zusammenfassend anzumerken, dass Sebastian Parzer ausgehend von der Speisekarte mit dem Musikprogramm einen einzigartigen facettenreichen Einblick in die wohlhabende Mannheimer Bürgerschicht gewährt. Schon allein mit seiner Darstellung des Hochzeitsmahls nebst begleitenden Weinen und Musikstücken ist ihm ein ausgezeichnetes Milieubild Mannheims im ausgehenden 19. Jahrhundert gelungen. Dass seine weiteren höchst beachtlichen Ausführungen zum Titelhelden ähnlich akribisch fundiert, ebenso faktenreich und mit vielen erstmals publizierten Abbildungen anschaulich illustriert sind, ist hier nicht näher zu betonen. Dies gilt ebenso für die gelungene Gestaltung des Buches insgesamt, sei es hinsichtlich des äußeren edlen Einbands, sei es hinsichtlich der hohen Bilder- und Satzqualität, die durch die engagierten Mitarbeiter des verlags regionalkultur ermöglicht wurden. Die vorgelegte Biographie setzt somit das hohe Niveau der vom Friedrich Engelhorn-Archiv herausgegebenen Publikationen fort.[19]

1 Grit Arnscheidt war in der Kulturszene Mannheims zur Kaiserzeit quasi zu Hause. Als oft konsultierte Ratgeberin und zuverlässige Informantin bei zu dieser Epoche auftauchenden Fragestellungen – konkret auch im Zusammenhang mit den Recherchen zum dargestellten Hochzeitsmahl und dessen Rahmenprogramm – gab sie stets bereitwillig Auskunft und hilfreich weiterführende Hinweise, zuletzt sogar von ihrem Krankenbett aus.

2 Dr. Friedrich Engelhorn. Ein Mannheimer Unternehmer im Kaiserreich (1855-1911), Heidelberg Ubstadt-Weiher Basel 2018. Vgl. dazu die Rezension von Susanne Räuchle „Im Zeichen von Leistung, Liebe und Luxus" im Mannheimer Morgen S. 11 vom 29. Dezember 2018.

3 Friedrich Engelhorn-Archiv, Nachlass Dr. Friedrich Engelhorn, S 1/77, 26. September 1885 – Speisen-Karte und Musik-Programm.

4 Der Verfasser dankt Dr. Rosmarie Günther vom Historischen Institut der Universität Mannheim für den Hinweis auf das Rezept „Caneton aux Petits pois – Ente mit Erbsen" in: A. Escoffier, bearbeitet von M. C. Banzer, Nordhausen 1923, S. 625, sowie Monika Reiter, Leiterin der Rezeptentwicklung bei Schuhbecks Gewürze GmbH, für den Hinweis auf ein weiteres ähnliches Rezept bei Paul Bocuse: Das Kochkunstbuch vom König der Köche, Düsseldorf 1977, S. 265.

5 Das Stück basiert auf dem in schwäbischer Mundart von Max Gervais verfassten Gedicht „Sträußli will i pflück'n". Es wurde von Carl Haas vertont und zum Beispiel von der Sopranistin Anna Zerr (1822-1881) – einer „großherzoglich badischen Hofopernsängerin" – im Wiener Opernhaus gesungen (vgl. Der Wanderer 33 [1846], Nr. 44 vom 20. Februar 1846, S. 176 und Nr. 277 vom 19. November 1846, S. 1107).

6 Der heute ziemlich in Vergessenheit geratene Theodor Hoch (1843-1906) gehörte der Kapelle von Johann Strauss an und hatte das Stück 1873 anlässlich der Wiener Weltausstellung vorgetragen (Wiener Weltausstellungs-Zeitung, Nr. 182 vom 22. Juni 1873). In Hochs Transkription des Lieds wird das Piston von einem Piano begleitet. Freundlicher Hinweis von Wilhelm Bruns (Solohornist am Nationaltheater Mannheim) auf die Publikation der Noten in C. Fischer's Edition, Theo Hoch Celebrated Solos for Cornet and Piano, Op. 15, S. 22-26, New York 1902.

7 Der Stabsoboist Otto Schirbel leitete von 1874 bis 1890 die Kapelle des in Mannheim stationierten Badischen Grenadierregiments Kaiser Wilhelm Nr. 110. Anlässlich der 1880 in Mannheim veranstalteten „Landwirtschaftliche und Gewerbliche Ausstellung des Pfalzgaus" hatte er einen „Pfalzgau-Ausstellungsmarsch" komponiert. Eingehend zu Schirbel Ernst-Heinrich Schmidt: Militärmusik in Baden zur Zeit des Bunten Rocks, in: Mit klingendem Spiel, 2000 Heft 4, bes. S. 18-23, 2002 Heft 4, S. 16-20; 2003 Heft 1, S. 10-15; Heft 4, S. 13-14.

8 F. Langer (1839-1905) war ab 1877 Kapellmeister am Nationaltheater Mannheim.

9 Eingehend Tobias Möllmer: Das Palais Engelhorn in Mannheim, Worms 2010.

10 Wolfgang Schröck-Schmidt et al. (Hrsg.): Spargelspitzen in Weißwein gesotten ..., Mannheim 2018.

11 Hierzu und zum Folgenden eingehend: Schröck-Schmidt et al., wie Anm. 10.

12 1795 hatte Napoleon einen Preis für ein Verfahren ausgelobt, mit dem Nahrungsmittel haltbar gemacht und damit seine Truppen ohne jeweils aufwändige Plünderungen ernährt werden könnten. Die Idee, Nahrungsmittel zu erhitzen und in luftdicht verschlossenen Behältnissen aufzubewahren, hatte der Pariser Konditor Nicolas Apperet. Er erhielt 1810 das Preisgeld für „Die Kunst alle animalischen und vegetabilischen Substanzen nämlich alle Gattungen Fleisch, Geflügel, Wildpret, Fische, Zugemüse, Kuchen - Arzneygewächse, Früchte, Sulzen, Säfte; ferner Bier, Kaffe, Thee u.s.w. in voller Frische, Schmackhaftigkeit und eigenthümlicher Würze mehrere Jahre zu erhalten". Zitiert nach Wikipedia, Stichwort „Konservendose" m.w.N.; dort auch zur weiteren technischen Entwicklung in Frankreich und England.

13 Ein etwas mühseligeres älteres Verfahren wird in „Betty Gleims Bremisches Kochbuch" beschrieben, Auflage von 1847, S. 554 Nr. 13 und 14 mit Verweis auf S. 550f. Nr. 2.

14 Noch heute ist im Handel bei den Konservendosen der Markenname Sonnen-Bassermann präsent.

15 Die im Folgenden zitierten Feststellungen stammen dankenswerterweise von Bernhard Wolff, dem Leiter des Weinkellers der BASF SE in Ludwigshafen.

16 Vgl. Artikel Kornett in Riemanns Musiklexikon, 13. Auflage, Band 3, Mainz 2012, S. 109f.

17 So berichtete der „General-Anzeiger der Stadt Mannheim" am 1. Juni 1887 über ein von Otto Schirbel im Mannheimer Stadt park dirigiertes Pfingstkonzert: „Herr Schirbel verfügt über ein sehr gut geschultes Personal, und hatten wir, wie schon oft [...] wieder Gelegenheit, uns sowohl an den Ensemblevorträgen, als an den prächtigen Solis des Herrn Flügelhornisten Eduard Bahr zu erfreuen. Letzterer ist ein Künstler auf seinem Cornet á Piston [...]." Daneben trat Schirbel häufig auch als „Orchester zu Streich" auf (vgl. Schmidt [2002], S. 16 und S. 18). Freundlicher Hinweis von Oberstleutnant a. D. Ernst-Heinrich Schmidt, Baden-Baden.

18 Friedrich Engelhorn jun. besaß schon während seiner Karlsruher Studienzeit ein Orchesterabonnement.

19 Auf der Homepage www.friedrich-engelhorn-archiv.de ist die gesamte bisherige Publikationsreihe mit Inhaltsverzeichnissen dargestellt.

Alfred Storch

Joseph Anton Sickinger und Heinrich Nicklisch

Eine außergewöhnliche Allianz zwischen Reformpädagogik und Betriebswirtschaft vor und während des Ersten Weltkriegs, Teil 1

Die Frage, wie die außergewöhnliche Personalunion zwischen „Reformpädagogik und Betriebswirtschaft" zustande kam, führt 100 Jahre zurück in die Frühgeschichte des heutigen „Otto-Selz-Instituts" der Universität Mannheim. Im März 1918 stimmte die Versammlung des Bürgerausschusses mehrheitlich der „Errichtung einer hauptamtlichen Dozentur für Philosophie, Psychologie und Pädagogik an der Handelshochschule" zu. Der nach „Wilhelm Wundt" benannte Lehrstuhl blieb zu jener Zeit angesichts seiner besonderen Fächerkombination der einzige an einer deutschen Handelshochschule. Als „Treiber" der Institutsgründung traten bereits ab Herbst 1913 Heinrich Nicklisch, Professor für Betriebswirtschaft an der Handelshochschule, und Stadtschulrat Anton Sickinger in den Vordergrund.[1]

Aus welchen Beweggründen sich diese außergewöhnliche „Allianz" konstituierte, steht im Mittelpunkt des ersten Teils dieser personen- und institutionsgeschichtlichen Abhandlung. Wie die „Allianz" unter dem Einfluss der Kriegsjahre die Agenda des mehrjährigen Institutionalisierungsprozesses bestimmte, wird im zweiten Teil dargestellt werden. Doch zunächst ein kurzer Blick zurück.

Was vor Herbst 1913 geschah

Die Initiative für eine solche besondere Dozentur ging von der Mannheimer „Berufsorganisation der Volksschullehrerschaft" aus. Deren Bezirksverein und Lehrerkonferenz brachten „den Stein zur Institutsgründung" bereits im Mai 1913 ins Rollen.[2] In einem an den Oberbürgermeister wie auch den Rektor der Handelshochschule adressierten Schreiben beantragte der Bezirksverein, „Versuchs- und Reformklassen" in der Mannheimer Volksschullandschaft zu bewilligen und „pädagogische Vorlesungen" als Vorstufe einer hauptamtlichen „Dozentur für Pädagogik" an der Handelshochschule Mannheim einzurichten.

Das Anliegen einer praxisbezogenen wissenschaftsbasierten Begleitung der Arbeitsschulreform und einer damit verbundenen akademischen Qualifizierung der Volksschullehrerschaft allein hatte jedoch kaum Aussicht, das angestrebte Institut an der Handelshochschule zu etablieren. Auch wenn in der „Antragsinitiative" die Notwendigkeit einer fundierten „pädagogischen" Qualifizierung der Lehrerschaft aller Schularten der Stadt Mannheim, insbesondere auch der Handelslehramtsstudierenden, hervorgehoben wurde, fehlte diesem Anliegen zunächst das Votum eben der Gesamtlehrerschaft Mannheims wie auch des Senats und Rektorats der Handelshochschule. Infolgedessen beauftragte Paul Martin, Oberbürgermeister und Vorsitzender des Kuratoriums,[3] die Handelshochschule mit der Befragung aller Mannheimer Schulleitungen, ob Bedarf an „pädagogischen Vorlesungen" sowie einer „pädagogischen Dozentur" bestehe. Die Schulleitungen des Höheren Schulwesens begrüßten das Vorhaben. Sie wollten auch weiterhin in ihren Kollegien dafür werben, obwohl sie dort mehr oder weniger auf Vorbehalte gegenüber einer „pädagogischen" Fortbildung und auf Abneigungen, gemeinsam mit dem Volksschullehrerstand diese Vorlesungen zu besuchen, gestoßen waren. Hingegen bescheinigten das Volksschulrektorat und die Leitungen der Gewerbe- und Handelsschulen übereinstimmend das Interesse ihrer Lehrerschaft an „Vorlesungen über Philosophie, experimentelle Psychologie und Pädagogik mit den entsprechenden Übungen". Diese Interessensbekundung übernahm der Rektor der Handelshochschule in seinem Antwortschreiben an den Oberbürgermeister wörtlich und bezeichnete sie als „fast übereinstimmendes Verlangen" aller Mannheimer Schulen.[4]

Schon im Wintersemester 1913/14 konnten für die gesamte Mannheimer Lehrerschaft vier Vorträge des Privatdozenten Jonas Cohn aus Freiburg im Rahmen des abendlichen Vortragsprogramms der Handelshochschule angeboten und für das Sommersemester 1914 zwei einführende Vorträge über „experimentelle Psychologie und Pädagogik" in Aussicht gestellt werden (Abb. 1). Zweifellos ein Erfolg der im Mai 1913 gestarteten Antragsinitiative des Bezirksvereins der Volksschullehrerschaft.

Abb. 1
Jonas Cohn (1896-1947)
Foto: Jonas Cohn-Archiv
Quelle (letzter Abruf 14.4.2019) http://www.ortsverein-guenterstal.de/guenterstal/schicksale-ereignisse/jonas-cohn-in-guenterstal.html

Jonas Cohn, zunächst Mitarbeiter am Psychologischen Institut Wilhelm Wundts in Leipzig, vollzog durch seine Habilitation bei Wilhelm Windelband eine Hinwendung zur Wertphilosophie, die sich durch eine Abgrenzung der beschreibenden Naturwissenschaften von den normativen Geistes- und Kulturwissenschaften auszeichnete. Dennoch blieb Cohn für experimental-psychologische Methoden offen. Entsprechend hielt er an der Universität Freiburg jugendpsychologische Vorlesungen.

In seiner Vortragsreihe in Mannheim vertrat er eine „zeitgenössische Pädagogik auf philosophischer Grundlage", wie sie vom Volksschullehrerverein und seiner Lehrerkonferenz gewünscht wurde. Ebenfalls ganz im Sinne der Bestrebungen dieses Berufsvereins sprach sich Cohn für die Akademisierung der Volksschullehrerbildung aus.

In dieser Situation konfigurierte sich die Allianz zwischen Sickinger und Nicklisch.

Joseph Anton Sickinger und Heinrich Nicklisch – die „Treiber" einer Institutsgründung mit dem Schwerpunkt „experimentelle Psychologie und Pädagogik"

Nach einer Kurzvorstellung der beiden Protagonisten soll gefragt werden, welche Erwartungen und Hoffnungen jeder aus seiner Position und Fachdisziplin auf den angestrebten Lehrstuhl richtete, um abschließend das gemeinsame Interesse, das ihre Allianz zusammenfügte, zu umreißen.

Sickingers Perspektive

Josef Anton Sickinger (Abb. 2), Sohn eines Volksschullehrers, in Heidelberg promovierter Altphilologe, Gymnasialprofessor in Karlsruhe und Bruchsal, konnte von Oberbürgermeister Otto Beck im Jahr 1895 für die Leitung des Volksschulrektorats, das heißt als Stadtschulrat für Mannheim gewonnen werden.

Nach eigenem Bekunden unterstützte er „das langjährige Bestreben der Lehrerschaft auf Angliederung psychologisch-pädagogischer Einrichtungen an der Mannheimer Handelshochschule aufs tatkräftigste".[5] Sickinger engagierte sich nicht nur in der Rolle des Stadtschulrates. Der nationalliberalen Fraktion angehörend, war er seit 1902 auch Mitglied des Bürgerausschusses. Als prominenter Stadtpolitiker nahm er gewichtigen Einfluss auf die Diskussionen und Entscheidungen, insbesondere bei der Bewilligung von Finanzmitteln für den Schul- und Hochschulbereich.[6]

Als Leiter des Volksschulrektorats war die Anhebung der Seminarausbildung für die Volksschullehrerschaft auf akademisches Niveau ganz in seinem Sinne. Einer philosophischen Orientierung des Lehrstuhls stimmte er ebenfalls zu, sofern sie sich mit einer „empirisch-psychologischen" Schwerpunktsetzung verband. Hingegen formulierte der Bezirksverein der Volksschullehrerschaft in seiner Antragsinitiative für eine Dozentur an der Handelshochschule eine umgekehrte Priorisierung: Pädagogik bedürfe „nicht nur der zur Zeit stark betonten naturwissenschaftlichen und psychologischen, sondern zuerst einer breiten ethischen und geisteswissenschaftlichen Grundlegung".[7]

Die bereits oben erwähnte Rückmeldung der Volks- und Berufsschulen Mannheims an das Rektorat der Handelshochschule offenbarte eine Gewichtung, die augenscheinlich die Handschrift des Stadtschulrats trug. Den „Vorlesungen über Philosophie" wurden explizit „Übungen zur experimentellen Psychologie und Pädagogik" gleichberechtigt zur Seite gestellt. Entsprechend folgte nach der eher „wertphilosophischen" Orientierung der Ausführungen Cohns im Wintersemester

Alfred Storch

Abb. 2
Joseph Anton Sickinger
Bild:
MARCHIVUM

1913/14 eine „experimentelle" Ausrichtung der im Sommersemester 1914 stattfindenden Vorträge (Abb. 3). Die Vermittlung des Vortragenden Max Brahn, Leiter des vom Leipziger Lehrervereins gegründeten „Instituts für experimentelle Psychologie und Pädagogik", lag wohl ebenfalls maßgeblich in den Händen Sickingers in enger Abstimmung mit Nicklisch.

Sickingers Hauptmotiv bei der Wahl und Gewinnung Brahns ist naheliegend – die Absicherung seiner Reform des differenzierenden Mannheimer Schulsystems. Er kannte die von Brahn bereits im Jahre 1897 verfasste Publikation zur „Begabungsdifferenzierung innerhalb der Schülerjahrgänge", die den Kern der Mannheimer Reform der Schulorganisation thematisierte. Auch stand er durch seine Vorträge über das Mannheimer Schulsystem am Institut des Leipziger Lehrervereins in direktem Kontakt zu Brahn.[8] Die „Schwachstelle" der Schülergruppierung im Mannheimer Schulsystem, die praktizierte Zuordnung allein aufgrund des subjektiven Lehrerurteils, war ihm sehr wohl bewusst. Offen formulierte er in jener Zeit dieses Defizit unter Verwendung einer naturwissenschaftlich geprägten Analogie: „Leider mangelt es bis heute noch an einem Psychometer, mit dem wir die Gesamtleistungsfähigkeit eines Schülers, die sich aus den ererbten und erworbenen Anlagen zusammengesetzt, ebenso exakt zu bestimmen vermöchten, wie wir die Temperatur des Blutes mittels des Thermometers zu messen imstande sind".[9] Es zeichnet Sickinger aus, dass er nicht nur als Stadtschulrat und charismatischer Stadtpolitiker für die von ihm eingeführte Schulreform und Lehrerbildung eintrat. Zugleich war er bestrebt, die Legitimation pädagogischer Reformansätze, wie etwa die „Arbeitsschule" sowie seine „Mannheimer Schulorganisation" auf empirisch gewonnene Erkenntnisse der angewandten Wissenschaften über die Natur des jugendlichen Menschen zu gründen. Diese Auffassung vertrat der „Bund für Schulreform", dessen Mitglied im „Geschäftsführenden Ausschuss" er war, bereits im Jahre 1911 auf dem „Ersten Deutschen Kongress für Jugendbildung und Jugendkunde" in Dresden (Abb. 4).

Der am Kongress teilnehmende Sickinger erfuhr damals öffentliche Bestätigung und Ansporn durch Professor Deuchler von der Universität Tübingen, der die Theorie der Differenzierung des Mannheimer Schulsystems in den Mittelpunkt seines Vortrags stellte, und durch den „Redner" William Stern, damals Lehrstuhlinhaber in Breslau, später in Hamburg. In direkter Bezugnahme auf Sickinger und die „Förderklassen" des Mannheimer Schulsystems stellte Stern, Professor für Psychologie, in seinem Vortrag erstmals die wissenschaftliche Konstruktion „objektiver Prüfungsserien" zur fundierten Beurteilung der jeweiligen Fähigkeitsniveaus der Schülerindividualitäten im Rahmen seiner Forschung in Aussicht. Um mit diesen Methoden der Intelligenzprüfung zukünftig „Massenuntersuchungen" durchführen und statistisch verarbeiten zu können, beendete Stern seinen Kongressvortrag mit einem Aufruf. Die Teilnehmer mögen sich für eine fortschreitende Institutionalisierung der „pädagogischen Psychologie, die bisher noch keinen legitimen Platz im Rahmen des Universitätsunterrichts gefunden hat", einsetzen, um auf diese Weise die Verbesserung und weitere Ausgestaltung der Schulreform zu sichern.[10] Sickinger sah sich diesem Appell verpflichtet.

Nicklischs Perspektive

Heinrich Karl Nicklisch (Abb. 5), Sohn eines Bauern, nach Hauptschulabschluss Besuch des Leh-

K.

Vortragszyklen.

Australien in seiner volkswirtschaftlichen und weltwirtschaftlichen Bedeutung — mit Lichtbildern —
2×2 Stunden (öffentlich unentgeltlich).
am 25. und 26. Mai abends 8—10 Uhr.
Prof. Dr. Alfred Manes-Berlin.

Geschichte der nationalökonomischen Theorien (Grundbegriffe der Nationalökonomie in ihrer Entwicklung).
1 Stunde wöchentlich Mo 8—9 abends.
Privatdozent Dr. Lederer-Heidelberg.

Grundlehren der experimentellen Psychologie und Pädagogik in Einzelbeispielen.
2×2 Stunden am 14. und 15. Mai abends 8—10 Uhr.
Eintrittspreis 1 M. Dr. Brahn-Leipzig.

Abb. 3 (oben)
Ankündigung der Vorträge Brahns im Vorlesungsverzeichnis für das Sommersemester 1914

Abb. 4 (unten)
Sickinger besuchte den Kongress mit den Lehrern Max Enderlin, Gustav Wiederkehr und Friedrich Fröber. Letzterer war Leiter der Knaben-Arbeitsschule.

Arbeiten des Bundes für Schulreform
Allgemeinen Deutschen Verbandes f. Erziehungs- u. Unterrichtswesen
5

Erster Deutscher Kongreß für Jugendbildung u. Jugendkunde

zu Dresden am 6., 7. und 8. Oktober 1911 — Zweiter Teil

Intelligenzproblem und Schule

Vorträge und Verhandlungen am Sonnabend, dem 7. Oktober 1911

rerseminars und zunächst einige Berufsjahre als Volksschullehrer tätig, erfüllte damit – auch ohne Abitur – die Aufnahmebedingungen der Handelshochschule Leipzig, an der er dann das Fach „Handelslehramt" studierte und 1901 erfolgreich abschloss. Nach eigener Darstellung lernte Nicklisch den Ansatz der „experimentellen Psychologie" bereits durch den Besuch der Vorlesungen des Experimentalpsychologen Wilhelm Wundt während seiner Leipziger Studentenzeit kennen. An die Leipziger Handelshochschule kehrte er – nach seiner Promotion in Tübingen sowie einer Tätigkeit im Banksektor – im Jahr 1907 als Dozent zurück und erhielt zudem im Wintersemester 1908/09 an der dortigen Universität einen Lehrauftrag, bis er 1910 eine Professur für Betriebswirtschaft an der Handelshochschule Mannheim annahm.

Im Jahr 1912 veröffentlichte Nicklisch das „erste Lehrbuch zur Betriebswirtschaftslehre", das ihm den späteren Ruf als „Gründerpersönlichkeit der akademischen Betriebswirtschaftslehre" einbrachte. Zeitgleich war er unter anderem Mitherausgeber der renommierten „Zeitschrift für Handelswissenschaft und Handelspraxis". Ab 1914 zählte Nicklisch zu den Initiatoren des „Verbands der Hochschullehrer für Betriebswirtschaft e.V." und war von dessen Gründung an bis 1932 Vorstandsmitglied.[11] Ab Ausbruch des Ersten Weltkriegs setzte sich Nicklisch zum Ziel, an der Handelshochschule Mannheim das reichsweit erste Betriebswirtschaftliche Institut aufzubauen, das sich durch eine auf das gesamte Gebiet des Betriebslebens erstreckende empirische Forschung auszeichnen sollte. Das vom Leiter des Harvard-Laboratoriums in den USA, Hugo Münsterberg, im Jahr 1912 in Deutschland veröffentlichte Buch „Psychologie und Wirtschaftsleben" war Nicklisch und seinen Mitarbeitern selbstverständlich bekannt. Somit auch die dort von Münsterberg geübte Kritik an der aktuellen Diskussion in Deutschland über die „Fortschritte" der „experimentellen Psychologie", welche die wirtschaftspsychologischen Fragen gänzlich „unberührt" ließe.[12] Nicklisch hingegen brachte schon zu jener Zeit der sich formierenden Wirtschaftspsychologie großes Interesse entgegen. Er bemängelte beispielsweise 1910 in der „Zeitschrift für Handelswissenschaft und Handelspraxis", dass sich Psychologen quasi dafür entschuldigten, wenn sie die „Reklame" zum Gegenstand ihrer Untersuchung gemacht hatten. Erstmals 1914 hielt Nicklisch eine Vorlesung über „Reklame". Seit 1912 erstellte er mit seinem Assistenten Seyffert umfangreiche Materialsammlungen zur Betriebs- und Arbeitsorganisation sowie Reklamepsychologie, die zur Schulung des praktischen Denkens und Handelns für Studierende wie auch für Kaufleute und Industrielle bereitgestellt wurden. Daraus entwickelte sich eine „Werbewissenschaftliche Abteilung" einschließlich eines „Reklamearchivs. Nach Nicklischs Plänen sollten Abteilungen für „Arbeitsorganisation" und

Abb. 5
Heinrich Nicklisch
Professor für Betriebswirtschaft in Mannheim (ab 1910) und Berlin (1921-1945)
Foto: http://www.wissen.de/lexikon/nicklisch-heinrich

ein „wirtschaftspsychologisches Laboratorium" alsbald hinzukommen.[13]

Zusammenfassend soll nun festgehalten werden, was Nicklisch mit Sickinger veranlasste, eine mehrjährige Allianz einzugehen.

Das gemeinsame Ziel konstituiert die Allianz

Als Mitglied der „senatsinternen Lehrerkommission", die anlässlich der Antragsinitiative des Bezirkslehrervereins gebildet worden war, stand Nicklisch seit 1913 mit Sickingers Volksschulrektorat in Kontakt. Die damalige Initiative des Volksschullehrervereins und das damit einhergehende Eintreten Sickingers für eine pädagogische Dozentur an der Handelshochschule konnten Nicklisch angesichts des lückenhaften pädagogischen Lehrangebots an der Handelshochschule nur willkommen sein. Ein pädagogisch-psychologischer Lehrstuhl, der sowohl zur Qualifizierung der Mannheimer Lehrerschaft als auch der Studierenden des Handelsschullehramts diente, war folglich in beider Interesse. Ebenso waren beide auf Erkenntnisse der „angewandten Psychologie" angewiesen und von deren Nutzen überzeugt. Nicklisch bei der praktischen Umsetzung der Lehr- und Forschungskonzeption seines Betriebswissenschaftlichen Instituts, Sickinger zur wissenschaftlichen Fundierung seines nach Leistungsgruppen differenzierenden Schulsystems und dessen Verbindung mit Prinzipien der Arbeitsschule.[14] Dabei waren sie sich im Klaren und einig, dass es galt, für ihr gemeinsames Ziel, der Errichtung einer „Dozentur mit empirischer Ausrichtung", die Stadtgesellschaft zu interessieren, zu überzeugen und zu gewinnen.

Angesichts dieser Herausforderung kann der Vortrag von Max Brahn als „Meilenstein" in der Mannheimer Geschichte der Institutsgründung gewertet werden. Wodurch zeichnete sich der von Nicklisch und Sickinger aus Leipzig eingeladene Referent aus, und wie vermittelte er in seinem Vortrag die Anwendungsmöglichkeiten der Psychologie und ihren Nutzen auch für die besondere Mannheimer Situation?

Nützlich für die Schule wie auch für das wirtschaftliche Leben – die Blaupause eines Instituts wird vorgetragen

Privatdozent Dr. Max Brahn (Abb. 6) repräsentierte das vom Leipziger Lehrerverein 1906 gegründete „Institut für experimentelle Pädagogik und Psychologie", dessen Leiter er war, im Jahre 1910 auf der Brüsseler Weltausstellung und erwarb dabei internationale Anerkennung. Wilhelm Wundt war Ehrenmitglied des Instituts und gehörte dem „Freundeskreis der finanziellen Förderer" (Abb. 7) an. Im Jahr 1911 wurde Brahn zudem von Wundt mit der Leitung des Labors für „experimentelle Pädagogik", einer Abteilung des Wilhelm-Wundt-Instituts an der Universität Leipzig, beauftragt. Somit verfügte Brahn als Leiter zweier empirisch ausgerichteter Institute über fundierte Erfahrungen sowohl der experimentellen Psychologie und Pädagogik als auch ihrer Institutionalisierung. Damit einhergehend bestand zu diesem Zeitpunkt

Abb. 6
Privatdozent
Dr. Max Brahn
Foto in: Horst Gundlach: Max Brahn (1873-1944) In memoriam http://dx.doi.org/10.23668/psycharchives.469

ein enges Kooperationsverhältnis zwischen ihm und Wundt.[15] All das prädestinierte und qualifizierte ihn für die Einladung nach Mannheim.

Auftragsgemäß veranschaulichte er an den Abenden des 14. und 15. Mai 1914 der zahlreich erschienenen Zuhörerschaft im „Alten Rathaussaale" Mannheims das Gebiet der „Experimentellen Psychologie und Pädagogik" an „Einzelbeispielen". Etwa 300 Zuhörer honorierten mit gespannter Aufmerksamkeit und reichem Beifall die beiden Vorträge. Wie Sickinger rückblickend betonen wird, war eine große Schar Mannheimer Lehrer anwesend. Wesentliche Aussagen Brahns sollen nun gerafft wiedergegeben werden, um zu verdeutlichen, wie maßgeschneidert auf die Mannheimer Situation die Anwendungsgebiete „Wirtschaft und Schule" referiert wurden. Wie das vom Bezirksverein der Volksschullehrerschaft angefertigte Vortragsprotokoll[16] vermerkt, erläuterte Referent Brahn in allgemeinverständlicher und zugleich fesselnder Form die methodischen Kriterien, durch die sich ein Experiment bzw. Versuch auszeichnen müsse, um tatsachenorientierte Antworten auf die praxisbezogenen Untersuchungsfragen geben zu können. Dabei berief er sich gezielt auf den gebürtigen „Mannheimer Ehrenbürger Wilhelm Wundt", dem es gelungen sei, unter kontrollierten Laborbedingungen physiologische Bewusstseinsvorgänge der einzelnen Versuchspersonen exakt zu messen. Entsprechend müsse die „Subjektivität der Erfahrung" durch die „Objektivität des Experiments" ersetzt werden, um die vielfältigen Problemstellungen, mit denen der Mensch in den Praxisfeldern „Schule und Wirtschaft" konfrontiert werde, beantworten zu können. In Amerika erforsche die Betriebspsychologie einzelne Teile des Arbeitsprozesses, um die Arbeitseffektivität zu steigern. Ebenso führe man dort an umfassenden Personengruppen experimentelle Überprüfungen der Berufsfähigkeit und Verfahren der Personalauslese durch, um die Auswirkung auf die Qualität der Arbeitsleistung der am Versuch teilnehmenden Personen und Betriebe zu messen.[17]

Erste Untersuchungen über die Wirkung der Reklame auf das Gedächtnis zeigten höchst interessante Ergebnisse. Dieser Bereich der Psychologie des Wirtschaftslebens, so betont Brahn in seinem Vortrag, „ist sicher noch Neuland, über das das psychologische Experiment noch ungeahnte Aufschlüsse bringen wird".

Ausführlich widmeten sich Brahns Darstellungen der Besonderheit des kindlichen Phantasielebens sowie der aktuellen Diskussion der „geistigen Überbürdung" von Schülern. Zum Fragenkreis: „Wie lernt, wie behält, wie vergisst man?", habe die

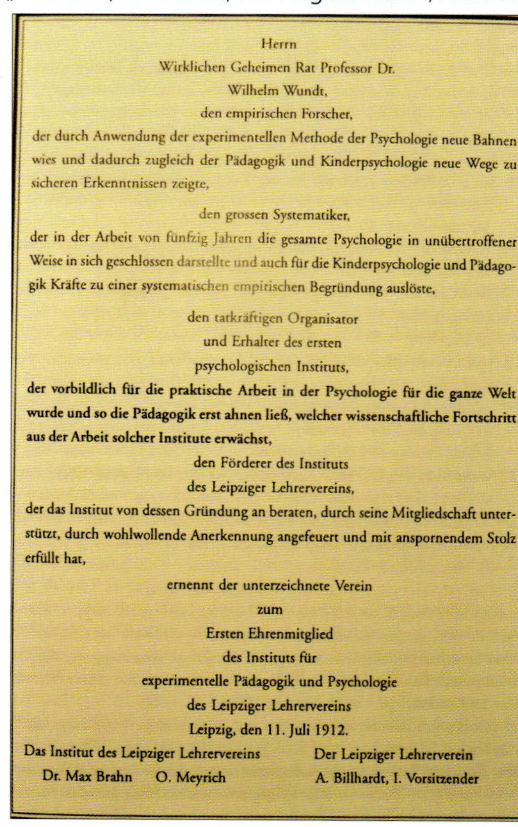

Herrn
Wirklichen Geheimen Rat Professor Dr.
Wilhelm Wundt,
den empirischen Forscher,
der durch Anwendung der experimentellen Methode der Psychologie neue Bahnen wies und dadurch zugleich der Pädagogik und Kinderpsychologie neue Wege zu sicheren Erkenntnissen zeigte,

den grossen Systematiker,
der in der Arbeit von fünfzig Jahren die gesamte Psychologie in unübertroffener Weise in sich geschlossen darstellte und auch für die Kinderpsychologie und Pädagogik Kräfte zu einer systematischen empirischen Begründung auslöste,

den tatkräftigen Organisator
und Erhalter des ersten
psychologischen Instituts,
der vorbildlich für die praktische Arbeit in der Psychologie für die ganze Welt wurde und so die Pädagogik erst ahnen ließ, welcher wissenschaftliche Fortschritt aus der Arbeit solcher Institute erwächst,

den Förderer des Instituts
des Leipziger Lehrervereins,
der das Institut von dessen Gründung an beraten, durch seine Mitgliedschaft unterstützt, durch wohlwollende Anerkennung angefeuert und mit anspornendem Stolz erfüllt hat,

ernennt der unterzeichnete Verein
zum
Ersten Ehrenmitglied
des Instituts für
experimentelle Pädagogik und Psychologie
des Leipziger Lehrervereins
Leipzig, den 11. Juli 1912.

Das Institut des Leipziger Lehrervereins — Der Leipziger Lehrerverein
Dr. Max Brahn O. Meyrich — A. Billhardt, I. Vorsitzender

Abb. 7
Verleihung der Ehrenmitgliedschaft des Instituts des Leipziger Lehrervereins an Wilhelm Wundt, unterschrieben u.a. von Institutsleiter Max Brahn
Aus: Pehnke 1998, S. 71, siehe Anmerkung 17

Alfred Storch

experimentelle Psychologie im Praxisfeld Schule heute schon am meisten Fuß gefasst. Es gelte, das Kind mit dem zu vermittelnden Kulturstoff einerseits und der Schulorganisation andererseits in Einklang zu bringen. Pausengestaltung, Verteilung des Unterrichts über den Tag und die Darbietung des jeweiligen Fachunterrichts unter Berücksichtigung der Ermüdbarkeit und Überforderung der Schülerschaft manifestierten sich als konkrete Problemstellungen des Schulalltags. Hier werde die experimentelle Psychologie insbesondere durch das Phänomen unterschiedlicher Begabungen und deren Zuweisung zu entsprechenden Klassenniveaus herausgefordert. Selbstredend bezog sich Brahn an dieser Stelle explizit auf das „Mannheimer Schulsystem". Notwendig sei „eine sorgfältige Beobachtung des Kindes durch den psychologisch geschulten Lehrer". Darüber hinaus werde man „neben die unterrichtliche Beobachtung das Experiment in Form von Intelligenz-Messverfahren stellen müssen, wenn es sich um die Einschulung der Schüler in die verschiedenen Klassenzüge handelt". Unter Experiment verstand Brahn folglich nicht das „Einzelexperiment", sondern Reihenuntersuchungen von Schulklassen mittels Prüfaufgaben, deren Ergebnisse statistischer Verarbeitung bedurften. Dieser Ansatz setze allerdings voraus: „Arbeitsgemeinschaften der Lehrer, Studium der sich stellenden Fragen und schließlich auch Einrichtungen, wie sie an verschiedenen Orten Deutschlands (Leipzig, München, Tübingen) in den pädagogischen Forschungsinstituten bereits geschaffen sind".

Brahn schloss seinen Vortrag mit dem konkret auf Mannheim bezogenen „Wunsch" einer solchen Institutionalisierung an der Handelshochschule und sagte seine Mithilfe dabei zu (Abb. 8).

Das vom Bezirksverein der Volkschullehrerschaft verfasste Vortragsdokument weicht an dieser Stelle von seinem protokollarischen Charakter ab und mündet nach der Feststellung, der Wunsch Brahns bewege sich in gleiche Richtung wie der Wunsch der Lehrerschaft, in den Appell: „Möge unsere Stadtverwaltung recht bald an die Verwirklichung des Gedankens herantreten. Daß es sich dabei um eine Sache von hoher Bedeutung handelt, dürften die Ausführungen des Herrn Dr. Brahn gezeigt haben". Das Protokoll endet mit Dankesworten an das anwesende Kuratorium der Handelshochschule, das die Vorträge ermöglicht habe.

Zweifellos beförderten Brahns Vorträge das Verständnis und die Bedeutung der experimentellen Psychologie und Pädagogik bei der anwesenden Mannheimer Lehrerschaft und den Vertretern von Stadtpolitik, Wirtschaft und Handel. Dies gelang auch deshalb, weil Brahn augenscheinlich bei seiner Akquise von Sickinger und Nicklisch jeweils aus reformpädagogischer wie betriebswirtschaftlicher Perspektive auf das Mannheimer Vorhaben und den Zuhörerkreis eingestellt worden war.

Eine Institution der experimentellen Psychologie und Pädagogik, wie sie Brahn aufgrund seiner Leipziger Erfahrung konzipierte, war für Sickinger und Nicklisch die „Blaupause" einer an der Handelshochschule zu schaffenden Einrichtung für Lehre und Forschung.

Jedoch erhielt die Handelshochschule sechs Wochen nach Brahns Vortrag – im Juni 1914 – die Mitteilung: „Das Kuratorium war nicht in der Lage, irgendwelche grundsätzlichen Beschlüsse über die dauernde Einrichtung pädagogischer Vorlesungen an der Handelshochschule zu fassen".[18] Der dem Kuratorium in Form des oben genannten Protokolls zugesandte Appell an die Stadtverwaltung auf baldige Verwirklichung der Institutsgründung blieb offensichtlich ungehört, der Wunsch Brahns für Mannheim einstweilen unerfüllt.

Doch die Vorträge Brahns sollten sich als „cliffhanger" auf dem langjährigen Weg zur Institutsgründung erweisen. Im darauffolgenden Monat August brach der Erste Weltkrieg aus. Die Auswirkung des Kriegs auf den Gründungsprozess wird im Mittelpunkt des zweiten Teils dieses Beitrages in den Mannheimer Geschichtsblättern 38.2019 stehen.

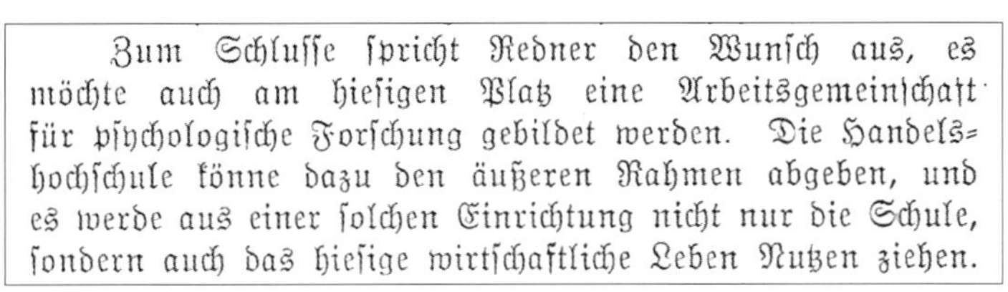
Zum Schlusse spricht Redner den Wunsch aus, es möchte auch am hiesigen Platz eine Arbeitsgemeinschaft für psychologische Forschung gebildet werden. Die Handelshochschule könne dazu den äußeren Rahmen abgeben, und es werde aus einer solchen Einrichtung nicht nur die Schule, sondern auch das hiesige wirtschaftliche Leben Nutzen ziehen.

Abb. 8
Aus dem protokollierten Vortrag des Privat-Dozenten Max Brahn mit dem Titel: „Grundlehren der experimentellen Psychologie und Pädagogik in Einzelbeispielen", gehalten am 14. und 15. Mai 1914 in Mannheim

Joseph Anton Sickinger und Heinrich Nicklisch – Eine außergewöhnliche Allianz, Teil 1

Frau Dr. Sandra Eichfelder sei wiederum für die sachkundige Unterstützung bei der Recherche im Universitätsarchiv Mannheim gedankt.

1 Die in der Literatur und den Archivunterlagen auftretenden unterschiedlichen Bezeichnungen wie hauptamtliche Dozentur, Institut, Lehrstuhl oder Professur werden synonym gebraucht. Die Abkürzung UA MA steht für „Universitätsarchiv Mannheim" und verweist auf Dokumente, die dort einsehbar sind.

2 Storch, Alfred: Ein Initiativantrag „von außen", der im letzten Kriegsjahr 1918 die Handelshochschule Mannheim um einen „nicht vorgesehenen" Lehrstuhl für Philosophie, Psychologie und Pädagogik bereicherte, in: Mannheimer Geschichtsblätter 34.2017, S. 39-53.

3 Das Kuratorium als Steuerungsgremium der Handelshochschule verfügte über die Budgethoheit, entschied über Personalfragen und genehmigte die Lehrpläne. Den Vorsitz führte der jeweilige Oberbürgermeister, weitere Mitglieder stammten unter anderem aus der Stadtverwaltung, der Bürgerschaft, der Handelskammer, der Universität Heidelberg.

4 UA MA 1 Nr. 5, Generelle Senatsbeschlüsse vom 28. Juli 1913; UA MA 1 Nr. 69, Schreiben des Rektors am 28. Juli 1913 an den Kuratoriumsvorsitzenden; UA MA 1 Nr. 89, Einrichtung pädagogischer Vorlesungen bzw. einer hauptamtlichen Professur für Pädagogik an der Handelshochschule Mannheim, Versammlung mit den Delegierten des höheren Schulwesens Mannheim am 17. Juli 1913.

5 Sickinger Anton: Der schulpsychologische Berater, Wien 1925, S. 4.

6 Brauch, Karl: Anton Sickinger zu seinem 100. Geburtstag in: mannheimer hefte 1958, Heft 1, S. 26-34.

7 UA MA 1 Nr. 89, Lehrstuhl für Psychologie, Vorschläge der „Freien Lehrerkonferenz Mannheim" (FLM) zur Volksschulfrage und „Aufruf des Deutschen Lehrervereins" (DLV). Der Jahresbericht des Bezirkslehrervereins für 1913 geht auf den von der „Freien Lehrerkonferenz Mannheim" (FLM) ausgearbeiteten Antragstext ein. Schriftführer Schmolck hebt die besondere Mitarbeit von „Kollege Krieck" beim Kapitel „Einführung pädagogischer Vorlesungen an der Handelshochschule" hervor (Badische Schulzeitung 1913, Heft 25, S. 389f.). Die Machtergreifung der Nationalsozialisten machte es dem ehemaligen Volksschullehrer Krieck ohne Abitur möglich, den Lehrstuhl für Philosophie und Pädagogik an der Ruprecht-Karls-Universität Heidelberg zu übernehmen, er war zeitweise sogar ihr Rektor.

8 Ingenkamp, Karlheinz: Das Institut des Leipziger Lehrervereins 1906-1933 und seine Bedeutung für die empirische Pädagogik, in: Empirische Pädagogik 1987, I (1), S. 60-70.

9 Sickinger, Anton: Über naturgemäße Organisation des großstädtischen Volksschulwesens im allgemeinen und über das Mannheimer Volksschulsystem im besonderen (1913), in: Plikat, Hans-Heinrich (Hrsg.): Schulaufbau und Schulorganisation, Bad Heilbrunn 1968, S. 49-57.

10 Arbeiten des Bundes für Schulreform: Erster Deutscher Kongreß für Jugendbildung u. Jugendkunde zu Dresden am 6., 7. und 8. Oktober 1911 – Zweiter Teil : Intelligenzproblem und Schule, Leipzig 1912, S. 9 und S. 19f.

11 Verband der Hochschullehrer für Betriebswirtschaft e.V. (Hrsg.): Der Verband der Hochschullehrer für Betriebswirtschaft - Geschichte des VHB und Geschichten zum VHB, Wiesbaden 2012, S. 3f., S. 59f., S. 41f. sowie Schneider, Dieter: Nicklisch, Heinrich, in: Neue Deutsche Biographie 19 (1999), S. 199f. [Online-Version]; URL: https://www.deutsche-biographie.de/gnd118734741.html#ndbcontent.

12 Münsterberg, Hugo: Psychologie und Wirtschaftsleben - Ein Beitrag zur angewandten Experimental-Psychologie, Leipzig 1912, Vorwort S. V.

13 UA MA 1 Nr. 97, unveröffentlichtes Konzept: Das Betriebswissenschaftliche Institut, Dezember 1913; UA MA 1 Nr. 62, Senatssitzung am 3. Oktober 1914, TOP Unterrichtsplan; Seyffert, Rudolf: Allgemeine Werbelehre, Stuttgart 1929, S. 34ff.

14 Sickinger Anton: Mannheimer System oder Arbeitsschule?, in: Neue Bahnen, Zeitschrift der Reichsfachschaft IV, Heft 7, Leipzig 1911, S. 317-321.

15 Gundlach, Horst: Max Brahn (1873-1944) In memoriam, S. 225; http://dx.doi.org/10.23668/psycharchives.469 sowie Gundlach, Horst: Psychologie und Psychotechnik bei der Eisenbahn, 38. BDP-Kongress für Verkehrspsychologie 2002 Regensburg; https://www.researchgate.net/publication/37367009_Psychologie_und_Psychotechnik_bei_der_Eisenbahn. (letzter Abruf 14.4.2019).

16 Die angegebenen Zitate entstammen dem Protokoll des Vortrags von Privatdozent Dr. Max Brahn: „Grundlehren der experimentellen Psychologie und Pädagogik in Einzelbeispielen" am 14. und 15. Mai 1914 in Mannheim. UA MA 1 Nr. 89, Lehrstuhl für Psychologie.

17 Pehnke, Andreas: Das durch Wilhelm Wundt geförderte Leipziger Institut für experimentelle Pädagogik und Psychologie (1906-1933) und seine Ausstrahlungskraft, in: Jahnke, Jürgen; Fahrenberg, Jochen; Stegie, Reiner; Bauer, Eberhard (Hrsg.): Psychologiegeschichte – Beziehungen zu Philosophie und Grenzgebieten, München-Wien 1998, S. 169-182.

18 UA MA 1 Nr. 89, Lehrstuhl für Psychologie, Schreiben des Kuratoriumsvorsitzenden, Pädagogische Vorlesungen an der Handelshochschule betr. vom 27. Juni 1914.

Anselm Küsters

Freudenberg in der Zeit des Nationalsozialismus

Handlungsmöglichkeiten eines Unternehmens im „Dritten Reich" am Beispiel der „Arisierung" der Lederfirma Hirsch

Eine „sehr enge" Verbindung zwischen Wirtschaft und Politik

Die Weltwirtschaftskrise von 1929 hatte erhebliche Auswirkungen auf den Leder- und Schuhmarkt in Deutschland. Weit verbreiteter Protektionismus und hohe Schutzzölle ließen den Rohwarenmarkt zusammenbrechen und erschwerten den Export. Während einigen Anbietern, wie der Firma Freudenberg aus Weinheim, der Aufstieg zu diversifizierten Großunternehmen gelang, meldeten zahlreiche klein- und mittelständische Betriebe Insolvenz an.

Zu diesen Verlierern gehörte auch die Lederfabrik Karl Bob aus Staufen im Breisgau, die vom gleichnamigen Unternehmer 1908 in der Fabrikstraße gegründet worden war (Abb. 1).[1] Die ökonomischen Probleme der Krisenjahre hatten die Inlandskosten derart gesteigert, dass die Firma Karl Bob bereits zu Beginn der 1930er Jahre einen Großteil ihrer Kapazitäten nach Spanien verlagern musste. Als dann 1935 der Geschäftsinhaber verstarb, versank das Unternehmen im „Chaos".[2] Zwei Jahre später versuchte einer der Erben, der Schwiegersohn Dr. Schüler aus Mannheim, den Betrieb wieder zu eröffnen. Mittlerweile hatte die nationalsozialistische Wirtschaftspolitik jedoch ein System der Kontingentierung aufgebaut. Da die Vergabe nach dem Kriterium der „staatspolitischen Wichtigkeit" erfolgte, gestaltete sich die Wiedereröffnung eines kleinen Betriebes äußerst schwierig. Entsprechend trugen Dr. Schülers Interventionsversuche beim badischen Ministerpräsidenten und Wirtschafts- und Finanzminister Walter Köhler keine Früchte. Der verbitterte Erbe vermutete dahinter intransparente Machenschaften zwischen Großindustrie und Politik und verwies auf „die Tatsache, dass die Firma Freudenberg, die den Produktionsstillstand zum großen Teil verschuldet, über die besten Beziehungen nicht nur zum Badischen Wirtschaftsministerium, sondern auch zur Überwachungsstelle sowie zum Reichswirtschaftsministerium verfügt". Sämtliche Bemühungen beim Staufener Bürgermeister Wildenstein, bei der Industrie- und Handelskammer Freiburg sowie beim Reichsführer SS in Berlin und Mitarbeitern des Vierjahres-Plans scheiterten. In einem Brief an Wildenstein im Mai 1937 äußerte sich Dr. Schüler erneut frustriert über den angeblichen politischen Einfluss der Weinheimer Firma

Abb. 1
Briefkopf der Lederfabrik Karl Bob in Staufen
Foto: Stadtarchiv Staufen im Breisgau, Briefkopf, StS C 492

(Abb. 2). Man teilte ihm allgemein mit, „dass die Verbindung zwischen Herrn Freudenberg und Herrn Köhler, da sie beide Weinheimer sind, eine sehr enge sein soll. Herr Freudenberg hat bei Herrn Köhler persönlich interveniert, um die Entscheidung negativ ausfallen zu lassen".[3]

Mensch geblieben ist".[4] Nicht zuletzt aufgrund solcher positiver Aussagen wurde Köhler von der Kammer eine „anständige Gesinnung" attestiert, was zu einer Einstufung als „Minderbelasteter" führte.[5] Obwohl Richard Freudenberg nicht mit der NSDAP sympathisierte, hatte er sich selbst bis

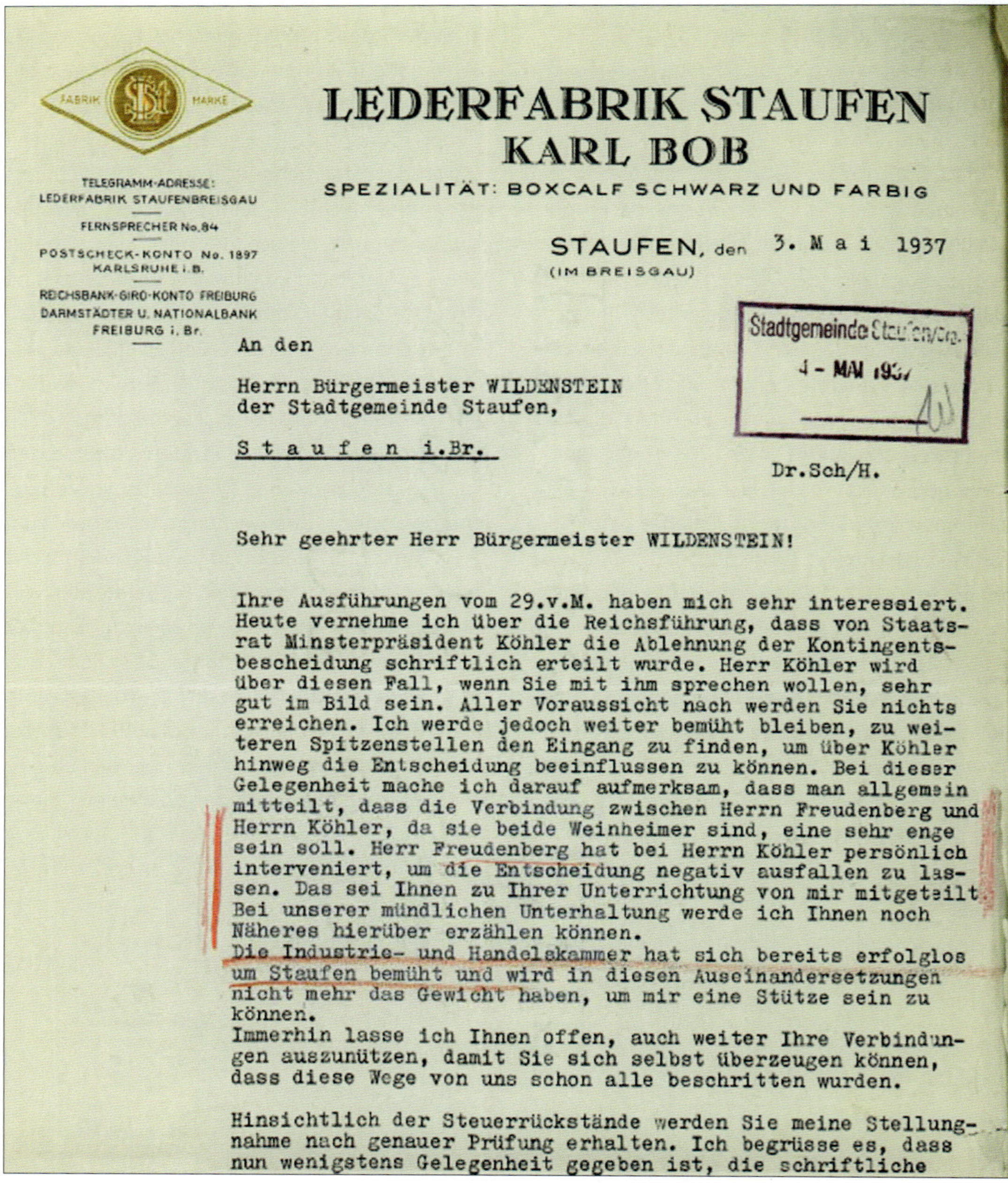

FABRIK MARKE

LEDERFABRIK STAUFEN
KARL BOB
SPEZIALITÄT: BOXCALF SCHWARZ UND FARBIG

TELEGRAMM-ADRESSE: LEDERFABRIK STAUFENBREISGAU
FERNSPRECHER No. 84
POSTSCHECK-KONTO No. 1897 KARLSRUHE i. B.
REICHSBANK-GIRO-KONTO FREIBURG
DARMSTÄDTER U. NATIONALBANK FREIBURG i. Br.

STAUFEN, den 3. M a i 1937
(IM BREISGAU)

Stadtgemeinde Staufen
4 - MAI 1937

An den

Herrn Bürgermeister WILDENSTEIN
der Stadtgemeinde Staufen,

S t a u f e n i.Br.

Dr.Sch/H.

Sehr geehrter Herr Bürgermeister WILDENSTEIN!

Ihre Ausführungen vom 29.v.M. haben mich sehr interessiert. Heute vernehme ich über die Reichsführung, dass von Staatsrat Ministerpräsident Köhler die Ablehnung der Kontingentsbescheidung schriftlich erteilt wurde. Herr Köhler wird über diesen Fall, wenn Sie mit ihm sprechen wollen, sehr gut im Bild sein. Aller Voraussicht nach werden Sie nichts erreichen. Ich werde jedoch weiter bemüht bleiben, zu weiteren Spitzenstellen den Eingang zu finden, um über Köhler hinweg die Entscheidung beeinflussen zu können. Bei dieser Gelegenheit mache ich darauf aufmerksam, dass man allgemein mitteilt, dass die Verbindung zwischen Herrn Freudenberg und Herrn Köhler, da sie beide Weinheimer sind, eine sehr enge sein soll. Herr Freudenberg hat bei Herrn Köhler persönlich interveniert, um die Entscheidung negativ ausfallen zu lassen. Das sei Ihnen zu Ihrer Unterrichtung von mir mitgeteilt. Bei unserer mündlichen Unterhaltung werde ich Ihnen noch Näheres hierüber erzählen können.
Die Industrie- und Handelskammer hat sich bereits erfolglos um Staufen bemüht und wird in diesen Auseinandersetzungen nicht mehr das Gewicht haben, um mir eine Stütze sein zu können.
Immerhin lasse ich Ihnen offen, auch weiter Ihre Verbindungen auszunützen, damit Sie sich selbst überzeugen können, dass diese Wege von uns schon alle beschritten wurden.

Hinsichtlich der Steuerrückstände werden Sie meine Stellungnahme nach genauer Prüfung erhalten. Ich begrüsse es, dass nun wenigstens Gelegenheit gegeben ist, die schriftliche

Abb. 2
Dr. Schüler vermutete intransparente Machenschaften zwischen Freudenberg und Ministerpräsident Köhler.
Foto: Stadtarchiv Staufen im Breisgau, Brief Dr. Schülers v. 03.05.1937, StS C 464

In der Tat scheinen einige Aspekte Dr. Schülers Verdacht zu erhärten: Nach dem Zweiten Weltkrieg sagte Richard Freudenberg, einer der Geschäftsführer des Unternehmens, im Spruchkammerverfahren gegen Köhler zu dessen Gunsten aus. In Weinheim sei allgemein bekannt, dass Köhler trotz seiner hohen Würde ein „grundanständiger

Februar 1947 wegen seiner zahlreichen Ämter im „Dritten Reich" in alliierter Haft befunden.[6] Noch vor seinem Spruchkammerverfahren im Juni 1947 kritisierte die britische Zeitung „Harold New" den Leiter der amerikanischen Militärverwaltung in Weinheim, weil sich dieser für Freudenbergs Freilassung einsetze, obwohl das Unternehmen

Freudenberg „had prospered so well under the Nazis".[7] Tatsächlich verzeichnete Freudenberg, deren Bilanzen in den zwanziger Jahren immer am Rande der Rentabilität entlang geschrieben worden waren, während des „Dritten Reichs" einen enormen wirtschaftlichen Aufstieg: Der Umsatz stieg von 29 Millionen Reichsmark im Jahr 1933 auf 126 Millionen Reichsmark im Jahr 1943. Während man 1936 noch durchschnittlich 3.730 Mitarbeiter beschäftigte, waren es drei Jahre später bereits 4.868. Auch persönlich profitierte Richard Freudenberg von der Entwicklung: In der Zeit von 1935 bis 1942 stieg sein Einkommen um das 45-fache, von 34.000 Reichsmark auf 1.536.000 Reichsmark, heißt es in einem Bericht des amerikanischen „Office of Military Government for Germany".[8]

Gleichwohl ist vor einer zu einseitigen Betrachtungsweise zu warnen. Während die ältere Forschung mittelständischen Unternehmen per se eine „skrupellose Bereicherungssucht"[9] attestierte, zeichnet die neuere Forschung ein differenziertes Bild. So hat Bräutigam mehrfach gezeigt, dass von der wirtschaftlichen Entwicklung eines Unternehmens nicht auf die politische Einstellung seiner Inhaber und deren persönliches Verhalten im Nationalsozialismus geschlossen werden kann.[10] Auch ökonomisch ist zu unterscheiden: Ein großer Teil des wirtschaftlichen Aufstiegs Freudenbergs ist sicherlich auf hauseigene Innovationen in den Gebieten Dichtungen, Verarbeitung von Hautabfällen, Elastomerverarbeitung, Kunstleder und Synthetik-Schuhsohlen zurückzuführen, deren Erforschung schon vor der nationalsozialistischen Herrschaft begann. Allerdings fand ihre erfolgreiche Verbreitung keineswegs im „luftleeren" Raum statt, sondern war klar durch die wirtschaftspolitischen Entscheidungen der Nationalsozialisten beeinflusst. Auch die einsetzende Diversifikation, die dem Unternehmen einen erfolgreichen Übergang in die Nachkriegszeit ermöglichte, wurde durch die Übernahme von jüdischen Unternehmen erst umsetzbar.[11]

Aus diesem ambivalenten Bild ergeben sich die Fragestellungen des vorliegenden Artikels.[12] Welche Faktoren bestimmten das unternehmerische Verhalten der Firma Freudenberg in der NS-Zeit? Wie veränderte es sich im Wechselspiel von neuen Handlungsspielräumen und wirtschaftspolitischen Zwängen? Dabei ist in einem Familienbetrieb aufgrund der engen Verbindung zwischen Unternehmen und leitenden Personen stets eine persönliche Ebene mitzudenken.[13] Wie reagierte Richard Freudenberg in seinem beruflichen Alltag auf Zumutungen und Angebote des Regimes?[14] Der Artikel adressiert damit Grenzen totalitärer Herrschaft und Formen der Opposition, die in dem für die historische Interpretation der nationalsozialistischen Diktatur so zentralen Verhältnis von Industrie und Staat untersucht werden sollen.

Dieses Verhältnis ist in der Forschung bisweilen unterschiedlich bewertet worden. Während zunächst die Frage verfolgt wurde, inwieweit die Industriellen Hitler und die NS-Bewegung bei der Machtübernahme und Machtkonsolidierung unterstützt hatten, hat sich mittlerweile das erkenntnisleitende Interesse gleichsam gedreht, indem untersucht wird, wie weit die Unternehmerschaft ihre Autonomie wahren konnte. Dabei wechselte auch die zugeschriebene Rolle des Unternehmers vom aktiven Förderer und „Agenten des Kapitals" über den „stillen Teilhaber" hin zu einer Differenzierung unter Betonung des Primats der Politik.[15] Dabei gerät das Vorhaben, Handlungsspielräume auszuloten, in der praktischen Umsetzung allzu leicht „zu einer schwierigen Gratwanderung zwischen einerseits der Sogkraft, die von der Macht des Faktischen ausgeht [...], und andererseits der Gefahr, vermessene Ansprüche an die Tapferkeit im Irrealis der Vergangenheit zu formulieren".[16] Es wird diskutiert, ob eine „Flucht in den Betrieb", die als rein mechanische Anpassungsreaktion auf die nationalsozialistische Umwelt beschrieben wird, als Erklärungsmotiv ausreicht oder ob der Unternehmer in jener extremen Zeit sein Handeln auch als ein politisches verstehen musste.[17]

Gall fordert für die Beantwortung dieser komplexen Fragen individualisierende, auf einen spezifischen Fall konzentrierte Untersuchungen, in denen konkret nach Handlungsspielräumen und Zwängen gefragt wird.[18] Diesem Anspruch soll im Folgenden Rechnung getragen werden, indem durch die Verwendung zahlreicher nichtpublizierter Quellen die „Arisierung" der Lederfirma Hirsch durch Freudenberg rekonstruiert und bewertet wird.[19] Zuvor werden der unternehmensgeschichtliche und wirtschaftspolitische Kontext beschrieben sowie die maßgebenden Akteure vorgestellt.

Freudenberg im Wandel der Zeiten

Carl Johann Freudenberg, der als patriarchale Gründergestalt dem Unternehmen seinen Namen gab, wurde nach einer kaufmännischen Lehre 1823 Mitinhaber der Firma Heintze & Sammet, die in Mannheim mit Leder handelte. Infolge des Konkurses der Hausbank des Unternehmens musste dieses 1848 liquidiert werden. Aus der Verkaufsmasse erwarben Heinrich Heintze und Carl Freudenberg die Gerberei in Weinheim an der Bergstraße und gründeten am 9. Februar 1849 eine neue Firma unter dem Namen Heintze & Freudenberg. Die Entwicklung von einer handwerklich geprägten Gerberei zu einer modernen Oberlederfirma um die Jahrhundertwende gelang Freudenberg nicht zuletzt, weil man als erstes europäisches Unternehmen die aus den USA stammende Chromgerbung einführte. Diese hatten die Inhaber bei langen Studienaufenthalten in Amerika kennengelernt.[20]

Nach dem Ersten Weltkrieg ging die Erholung des Unternehmens aufgrund der geringen Handelsbeschränkungen rasch vonstatten. So verarbeitete die Firma Carl Freudenberg im Geschäftsjahr 1929/30 rund 22,5 Millionen Kilogramm Häute und Felle, von denen 66 Prozent exportiert wurden. Diese Exportabhängigkeit bekam Freudenberg im Zuge der Weltwirtschaftskrise zu spüren, zumal das Grenzland Baden von dieser besonders hart getroffen wurde. Durch die Schutzzollpolitik wichtiger Abnehmerländer wie der USA sank der Export um 30 bis 40 Prozent. Der Umsatz aus Auslandsgeschäften halbierte sich 1932 mit 15 Millionen Reichsmark gegenüber dem Vorjahr.[21]

Die schlechte Lage der Lederfabrik Freudenberg verbesserte sich nach der „Machtergreifung" der Nationalsozialisten zunächst aufgrund einer steigenden Inlandsnachfrage. Man konnte die zurückgehenden Auslandsaufträge durch „die starke Zubereitung von SA- und SS-Stiefeln"[22] ab Mai 1933 ausgleichen – jedoch nur kurzfristig. Auch der Versuch, andere Ledersorten in das Sortiment aufzunehmen, scheiterte trotz gewisser Anfangserfolge an der zunehmend restriktiveren Einfuhrpolitik von Rohstoffen.[23]

Man benötigte also eine umfassende Strategie, um der Krise zu begegnen. Diese bestand aus einer groß angelegten Diversifizierungspolitik Anfang der 1930er Jahre sowie der Aufnahme von nachgelagerten Geschäftsbereichen (Abb. 3).[24] So kaufte Freudenberg 1933 die angeschlagene Schuhfabrik Conrad Tack & Cie. AG in Burg bei Magdeburg, übernahm zwischen 1933 und

Abb. 3
Die Freudenberg-Gruppe, hier der Standort Weinheim, hat ihre Produktpalette beständig erweitert.
Foto: Freudenberg-Pressebild

Anselm Küsters

1936 sämtliche Aktien der Gustav Hoffmann AG in Kleve, die unter der Marke „elefanten" Kinderschuhe herstellte, und integrierte 1938 die Babyschuhfabrik Fisch in Heidelberg. Die nüchterne betriebswirtschaftliche Sprache lässt dabei allzu leicht den historischen Kontext außer Acht: Zwei dieser drei Firmen befanden sich in „jüdischem Besitz", weshalb ihr Verkauf unter dem Vorzeichen der „Arisierung" zu verstehen ist.

Die Ursprünge dieser Diversifikation führen allerdings in die Zeit vor 1933 zurück. Hans Freudenberg setzte die innovative Tradition des Unternehmens fort, indem er seit 1930 Versuche anleitete, um aus den Lederabfällen, die beim Spalten und Falzen von Leder anfielen, Kunstleder herzustellen – die dabei entwickelten Verfahren werden heutzutage unter der Marke „Vileda" weiter verfeinert (Abb. 4). Zusätzlich entwickelte der Freudenberg-Ingenieur Walter Simmer aus Abfällen von chromgegerbten Lederdecken Dichtungen, die als „Simmerringe" noch immer weltweite Bekanntheit erfahren. Um die Bearbeitung der neuen Gebiete zu unterstützten, wurde ein chemisches Zentrallaboratorium aufgebaut. Die Abkehr vom reinen Lederverarbeitungsbetrieb und die Hinwendung zu neuen Produktionsbereichen spiegelt sich in den Betriebsstatistiken: Die Zahl der Beschäftigten im Gerbereibetrieb von Freudenberg sank zwischen 1930 und 1940 von 2.700 Personen auf 1.500, während die Beschäftigtenzahl im Nicht-Gerbereibetrieb im Krieg einen Höchststand von 3.400 Beschäftigten erreichte.[25]

Dennoch ist der Erfolg der Diversifikation nur vor dem historischen Hintergrund der nationalsozialistischen Wirtschaftspolitik zu verstehen. Auch Lang geht davon aus, dass „die restriktive Aufrüstungs- und Autarkiepolitik der Nationalsozialisten den Transformationsprozess bei Freudenberg erheblich beschleunigt"[26] hat. Die ab 1936 einsetzende Rohstoffkontingentierung zwang die Unternehmen der Lederbranche, sich in ihren Bezugsquellen und der Produktion enorm umzustellen. So konnten diese 1940 nur noch ein Drittel der Rohhautmenge von 1933 importieren, 1943 sogar nur noch ein Sechstel.[27] Der Export von Häuten und Gerbstoffen als wichtige industrielle Rohstoffe war generell verboten, jedoch volkswirtschaftlich unsinnig, da deutsche Häute zum Teil mehr Devisen einbrachten, als ausländische Häute kosteten. Um den heimischen Rohhautanfall zu vermehren, führte man sorgfältigere Schlachttechniken, die Bekämpfung von Parasiten und die Nutzung weiterer Tierarten für die Häutegewinnung ein.[28] Freudenbergs Versuche aus den 1930er Jahren, Ersatzstoffe auf Lederbasis herzustellen, rentierten sich nun, indem sie eine neue Rohstoffquelle eröff-

Abb. 4
Vileda Zentrale in Weinheim
Der Markenname „Vileda" ist eine Abwandlung des umgangssprachlichen „wie Leder".
Foto: Freudenberg-Pressebild

neten. Zudem entsprachen sie dem nationalsozialistischen Gedanken der Autarkie.

Der bürokratische Aufwand war beträchtlich: So berichtete der Geschäftsführer einer großen südwestdeutschen Textilfabrik, dass das zur Ausführung eines Exportauftrages benötigte Schreibpapier die beachtliche Länge von 55 m erreicht habe.[29] Für leitende Angestellte wie Richard Freudenberg bedeutete dies, dass sie einen großen Teil ihrer Arbeitszeit dafür verwenden mussten, bei den zahllosen Reichsstellen für Rohstoffe Gespräche zu führen und Bittbriefe zu schreiben. Trotz umfangreicher Verwaltungsmaßnahmen gelang keine angemessene Verteilung der Rohstoffe, weshalb das System als „Verwaltung des permanenten Mangels"[30] beschrieben werden kann. So bestellten gerade Bedarfsträger, also Firmen, die wichtige Wehrmachtsaufträge ausführten, Rohwaren in weit über ihren tatsächlichen Bedarf hinausgehenden Mengen. Aufgrund ihrer Sondergenehmigungen erhielten sie dann Kontingente, die sie gar nicht verarbeiten konnten, was gerade in der Lederbranche mit ihren verderblichen Rohstoffen zur Vernichtung knapper Güter führte. Zudem wurde durch preisgestalterische Verordnungen eine flexible Handhabung der qualitativ unterschiedlichen Häute unmöglich.

Neben den planwirtschaftlichen Elementen wie Rationierung, Kontingentierung und allmählichem Einfrieren der wirtschaftlichen Rechnungssysteme existierte jedoch auch ein „autonomes, ökonomisch rationales, gewinnorientiertes unternehmerisches Handeln".[31] Generell wurde am Grundsatz der Vertragsfreiheit festgehalten. Unter diesen Rahmenbedingungen ergab sich ein ambivalentes Handlungsfeld für Unternehmen: Zum einen entstanden neue Gewinnchancen, beispielsweise durch Staatsaufträge zu günstigen Konditionen, „Arisierungen" oder Ausbeutung eroberter Länder. Zum anderen gerieten Unternehmen durch die Regelsysteme von Devisenbewirtschaftung und Rohstoffkontingentierung zunehmend in Abhängigkeit von staatlichen Stellen. All dies geschah vor dem Hintergrund eines Regimes, das versuchte, die Gewinnträchtigkeit unterschiedlicher unternehmerischer Handlungsalternativen so zu manipulieren, dass die resultierenden Marktergebnisse seinen politischen Zielen entgegenkamen, weshalb das nationalsozialistische Wirtschaftssystem als „gelenkte Marktwirtschaft"[32] zu bezeichnen ist. Basis des unternehmerischen Handelns, auch bei Freudenberg, blieb die Bestandserhaltung des Unternehmens – hier gelang es dem Nationalsozialismus, sich einzuschreiben.

Unternehmer trifft NS-Funktionär: Richard Freudenberg und Walter Köhler

Für den deutschen Südwesten wurde die These aufgestellt, dass es sich bei denjenigen, die dort den Unrechtsstaat Hitlers aufbauten und ausführten, weniger um soziologisch klar zu definierende Gruppen gehandelt hätte als vielmehr um eine sehr heterogene Gruppe von zum Teil verfeindeten Personen. Diese hätten mit einem ganzen Bündel von Motiven „trotz oder gerade wegen ihrer Unterschiede"[33] zur Durchsetzung des ja ebenso widersprüchlichen NS-Systems beigetragen. Das widersprüchliche, aber mit der Zeit pragmatischer werdende Verhältnis von Richard Freudenberg und Walter Köhler veranschaulicht diese These.

Auch wenn es keine formal festgeschriebene Hierarchie in der Geschäftsleitung der Firma Carl Freudenberg gab, war Richard Freudenberg als Koordinator und Leiter der Bereiche Finanzen, Buchhaltung, Recht und Personal, vor allem aber als Repräsentant der wichtigste Akteur im Unternehmen. Als DDP-Mitglied wirkte Richard Freudenberg im Gemeinderat und im Badischen Landtag, während er den aufkommenden Nationalsozialismus strikt ablehnte. In den Wahlkämpfen vor 1933 hatte er deutlich gemacht, dass er Hitler allenfalls die Fähigkeiten eines „Kurhaus- oder Zirkusdirektors" zutraute.[34] Äußerungen wie diese wurden ihm im Spruchkammerverfahren 1947 positiv ausgelegt und zur späteren Glorifizierung seiner Person als Widerstandskämpfer verwendet. Den lokalen Machthabern war Freudenberg ein Dorn im Auge, da die Unternehmensführung zunächst keine NSDAP-Mitglieder besaß. Aufgrund der wirtschaftlichen Bedeutung der Firma für die Region konnte man zudem schwer gegen sie vorgehen: So waren im März 1939 8.654 Personen in der Stadt Weinheim beschäftigt, von denen 3.576 auf Freudenberg entfielen (41,3 Prozent).[35]

Dieser regionalen Vormachtstellung der Firma muss sich auch der badische Ministerpräsident und Wirtschafts- und Finanzminister Walter Köhler bewusst gewesen sein, den sein Sohn Kai Köhler später als „Förderer der Weinheimer Wirtschaft, auch Freudenbergs"[36] charakterisierte. Walter Köhler, der 1897 in Weinheim geboren wurde und aus dem Ersten Weltkrieg „national eingestellt" zurückkehrte, hatte sich bis 1929 aufgrund seiner rednerischen Fähigkeiten die Stelle des „Kronprinzen" in Baden erarbeitet.[37] Köhler betonte stets, sich „loyal" gegenüber seinen Vorgesetzten verhalten zu haben, doch wie überall bestand eine gewisse Spannung zwischen dem Gauleiter, hier Robert Wagner, und dem Ministerpräsidenten. So wurde ihm öfter vorgeworfen, Landes- vor Parteiinteressen zu stellen.[38]

Im März 1933 kam es zwischen dem Unternehmer und dem NSDAP-Politiker zum Konflikt: Auf einem Flugblatt der SPD wurde behauptet, Richard Freudenberg habe gegenüber den Arbeitern seines Betriebes geäußert, wenn Hitler Reichskanzler bliebe, würden die Löhne gekürzt und die Firma sei gezwungen, etliche Arbeiter zu entlassen. Die Empörung bei den Nationalsozialisten, die gerade mit der Schaffung von Arbeitsplätzen um Popularität buhlten, war entsprechend groß. Doch die Firmenleitung verbat sich in einer Stellungnahme, weiterhin in dieser Weise politisch missbraucht zu werden. Walter Köhler schien dies nicht auszureichen, denn er nutzte eine öffentliche Versammlung auf dem Marktplatz seiner Heimatstadt, um Richard Freudenberg zu warnen, dass man auch vor Maßnahmen gegenüber seiner Person nicht haltmachen würde.[39] Walter Köhler beschreibt diese „Wutrede" vom 12. März 1933 in seinen Lebenserinnerungen so: „Gleichzeitig kam ich auf die Auseinandersetzung der Kreisleitung mit der Firma Freudenberg zu sprechen und ließ keinen Zweifel darüber, daß ich in der Haltung der Firma eine Sabotage sehen würde und mich gezwungen sähe, gegen die Verantwortlichen polizeiliche Maßnahmen einzuleiten."[40]

Dass es sich hierbei um keine leere Drohung handelte, zeigt die Kontextualisierung der Szene.[41] Unmittelbar nach der Reichstagswahl vom 5. März 1933 war die „Gleichschaltung" der Länder forciert worden. Am folgenden Tag forderte Köhler den Rücktritt der badischen Regierung, die sich dem steigenden Druck am 11. März nicht mehr entziehen konnte. Die mithilfe der Reichstagsbrandverordnung ernannten Reichskommissare erzwangen dann eine Regierungsumbildung. Bei der anlaufenden Verhaftungswelle wurden in Baden etwa vierhundert Personen festgenommen. Eine offene Drohung muss in einer solchen Situation entsprechend beeindruckend gewesen sein, denn glaubt man Köhlers Memoiren, so besuchte der Unternehmenschef den neuen Wirtschafts- und Finanzminister bereits am nächsten Morgen in Karlsruhe, um sich auszusprechen: „Bei Freudenberg hatte man eingesehen, daß man sich verrannt hatte." Walter Köhler erklärte in dem Gespräch, dass er kein Interesse daran habe, sich mit der größten Weinheimer Firma „herum[zu]schlagen", sondern „im Gegenteil auf eine friedliche Zusammenarbeit größten Wert legen würde". Schließlich sei er „kein Feind der Unternehmer".[42] Natürlich gilt es quellenkritisch zu berücksichtigen, dass Köhler seine Memoiren schrieb, um seine Sichtweise der Dinge zu verbreiten. Zeit seines Lebens verstand er nicht, dass er durch die Übernahme eines hochrangigen Amtes auch individuelle Schuld auf sich geladen hatte, indem er als Funktionsträger die Gewaltherrschaft mit all ihren Folgen erst ermöglichte.[43] Aber warum sollte Köhler das Gespräch erfinden? Freudenberg erinnerte sich noch 1947 an die Drohung: „Walter Köhler nahm in aller Schärfe in der Öffentlichkeit gegen mich Stellung und erklärte: ‚Auch vor diesem Burschen werden wir, wenn er sich nicht neigt, nicht Halt machen'."[44]

Die Aussöhnung mit Köhler verdeutlicht auch die Schwierigkeit, Richard Freudenbergs Handeln als „Widerstand" zu beschreiben. Während sich ein enges Verständnis des Begriffes auf militärischen Widerstand beschränkt, verwischt eine inflationäre Verwendung die Grenze zum bloßem Nonkonformismus. Schönhoven versucht mit seiner Definition, beiden Extremen zu entgehen: „Widerstand ist eine Provokation, welche die Toleranzschwelle des nationalsozialistischen Regimes unter den jeweils gegebenen Umständen bewußt überschreitet mit einer Handlungsperspektive, die auf eine Schädigung oder Liquidation des Herrschaftssystems abzielt."[45] Richard Freudenberg provozierte das Regime, indem er beispielsweise Zwangsarbeiter „korrekt" bezahlte, Kontakte ins Ausland hielt und sich weigerte, „marxistische" Betriebsräte zu ersetzen.[46] Dennoch geschahen diese meist geschäftlich motivierten Handlungen vor der Sicherheit, die ihm die Größe der Firma Freudenberg verlieh. Freiräume wurden bis zur „Toleranzschwelle" des Systems ausgenutzt, diese selbst aber „bewusst" nicht überschritten, wie die schnelle Aussöhnung mit Köhler nach der SPD-Flugblatt-Affäre illustriert. Ein anderes Beispiel ist der spätere Parteieintritt der Geschäftsleitung. Für das nicht-konforme Verhalten Richard Freudenbergs bietet sich daher eher der von Kershaw geprägte Oberbegriff des „Dissens" an, der „absichtlich offenläßt, ob die Nichtübereinstimmung mit dem Regime sich auf periphere Aspekte oder auf den Kern nationalsozialistischer Politik bezog".[47]

Auch wenn Köhlers Bemerkung, seit jener Aussprache vom 13. März 1933 habe es „keine Probleme" mehr mit der Unternehmensführung von Freudenberg gegeben, in ihrer Absolutheit sicherlich nicht zutrifft,[48] scheint es sich hierbei um eine Art „Waffenstillstand" gehandelt zu haben, der eine zukünftige Eskalation zwischen den beiden mächtigsten regionalen Akteuren verhindern sollte. In der Tat entwickelte sich das Verhältnis der beiden fortan pragmatischer: Köhler setzte sich im folgenden Monat erfolgreich dafür ein, dass Richard Freudenberg trotz der Gleichschaltung des Gemeinderates sein Mandat behalten durfte. Im Oktober besuchte er die Firma Freudenberg, um „seine Beziehungen zu den Industriellen" zu pflegen.[49] Der gute Ruf Freudenbergs bei den badischen Nationalsozialisten machte sich Anfang 1934 im Zuge der „Arisierung" der Firma Tack bezahlt, als das „Zentralkomitee zur Abwehr der jüdischen Greuel- und Boykotthetze" Auskunft über den neuen Aktionär, Richard Freudenberg aus Weinheim, verlangte. Das Zeugnis fiel gut aus: „Persönlich ist Herr Freudenberg auf keinen Fall unsozialer wie andere Unternehmer am Platze."[50] Richard Freudenberg hatte sich also mit der „weitgehend ideologiefreien Wirtschaftspolitik"[51] Köhlers gut arrangiert, der die gleiche regionale Verbundenheit zur Schau trug. Bräutigam attestiert süddeutschen Unternehmern wie Freudenberg deshalb eine Doppelgesichtigkeit: Sie hätten sich gleichermaßen als „politische Attentisten" und „wirtschaftliche Profiteure" gezeigt.[52]

Der Versuch, Handlungsspielräume durch die Politik zu gewinnen, zeigt sich ebenfalls in der beträchtlichen Anzahl an Ämtern, die Richard Freudenberg im „Dritten Reich" bekleidete. So wurde er am 9. August 1935 durch den Beauftragten der NSDAP zum Ratsherrn ernannt, was er später mit seiner Eigenschaft als Repräsentant des größten Steuerzahlers von Weinheim begründete. Walter Köhler bekannte in einer Betriebsappell-Rede am 11. Februar 1942 seine indirekte Einflussnahme auf die Entscheidung.[53] Darüber hinaus standen die meisten Ämter in direktem Zusammenhang mit dem Produktionsprofil Freudenbergs.[54] So nahm Richard Freudenberg in der Vierjahresplanbehörde eine zunehmend bedeutendere Position ein, ab 1943 wurde er als „ehrenamtlicher Mitarbeiter" der Abteilung Leder und Lederaustauschstoffe im Geschäftsverteilungsplan des Reichsamts für Wirtschaftsausbau genannt. Zudem war er Mitglied im Beirat der Reichsstelle Leder (1940-1945), in der Fachgruppe Leder, Werkstoffe und Schuhe (ab 1940) und im Beirat der Wirtschaftsgruppe Leder (Mai-Juni 1942 sogar stellvertretender Vorsitzender). Auch Walter Köhler setzte sich als badischer Ministerpräsident für Richard Freudenberg ein, indem er ihn trotz Vorbehalten von verschiedener Seite 1944 zum Leiter der Wirtschaftsgruppe Lederindustrie der Bezirksgruppe Oberrhein ernannte. Zudem erhielt er den Ehrentitel des Wehrwirtschaftsführers – ein Amt, dessen nominelle Bekleidung aber nicht besonders aussagekräftig ist.[55]

Jedoch ist ungeklärt, warum sich Richard Freudenberg gegen Ende der nationalsozialistischen Herrschaft noch so exponierte, denn die meisten und einflussreichsten Ämter erlangte er erst in den Jahren 1944 und 1945. Bräutigam nimmt an, dass er sich davon erhoffte, „an den wirtschaftlichen Schaltstellen den Übergang in die Nachkriegszeit für sich und seine Firma möglichst reibungslos erreichen zu können".[56] Auch die Konkurrenz zu anderen Unternehmern mag ihn beeinflusst haben, gerade weil seine Ersatzstoff-Pläne mit den Rationalisierungsbedürfnissen des NS-Regimes parallel liefen. Seine Vorschläge nun mittels staatlicher Hilfen großräumig einführen und protegieren zu können, wäre ein Motiv für die Zusammenarbeit mit dem NS-Regime. Da der Wettbewerb nicht nur

Anselm Küsters

über den Markt, sondern auch „in den Korridoren der Ministerien" stattfand, war derjenige erfolgreicher, der über gute Beziehungen zu entscheidenden Parteistellen verfügte. Das NS-Regime profitierte davon, denn durch die Instrumentalisierung von Unternehmern und Managern gelang der Transfer von Fachwissen in die nationalsozialistische Wirtschaftspolitik. Handlungsmöglichkeiten hätten bestanden: So konnte man beispielsweise unter dem Vorwand der „Arbeitsüberlastung" solche Ämter ablehnen.[57]

Nach dem Einzug der Amerikaner in Weinheim im Mai 1945 wurde Richard Freudenberg zum Bürgermeister seiner Heimatstadt, später sogar zum Landrat ernannt. Wegen seiner langjährigen Tätigkeit im Aufsichtsrat der Deutschen Bank wurde er jedoch kurz darauf amtsenthoben und bis Februar 1947 inhaftiert. Das Spruchkammerverfahren scheiterte jedoch an der Vielschichtigkeit seines Handelns: Ein „politisch unbelastetes, menschlich anständiges, wirtschaftlich aber auf Profit ausgerichtetes und die Möglichkeiten des NS-Regimes ausnützendes Verhalten konnten die Spruchkammern trotz des Auftrags einer gerechten Abwägung der individuellen Verantwortung nicht beurteilen".[58] Richard Freudenbergs Verhalten gegenüber Walter Köhler scheint jedenfalls keineswegs „kühl"[59] gewesen zu sein. Auch nach dem Krieg trafen sich Unternehmer und ehemaliger nationalsozialistischer Ministerpräsident zum Gespräch.[60]

Wie kann mit einer solchen Gleichzeitigkeit von Nähe und Distanz zum System umgegangen werden? Vordergründig ging es stets um die Bestandswahrung der Firma, weshalb „im Einzelfall untersucht werden muss, mit welchen Mitteln [...] die eigene unternehmerische Position verteidigt bzw. ausgebaut wurde".[61] Um es mit Plumpe auf den Punkt zu bringen: „Die Frage ist nicht ob ‚mitgemacht' wird, sondern wie".[62] Die hier existierenden Freiheitsgrade weiter zu bestimmen soll im Folgenden durch eine Betrachtung des „Arisierungsvorganges" um die Lederfirma Hirsch geleistet werden.

Die „Arisierung" der Lederfirma Hirsch: Rekonstruktion des Ablaufs

Der Begriff „Arisierung" bezeichnet den gesamten „Prozeß der wirtschaftlichen Verdrängung und Existenzvernichtung der Juden".[63] Opfer dieser Bestrebungen sollte schließlich auch die Firma Hirsch werden, die 1867 von dem jüdischen Gerber Sigmund Hirsch gegründet worden war. Seine Söhne, Max und Julius, traten 1894 in das auf Rossleder spezialisierte und sich schnell entwickelnde Unternehmen ein, das am allgemein einsetzenden wirtschaftlichen Aufschwung ab 1932 partizipieren und im Januar 1933 bereits 400 Beschäftigte unterhalten konnte.[64]

Die anti-jüdische Stimmung, die bis ins beschauliche Weinheim vordrang,[65] erschwerte der Familie Hirsch jedoch zunehmend das Leben. Mit dem Erlass der Nürnberger Gesetze vom 15. September 1935 wurde die rechtliche Entmündigung der deutschen Juden verwirklicht, die ihre bürgerliche Gleichberechtigung verloren. Wie schwer die Belastungen wogen, wird aus den Worten Max Hirschs deutlich, der 1940 im Exil seine Gefühlslage aus dem Jahr 1935 erinnert: „Mit allen Fasern des Herzens an der Heimat hängend, siegte nochmals eine trotzige Beharrungsenergie über allen anderen Erwägungen, daß schließlich doch noch die Vernunft über den Wahnwitz siegen müsse."[66] Bekanntlich siegte der „Wahnwitz" und für die Firma Hirsch wurde es zusehends schwieriger, aufgrund der stärker werdenden antisemitischen Propaganda Geschäfte sowie Geschäftsverbindungen aufrecht zu erhalten. Die systematische Verdrängung der Juden aus dem deutschen Wirtschaftsleben begann Ende 1937 mit der Entlassung von Hjalmar Schacht als Reichswirtschaftsminister und zeigte sich insbesondere an zwei Maßnahmen des Regimes: Eine neue Verordnung im April 1938 zwang alle deutschen Juden, ihr Vermögen gegenüber den Finanzämtern offenzulegen. Noch schlimmer wog für die Firma Hirsch allerdings, dass Anfang 1938 infolge des Vierjahresplans die Rohstoffkontingente für jüdische Betriebe gekürzt wurden. Max Hirsch wurde die Willkür des Systems damit schlagartig bewusst: „Dies war ein Axthieb der traf, denn wer hinderte jetzt, nachdem der deutliche Strich zwischen ‚arischen' und ‚nichtarischen' Betriebe gezogen war, das Reichswirtschaftsministerium, die Kontingente künftig willkürlich weiterzukürzen und damit den jüdischen Betrieben langsamer oder schneller, ganz nach seinem Belieben, den Todesstoß zu versetzen."[67]

Fairer Wettbewerb war unter diesen Umständen unmöglich.

Diese Reduzierung der Rohwarenkontingente wird in der Literatur verschiedentlich als Anlass für den Verkauf an Freudenberg angeführt.[68] In der Tat erhielt die Familie Hirsch in dieser Situation zum ersten Mal den Rat, an Freudenberg zu verkaufen: „Wohlmeinende Freunde empfahlen uns den alsbaldigen Verkauf, und zwei alte Geschäftsfreunde [...] rieten uns, an Freudenberg heranzutreten, der wie kein anderer für unseren Betrieb Interesse haben müsse."[69] Der Rat kam wohlgemerkt von engen Freunden – und nicht von Walter Köhler. Dieser reklamiert später in seinen Memoiren, die Idee zu dieser „unter den gegebenen Umständen [...] optimale[n] Lösung"[70] entwickelt zu haben, für die ihm Hirsch nachher dankbar gewesen sei. Die Idee zum Verkauf zeigt sich in den ministeriellen Akten erstmals in einem Brief von Arthur Hirsch an das badische Finanzministerium vom 8. Januar 1938: „Sollte wider Erwarten eine Wiederherstellung unseres Normalkontingents nicht zu erreichen sein, so wäre es für uns von grosser Wichtigkeit, zu erfahren, ob es nunmehr bei einer Kürzung um 10% bleibt, oder ob wir sogar über kurz oder lang mit weiteren Kürzungen rechnen müssen. Dann allerdings würde die Frage eines Verkaufs für uns akut werden." Nachdem Walter Freudenberg den Hirschs „aufgrund seiner Berliner Informationen" auch nur bestätigen konnte, dass ihre „Position unhaltbar geworden" war, entschloss man sich endgültig zum Verkauf. Bereits am 14. Januar fand ein Treffen mit Vertretern des Badischen Finanzministeriums statt, um von dem geplanten Verkauf zu berichten und sich zu erkundigen, ob „grundsätzliche Bedenken" gegen das Unternehmen Freudenberg als Käufer bestünden. Resignierend musste Hirsch erkennen, dass der eigene Weg „nur allzu einseitig vorgezeichnet" war.[71]

Auch wenn der Anlass des Verkaufs somit eindeutig bestimmbar ist, existieren zu den Reaktionen Freudenbergs widersprüchliche Informationen: Gewöhnlich wird die Initiative der Familie Hirsch hervorgehoben und betont, dass die Unternehmensleitung von Freudenberg unter den politischen Vorzeichen „eigentlich keine Firmenerweiterung betreiben [wollte], d.h. zur damaligen Zeit, Firmen in jüdischem Besitz billig zu erwerben".[72] Dass sich das Unternehmen Freudenberg jedoch aktiv in dem „Arisierungswettkampf" durchsetzen konnte, offenbart die Episode um den Betriebsobmann der Firma Hirsch, Wilhelm Riedel, der einen Gegenplan entwarf. Auch wenn jüdische Firmeninhaber in ihrer Rolle als „Betriebsführer" für die Belegschaftsangehörigen eigentlich unangreifbar waren, konnten sie als Juden dennoch mit gezielten Denunziationen unter Druck gesetzt werden. Eine solche verdeckte Form des „Rassenkonflikts"[73] erlebten die Hirschs mit Riedel, der als Betriebsführer die Absetzung der jüdischen Firmeninhaber zum eigenen Vorteil erreichen wollte und von Max Hirsch nachträglich als „von einem krankhaften Ehrgeiz besessener Streber" und „übler, schurkischer Intrigant" beschrieben wurde.[74] Riedel brachte die Göppinger Firma Bader ins Gespräch, die für die Rossledergerberei Interesse bekundete. Offensichtlich fehlten dieser jedoch die finanziellen Mittel, um Hirsch zu kaufen.[75] Bräutigam vermutet, dass Riedel die Bedenken der NSDAP ausnutzen wollte, die in Weinheim eine übermächtige Firma Freudenberg fürchtete.[76] Diese Vermutung lässt sich eindeutig mit den ministeriellen Akten belegen: So gab Köhler Ende Januar zu Protokoll, dass er es „lieber [sähe], wenn der Betrieb selbstständig bliebe, weil sich sonst die gesamte Lederindustrie in Weinheim in einer Hand befände".[77] Nebenbei bemerkt zeigt sich hier erneut, dass Köhler die Idee vom Verkauf an Freudenberg keineswegs von Anfang an unterstützte, wie er später behauptete.

Richard Freudenberg erinnert den Vorgang anders: Da bei Freudenberg kein Interesse an der Firma Hirsch vorhanden gewesen sei, habe man die Firma Bader als die nächstgrößte Rossledergerberei nach Hirsch als Käufer vorgeschlagen. Man hätte ihnen sogar einen zinsgünstigen Kredit über 500.000 Reichsmark zur Verfügung stellen wollen und habe einem eigenen Kauf erst zugestimmt, als diese Verhandlungen scheiterten.[78] Die Machenschaften Riedels bleiben von ihm unerwähnt. Dass Freudenberg diese dennoch kannte und gezielt gegen sie vorging, wird aus den Erinnerungen von Max Hirsch ersichtlich, der diesbezüglich notierte: „Freudenbergs mächtiger Einfluß vermochte jedoch, binnen kurzem diese Quertreibereien [Riedels Aktivitäten; d. Verf.] abzuwehren."[79] Die aktive

Rolle Freudenbergs geht auch aus den Akten des Ministeriums hervor. So belegen die Worte des Berliner Außenvertreters der Firma, Direktor Schuhmann, Ende Januar eindeutig eine Kaufabsicht: „Naturgemäss habe Freudenberg Interesse für den Betrieb, doch wolle man vermeiden, dass durch die etwaige Übernahme Gerede entstehe. Es seien über Freudenberg ohnehin schon unerwünschte Expansionsgerüchte im Umlauf." Daher hätte Richard Freudenberg die Bitte, „dass eine Anregung wegen Übernahme der Firma Hirsch von behördlicher Seite geäussert werde".[80] Dies erleichtere zudem die Verhandlungen mit Hirsch. Ein weiterer Hinweis auf die aktive Haltung Freudenbergs findet sich in einem Aktenvermerk vom 2. Februar 1938: Richard Freudenberg hatte aus Berlin angerufen, um ihn „zu der Erklärung zu ermächtigen, daß die badische Regierung die Übernahme des Betriebes Hirsch durch Freudenberg wünsche oder doch zumindest anrege",[81] was der zuständige Referent aber ablehnte.

Letztendlich versuchte Freudenberg, seine ökonomische Potenz in politischen Einfluss umzumünzen. Nicht zufällig bemerkte Hirsch zu den Verhandlungen: „Der Genehmigung der Wirtschaftsstelle des badischen Ministeriums glaubte Richard Freudenberg sicher zu sein"[82] – schließlich kam man mit Köhler gut aus. Sein politischer Einfluss zeigte sich auch nach der Übereinkunft mit der Familie Hirsch am Streit um die Kontingentskürzungen.[83] Freudenberg verlangte vom Ministerium, dass „die infolge der Nichtarier-Eigenschaft der Firma Hirsch vorgenommene Kürzung des Rohwarenkontingents aufgehoben wird". Dafür spielte er, wie im März 1933, die Karte als größter Arbeitgeber der Region aus. Ohne die regulären Kontingente käme es zu Entlassungen, dabei sei Weinheim schon „einer der schlechtst [sic] beschäftigten aller süddeutschen Bezirke". Damit scheint er den wunden Punkt Köhlers getroffen zu haben, denn seinem Gesuch wurde nachgegeben – obwohl eine generelle Anordnung die Wiederauffüllung der Kontingente „nichtarischer" Betriebe, die in „arische" Betriebe übergingen, verbot. Insgesamt erscheint die Darstellung von Hirsch glaubhafter, denn sie entstand in der Sicherheit des Auslands und wurde 1940 unter direktem Eindruck der Verkaufsverhandlungen geschrieben. Richard Freudenbergs Worte hingegen fielen nicht nur wesentlich später, sondern sind auch als Teil seiner Verteidigungsstrategie vor der Spruchkammer zu verstehen.

Auf den Beschluss zum Verkauf folgten die notwendigen Vertragsverhandlungen, die Richard Freudenberg im Jahr 1964 zu den „menschlich schmerzvollsten"[84] Entscheidungen zählte, die in er in seinem Leben zu treffen hatte. Die zunächst von Hirsch favorisierte Lösung eines Tausches mit einem Auslandsbetrieb von Freudenberg wurde aufgrund personeller und devisenrechtlicher Bedenken verworfen. Richard Freudenberg berichtete vor der Spruchkammer: „Nach Rücksprache [...] erklärte ich mich bereit mit dem Ergebnis, dass wir nicht die Fa. Hirsch kauften, sondern nur die Lederbestände und die Materialien. Ich weigerte mich grundsätzlich die Häuser und den privaten Besitz zu kaufen."[85] Demnach handelte sich nicht um eine direkte Firmenübernahme, sondern eine Liquidierung – was durchaus üblich war.[86] Dennoch sind Freudenbergs Aussagen nicht korrekt, denn im Kaufvertrag vom 7. Juli 1938 erwarb die Firma Freudenberg von Hirsch sämtliche Liegenschaften, bestehend aus zwei Fabrikgebäuden, allen Werkswohnungen, zwei von Arthur und Fritz Hirsch bewohnten Villen sowie ausgedehnten Grundbesitz (Abb. 5).[87] Die Maschinen und Einrichtungen wurden abzüglich der normalen Abschreibungen übernommen, während man Rohhäute und Lederbestände zum Tagespreis nebst Zuschlägen ansetzte. Die Betriebsmaterialien wurden zum Anschaffungspreis bewertet und die Außenstände der Firma Hirsch eingezogen. Außerdem wurde geregelt, dass sämtliche soziale Verpflichtungen der Firma Hirsch weiterhin eingehalten und alle Angestellten, mit Ausnahme der jüdischen, übernommen würden. Gleichwohl lobte Arthur Hirsch in seiner Abschiedsrede im Juli 1938 die „freundschaftlichen Verhandlungen" mit Freudenberg, dessen Leitmotiv in den Gesprächen „Unrecht Gut gedeihet nicht" lautete.[88] Der Kaufpreis wurde von einem Gutachten der Badischen Bank vereinbart, fiel aber zum großen Teil der vorgeschriebenen Reichsfluchtsteuer und Judenabgabe zum Opfer. Der Rest blieb auf einem Sperrkonto, auf welches die Hirschs keinen Zugriff hatten. Diesen Aspekt der „Arisierung" hebt auch Max Hirsch in seinen

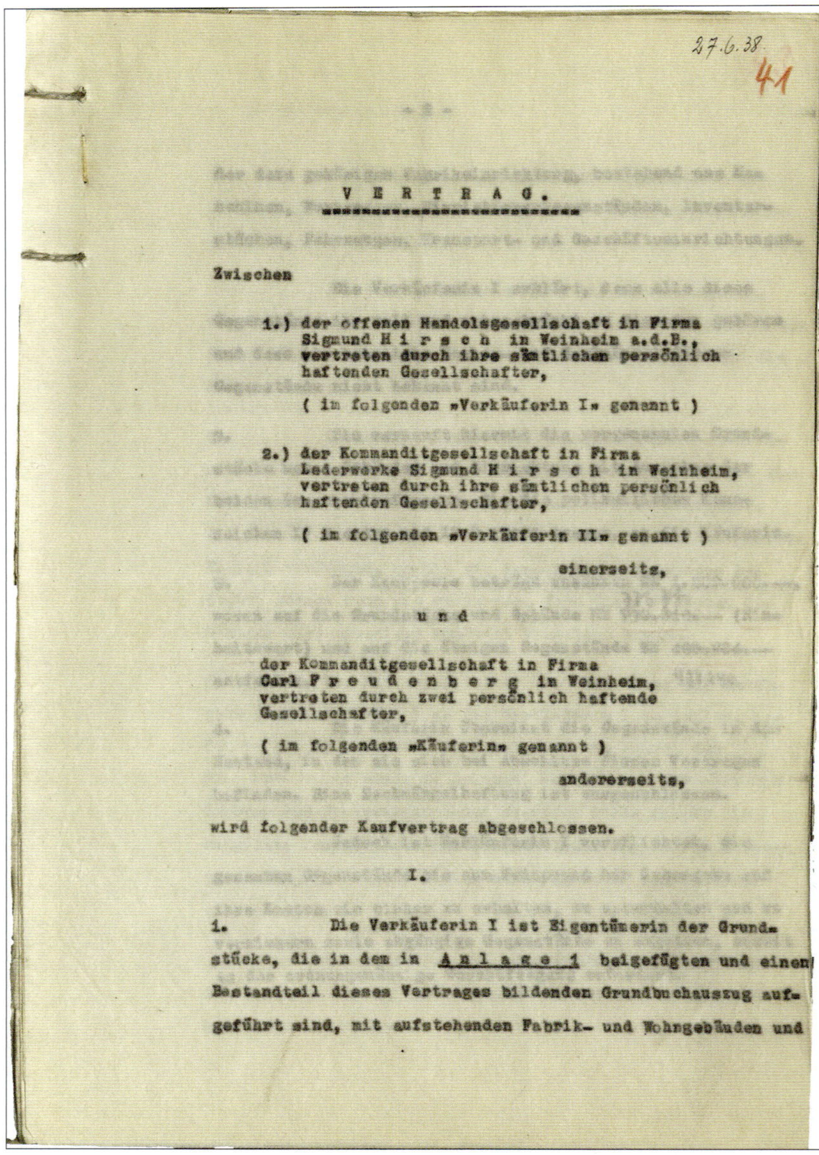
27.6.38.

41

V E R T R A G.

Zwischen

1.) der offenen Handelsgesellschaft in Firma Sigmund H i r s c h in Weinheim a.d.B., vertreten durch ihre sämtlichen persönlich haftenden Gesellschafter,

(im folgenden »Verkäuferin I« genannt)

2.) der Kommanditgesellschaft in Firma Lederwerke Sigmund H i r s c h in Weinheim, vertreten durch ihre sämtlichen persönlich haftenden Gesellschafter,

(im folgenden »Verkäuferin II« genannt)

einerseits,

u n d

der Kommanditgesellschaft in Firma Carl F r e u d e n b e r g in Weinheim, vertreten durch zwei persönlich haftende Gesellschafter,

(im folgenden »Käuferin« genannt)

andererseits,

wird folgender Kaufvertrag abgeschlossen.

I.

1. Die Verkäuferin I ist Eigentümerin der Grundstücke, die in dem in A n l a g e 1 beigefügten und einen Bestandteil dieses Vertrages bildenden Grundbuchauszug aufgeführt sind, mit aufstehenden Fabrik- und Wohngebäuden und

Abb. 5
Verkaufsvertrag zwischen der Firma Hirsch und der Firma Freudenberg vom 27. Juni 1938
Foto: Generallandesarchiv Karlsruhe, GLA 237 Zugang 1967-19 Nr. 664, Bl. 41

Erinnerungen hervor, der sein Vermögen auf drei Prozent des ursprünglichen Wertes schrumpfen sah: „Wie gründlich die Naziherrschaft mit dem Vermögen der Juden aufzuräumen verstand, wurden wir bei unserer Auswanderung gewahr."[89]

Der Abschied der Hirschs aus Weinheim und die endgültige Loslösung von der Firma fanden schließlich unter dramatischen Bedingungen statt: So wollte Max Hirsch ohne seine Firma weiter in der geliebten Heimat ausharren – bis ihm das Novemberpogrom seine Handlungsfreiheit endgültig nahm. Alle männlichen Juden wurden verhaftet und in das KZ Dachau verschleppt, wo sie mit Schlägen empfangen wurden und kahlgeschoren und in Sträflingskleidung alle Schikanen eines KZs erdulden mussten. Erst unter dem Eindruck dieser unmenschlichen Bedingungen, die Max Hirsch in seinen Erinnerungen eindrucksvoll beschreibt, konnte er sich von Heimat und Firma trennen.[90] So berichtete Oberregierungsrat Strauss, dem Max Hirsch damals in der Gefangenschaft begegnete: „Ich war im Jahr 1938 mit dem damaligen Seniorchef der Firma Sigmund Hirsch, Herrn Max Hirsch, im Konzentrationslager Dachau interniert, wo mir Herr Hirsch erklärte, dass er nun doch wohl gezwungen sei, seinen Betrieb zu veräussern." Zusätzliche Anreize lieferten gesetzliche Anordnungen, wonach „jüdische Schutzhäftlinge" freikamen, wenn sie Ausweispapiere besaßen, einen Beweis „der beabsichtigten und bevorstehenden Ausreise" erbringen konnten oder beabsichtigten, ihre Geschäfte, Betriebe oder Häuser zu „verkaufen". Herr Strauss, der nach dem Krieg Sachwalter für jüdische Vermögen in Nordbaden war, berichtet dazu passend, dass Max Hirsch entlassen wurde, weil er mit Hilfe Richard Freudenbergs nachweisen konnte, dass sie bereits Verhandlungen für den Verkauf der Rossledergerberei führten.[91]

Am Neujahrstag 1939 verließ Max Hirsch mit seiner Frau Weinheim, wie bereits 102 jüdische Mitbürger zuvor. Freudenberg bemühte sich wohl auch nach der Auswanderung, soweit möglich, die Familie Hirsch zu unterstützen. In einem Restitutionsverfahren wurde 1945 die Rückübertragung vollzogen, wobei die Familie das Unternehmen direkt wieder an Freudenberg verpachtete. Später kaufte Freudenberg die Anteile von Hirsch vollständig auf.[92]

„Unrecht Gut gedeihet nicht"? – Einordnung der „Arisierung"

Handelt es sich bei dem geschilderten Vorgang überhaupt um eine „Arisierung"? Wilderotter verneint diese Frage mit dem Hinweis auf die passive Haltung der Geschäftsleitung, die „einem langjährigen Weggefährten in der Lederbranche" ermöglichen wollte, aus Deutschland zu fliehen. Entsprechend spricht er lediglich von einer „Übernahme".[93] Auch die Firmenchronik verfährt ähnlich, wenn sie den Vorgang in einem Nebensatz abhandelt: „Mit dem Wachstum der Firma war die Zahl derer gewachsen, deren Dasein mit den Werken in Weinheim und in der Nähe aufs engste verknüpft war, zumal da die Firma die Roßlederwerke Sigmund Hirsch mit 380 Mann Belegschaft ihren Betrieben angegliedert hatte (1938)".[94] Doch auch wenn der Verkauf aufgrund des gut nachbarschaftlichen Verhältnisses der beiden Familien als „fair"[95] bezeichnet werden kann und keineswegs Barkais Bild einer „widerlichen und habgierigen Preisdrückerei"[96] bestätigt, müssen wir für die moralische Beurteilung einer Markttransaktion fragen, ob die Marktbeziehung der Akteure auf einer freien Entscheidung basierte. Die Hirschs verkauften ihren Betrieb in der gelenkten Marktwirtschaft nicht freiwillig, sondern erst unter dem Druck der politischen Ereignisse – wie Max Hirschs Erzählung über seine Verschleppung ins KZ Dachau eindrucksvoll belegt. Zwar ging der „Zwang [...] vom Regime aus, nicht von Richard Freudenberg",[97] aber er existierte zweifelsfrei. Daher muss auch im vorliegenden Fall von einer „Arisierung" gesprochen werden.

Gleichwohl erfolgte diese in „freundschaftlichen Verhandlungen", wie Max Hirsch und Richard Freudenberg stets betonten.[98] In einem Sammelband-Beitrag namens „Leistung und Bedeutung der Familie Hirsch" rekapituliert letzterer die Geschehnisse von 1938 und beschreibt dabei den „unmenschlichen, politischen Druck", dem die Familie Hirsch ausgesetzt war, nicht aber die eigene Rolle.[99] Positiv zu werten ist die erwähnte Aussage von Strauss, demzufolge die Hirschs nur mit Hilfe der Firma Freudenberg aus Dachau entlassen wurden.[100] Auch Köhler, obwohl weitaus weniger glaubwürdig, reiht sich in diesen Kanon ein, wenn er Freudenberg 1977 als „potenten und loyalen Käufer" beschreibt.[101] Plumpes Frage nach dem „Wie" der „Arisierung" soll im Folgenden mit drei weiteren Aspekten beantwortet werden: Nach einer Kontextualisierung der Verkaufssituation wird der Verkaufspreis diskutiert, gefolgt von Überlegungen zu den ökonomischen Vorteilen dieser „Arisierung".

Nach Bajohr wurden die Handlungsspielräume jüdischer Unternehmer durch Zeit, Branche und Wohnort determiniert.[102] So konnten jüdische Unternehmer anfangs oftmals selbst entscheiden, mit wem sie in Verhandlungen eintreten wollten und ihr Unternehmen meist zu marktüblichen Preisen verkaufen. Diese Freiheit ging in den folgenden Jahren schrittweise zurück. Wie der Gegenplan des Betriebsobmanns Riedel und die anfänglichen Widerstände gegen Freudenberg im Ministerium zeigen, war die Auswahl eines geeigneten Käufers hochpolitisch und nicht mehr eine eigenständige Entscheidung des Verkäufers. Ab 1936/37 mussten „Arisierungs"-Verträge den NSDAP-Gauwirtschaftsberatern und ab 1938 staatlichen Institutionen vorgelegt werden. Dass die Handlungsspielräume nach dem Novemberpogrom 1938 infolge der großen Arisierungswelle auf den Nullpunkt sanken, musste Max Hirsch in Dachau selbst erleben. Die Lederindustrie als hochspezialisierte, weltoffene und arbeitsteilig strukturierte Branche und sogenannte Sekundärindustrie blieb lange Zeit ungestört, was den relativ späten Verkaufstermin zum Teil erklären mag.[103] Zudem mag den Hirschs in Weinheim ihr Status als angesehene und alteingesessene Familie zunächst geholfen haben.

Freudenberg in der Zeit des Nationalsozialismus

Köhler behauptet in seinen Erinnerungen, dass er darauf geachtet habe, „daß die Übernahme von Unternehmen nach strengen kaufmännischen Gesichtspunkten" ablief und „der Druck, unter dem die jüdischen Verkäufer standen, nicht von den Erwerbern ausgenutzt wurde".[104] Bildet der vertraglich fixierte Preis von 1.200.000 Reichsmark ein geeignetes Indiz, um zu überprüfen, ob der Druck von Freudenberg ausgenutzt wurde?[105] Nein, denn auch wenn der Preis in der Literatur als „angemessen"[106] bezeichnet wird, existierten ab spätestens April 1938 exakte Preisbildungsregeln, welche die Zahlung eines sogenannten „goodwill" verboten. Aufgrund der nationalsozialistischen Skepsis gegenüber Großkonzernen gab es ebenso Grenzen nach unten: „In this context, corporate negotiators had to walk a fine line between offering too much or too little [...]".[107] Wenn die Festsetzung des Kaufpreises aber keinen großen Handlungsspielraum offen ließ, blieb die einzige tatsächliche Entscheidung, ob man partizipierte, nicht aber unter welchen Bedingungen.

Der Diskussion um ökonomische Anreize gilt es voranzustellen, dass sich Unternehmen ihre politische Umwelt nicht aussuchen können, weil dies eine vollständige und kurzfristige regionale Mobilität aller Produktionsfaktoren voraussetzen würde. Insofern können sich Unternehmen politischen Entwicklungen nicht entziehen, sondern müssen sich, wohlgemerkt im ökonomischen Sinne, stets anpassen. Gleichwohl suchten die meisten Unternehmer im „Dritten Reich" aktiv ihren wirtschaftlichen Vorteil, wenn sich eine günstige Arisierungsgelegenheit bot. Ökonomische Überlegungen im Zuge der „Arisierung" von Hirsch werden in der Literatur gerne mit dem Verweis auf die fehlende Konkurrenz der beiden Nachbarfirmen verworfen. Schließlich habe Hirsch nicht Kalb-, sondern Rossleder hergestellt.[108] Doch auch ohne ein offenes Konkurrenzverhältnis kann eine Firmenübernahme ökonomisch logisch sein, beispielsweise wenn man das direkt angrenzende Grundstück für weitere Expansionspläne benötigt oder die Produktpalette aus Diversifizierungsgründen ausweiten möchte – beides war im Falle Freudenbergs gegeben. Ein weiterer Aspekt wird nur vor dem Hintergrund der nationalsozialistischen Wirtschaftspolitik verständlich – der Kampf um Kontingente. Die Rationalisierung hatte einen Konzentrationsprozess ausgelöst, innerhalb dessen „arische" Ledererzeuger die „Arisierung" nutzten, um an Rohstoffkontingente der „jüdisch" geführten Unternehmen zu gelangen. Diese erhielten bis 1938 17 Prozent aller Rohhäute.[109] Durch die ideologisch gewollte „Arisierung" wurde es für Unternehmen möglich, Betriebserweiterungen durchzuführen und sich Kontingente zu sichern. Gerade in den Jahren 1937 und 1938 existierte ein beträchtlicher Rohstoffmangel in der Lederindustrie. Die Fachgruppe Ledererzeugende Industrie, zu der Richard Freudenberg gehörte, sah die Lösung darin, „dass die durch eine Liquidation jüdischer Firmen freiwerdenden Häute- und Fellkontingente auf die arischen Lederfabriken [...] übertragen werden".[110] Dementsprechend machten die Rohstoffe im Vertrag zwischen Freudenberg und Hirsch einen Großteil des Verkaufspreises aus. Hinzu kam, dass durch steigende Gewinne in dieser Zeit ausreichend Kapital für Übernahmen flüssig war. Auch das Karlsruher Ministerium vermerkte schließlich, dass „wohl schwer ein anderer kaufkräftiger Interessent [als Freudenberg; d. Verf.] für die Firma Hirsch zu finden sein werde".[111]

Eine verbreitete Typologie teilt die Erwerber jüdischer Unternehmen in drei Gruppen ein.[112] Die erste Gruppe der „skrupellosen Erwerber" agierte rücksichtlos und versuchte durch Einschüchterung, Denunziationen oder politische Verbindungen einen möglichst geringen Kaufpreis zu erzielen. Die „stillen Teilhaber" nutzten zwar die neuen Möglichkeiten der „Arisierung", waren jedoch ansonsten bestrebt, den Kauf auf korrekte Weise abzuwickeln. Die dritte Gruppe der „gutwilligen Geschäftsleute" beabsichtigte, die jüdischen Eigentümer angemessen zu entschädigen. Zum Teil waren Käufer und Verkäufer befreundet, wobei die Initiative zum Verkauf oft von letzteren ausging. Richard Freudenberg und sein Unternehmen sind wohl für den Fall Hirsch in die dritte Gruppe einzuordnen, da Hirsch den Verkauf anstrebte und das Verhältnis der beiden Familien auch nach der Transaktion als gut beschrieben wurde.

Allerdings stellt sich die Frage, inwieweit dennoch von einer Verantwortung dieser gutwilligen Geschäftsleute gesprochen werden kann, die schließlich systemerhaltend handelten. Um mit dem Vokabular von Fraenkels „Doppelstaat" zu sprechen: Freudenberg bediente sich nicht der Methoden des Maßnahmenstaates, blieb aber durch sein Agieren im Normenstaat im NS-System verhaftet.[113] Turner plädiert für eine milde Beurteilung solcher Unternehmer, „die nicht als bewußte Mittäter am Verbrechen des NS-Regimes zu bezeichnen sind". Einer pauschalen Verurteilung dieser Menschen „würde es [...] nicht nur an Gerechtigkeit fehlen, sondern auch an einer gebührenden Berücksichtigung der damaligen Umstände sowie der menschlichen Natur".[114] Gleichwohl ist bei einer Bemessung der Verantwortung zu berücksichtigen, dass Freudenberg im Sinne Max Webers über Macht verfügte, also die „Chance [besaß], innerhalb einer sozialen Beziehung den eigenen Willen auch gegen Widerstreben durchzusetzen".[115] So gelang es ihm nicht nur, sich gegen den Willen Köhlers und seines Ministeriums als Käufer durchzusetzen, sondern ebenfalls die Kontingentskürzung nach dem Kauf rückgängig zu machen. Man war also keineswegs passives „Opfer" des Systems.

Auch wenn die wirtschaftspolitischen Maßnahmen der NSDAP die Rahmenbedingungen für die „Arisierungen" bildeten, wären letztere ohne die direkte oder indirekte Mitwirkung Millionen Deutscher nicht möglich gewesen. Das Beispiel der „Arisierung" zeigt somit, dass die nationalsozialistische Herrschaft nicht nur als Diktatur, sondern auch als soziale Praxis begriffen werden kann, die Akteure zum Handeln verleitete – nicht zuletzt mit ökonomischen Anreizen. Entsprechend bedeutsam ist die Geisteshaltung des einzelnen Unternehmers. Subjektiv sah sich Freudenberg als Käufer, der für die vom Regime geschaffene Zwangslage nicht verantwortlich war. Zudem kam das Kaufangebot von Hirsch. Eine solche „Arisierung" ist von jenen zu unterscheiden, bei denen die völlige Entrechtung der Juden missbraucht wurde. Eine „Arisierung" bleibt es dennoch. Ein einfaches Schwarz-Weiß-Urteil kann es also nicht geben, weshalb Freudenberg, Unternehmen wie Person, zu jenen zählte, „die im „Dritten Reich" [...] schuldig und unschuldig zugleich geworden sind".[116] Ein solches Urteil, das die Handlungsposition des Unternehmers als eine „mittlere, flexible und durchaus autonome Position"[117] beschreibt, mag auf den ersten Blick ernüchternd wirken, bewahrt aber vor der Simplifizierung eines komplexen historischen Gegenstandes sowie einer pauschalen Verurteilung, während sie gleichzeitig unternehmerische Verantwortung ausdrücklich betont.

Fazit: Der „günstige Ausweg"

Persönliche Vorwürfe gegenüber dem Ministerpräsidenten Köhler konnte der Bürgermeister Staufens als überzeugter Nationalsozialist nicht akzeptieren. In einem aufgeregten Brief vom 8. Mai 1938 erkundigte er sich „als Parteigenosse" bei Dr. Schüler, ob dieser weiterhin zu seiner „Aussage bezüglich unrechtmässiger Handlung seitens Staatsminister Köhler stehen" werde. Es müsse ein „Mißverständnis" vorliegen, denn er, Wildenstein, könne sich ein einseitiges Handeln Köhlers niemals vorstellen. In seiner Replik vom 11. Mai lenkte der Unternehmer sofort ein und entschuldigte sich für seinen „Gedankenfehler". Er habe lediglich ausdrücken wollen, „dass die Stellen, auf deren Vorarbeit Staatsrat Köhler seine Entscheidung aufbauen muss, beinahe ausschließlich mit ihrer Gunst zur Firma Freudenberg tendieren". Dennoch leitete Wildenstein die kritischen Aussagen wortgetreu an Walter Köhler weiter – wie es sich für einen loyalen Mitarbeiter im System gehörte.[118]

Ein Mitwirken im nationalsozialistischen System konnte auch für das Unternehmen Freudenberg nachgewiesen werden. Neben der Übernahme von Rüstungsaufträgen, der Bereitstellung von Ersatzstoffen und der Beschäftigung von Zwangsarbeitern nahm Freudenberg auch an „Arisierungen" teil, wie am Beispiel der Übernahme von Hirsch diskutiert wurde. Die Handlungen Freudenbergs waren dabei zunächst auf wirtschaftlichen Bestand, später auf wirtschaftliche Expansion ausgerichtet und waren in der Regel durch ökonomische Zweckrationalität motiviert. Zur Verfolgung dieser Ziele wurden alle ökonomisch und politisch zur Verfügung stehenden Handlungsspielräume genutzt, so beispielsweise der Einfluss als größter Arbeitgeber der Region, die Besetzung strategisch wichtiger Ämter oder die Kontakte zum badischen Ministerpräsidenten Köhler. Eine begrenzte Kooperation im Rahmen der gelenkten Marktwirtschaft versprach ein Offenhalten von Handlungsspielräumen, um eigene Ziele verfolgen zu können. Solche existierten gerade bei der „Arisierung" der Lederfirma Hirsch, die ökonomisch nicht irrational war und machtvoll durchgesetzt wurde, aber auch als Hilfsmaßnahme gegenüber einer jüdischen Familie gewertet werden kann.

Darüber hinaus kann die „Arisierung" der Firma Hirsch vor dem Hintergrund der weiteren Arisierungsbemühungen Freudenbergs eingeordnet werden.[119] Wie bereits erwähnt, eignete sich der Weinheimer Betrieb Mitte der 1930er Jahre mit der Firma Gustav Hoffmann, der Babyschuhfabrik Fisch und der zweitgrößten Schuhfabrik Deutschlands, Conrad Tack, drei Schuhunternehmen an. Noch vor dem Kauf der Gerberei Sigmund Hirsch 1938, also unmittelbar nach dem „Anschluss" Österreichs, versuchte die Firmenleitung über Tack auch die Firma Del-Ka in Wien zu „arisieren" – scheiterte jedoch am Widerstand des dortigen Gauwirtschaftsamts. Ludwig zufolge bemühte sich Freudenberg nach 1938, zusammen mit der Deutschen Bank, jüdische Schuhfabriken im besetzten Holland und der Tschechoslowakei zu übernehmen.[120] 1942/43 war der Erwerb von 34 bis 50 Prozent des Aktienkapitals des größten Schuhkonzerns in Frankreich, der Firma André in Nancy, geplant.[121] André galt seit der deutschen Besatzung als „jüdisch". Auch wenn Freudenbergs Argumente im Einzelfall der „Arisierung" von Hirsch plausibel klingen, ergibt sich in der Gesamtschau ein dramatisches Bild: So hatte der Konzern einen Wechsel hin zu einer expansiven Unternehmensstrategie vollzogen, die vor 1933 undenkbar gewesen wäre und durchaus die Frage nach einer eigenen Freudenbergschen „Arisierungspolitik" legitimiert. Auch wenn nicht alle Übernahmen tatsächlich stattfanden, existierte zumindest die Absicht. Ferner ließe sich die Vermutung formulieren, dass der spätere Fokus im Spruchkammerverfahren oder in Unternehmenspublikationen zur „Arisierung" der Firma Hirsch daher rührt, dass gerade in diesem Fall die persönlich-sozialen Motive nicht zu leugnen sind. Somit könnte man versucht gewesen sein, den Fall Hirsch als pars pro toto zu stilisieren. Freudenberg jedenfalls war subjektiv davon überzeugt, seine Ziele lediglich situativ angepasst zu verfolgen, nicht aber für den Zwang an sich verantwortlich zu sein. Eine solche rein funktionale Perspektive, das zeigen die „Arisierungen" deutlich, zog im „Dritten Reich" dramatische Folgen nach sich – nicht zuletzt, weil das Regime mit ökonomischen Anreizen systemkonformes Handeln begünstigte.

Dass einfache Schwarz-Weiß-Urteile zu kurz greifen, trifft ebenfalls auf die Geschichte um die Lederfabrik Karl Bob zu: Wie aus einem späteren Antrag auf Steuererlass hervorgeht, erhielt die Firma Bob letztlich doch Kontingente – aber nur auf dem Papier. Vorher hatte man sich mit der Firma Freudenberg geeinigt, dass diese die Rohstoffe verarbeiten würde. Dass der Erbe damit ein sicheres Einkommen und ein geringeres Risiko als bei eigener Fabrikation hatte, erkannte auch der erboste Bürgermeister Wildenstein, der eine neue Fabrik angesichts der zahlreichen Arbeitslosen in Staufen dringend benötigt hätte. Dr. Schüler zog wegen „wirtschaftlicher Vorteile" bald nach Frankfurt, während die Fabrik Bob weiterhin geschlossen blieb. Der zu Rate gezogene Schlichter im Steuerstreit mit der Stadt Staufen kommentierte 1940: „Die Firma Bob hat zweifellos einen für sie günstigen Ausweg wählen können und auch gewählt."[122] Damit war die Firma Bob nicht alleine.

1 Bekanntmachung v. 30.07.1908. Online unter: http://www.gewerbeverein-staufen.de/index.php?seite=15&galerie=G070919-Albert_Hugardstr__12_fr_-YSHBA (25.11.2014); und H.-E. Bob: Verratener Idealismus. Erinnerungen eines Jagdfliegers, Essen 1982, 4. Auflage, S. 35.

2 Brief Dr. Schülers v. 04.03.1937, StS C 464.

3 Vgl. Brief Dr. Schülers v. 04.03.1937, StS C 464; Brief Wildensteins v. 16.03.1937, StS C 464 sowie Brief Dr. Schülers v. 24.03.1937, StS C 464; Brief Dr. Schülers v. 03.05.1937, StS C 464.

4 Vgl. E. O. Bräunche: Walter Köhler: Badischer Ministerpräsident - ein „anständiger" und „moralisch integrer" Nationalsozialist?, in: Stadt Weinheim (Hrsg.): Die Stadt Weinheim zwischen 1933 und 1945, Weinheim 2000, S. 139. Walter Köhler hebt Freudenbergs Aussage in seinen Memoiren explizit hervor: „Von besonderer Bedeutung war die Aussage des Weinheimer Fabrikanten Richard Freudenberg. [Dieser bescheinigte], daß ich in meiner Eigenschaft als Finanz- und Wirtschaftsminister das volle Vertrauen der Wirtschaft besessen hätte, jederzeit ansprechbar war und bei politischen Schwierigkeiten ausgleichend gewirkt hätte." StW Rep.

36 Nr. 4298, Kapitel Untergang des Abendlandes, S. 31.

5 In einem späteren Revisionsverfahren wurde er als „Belasteter" eingestuft, blieb jedoch ein freier Mann, da ihm seine dreijährige Internierungshaft voll angerechnet wurde. Vgl. H. Ferdinand: Art. „Köhler, Walter", in: Baden-Württembergische Biographien 2, S. 276-280.

6 Vgl. H. Keller: Weinheim 1933-1945. Zeitskizzen, in: Stadt Weinheim (Hrsg.): Die Stadt Weinheim zwischen 1933 und 1945, Weinheim 2000, S. 119f. Die Firmenspitze von Freudenberg trat am 30. Januar 1943 der Partei bei, nachdem ihr zu Monatsbeginn von der NSDAP angedroht worden war, bei einer Weigerung den Betrieb nationalsozialistischer Führung zu unterstellen. Die NSDAP datierte den Parteieintritt der Unternehmensleitung auf den 20. Oktober 1941 zurück. Vgl. S. Wilderotter: Richard Freudenberg. Liberaler Politiker und Unabhängiger Bundestagsabgeordneter (Magisterarbeit), Heidelberg 1992, S. 38.

7 Harold New v. 24.6.1946. Zitiert bei: P. Bräutigam: Mittelständische Unternehmer im Nationalsozialismus. Wirtschaftliche Entwicklungen und soziale Verhaltensweisen in der Schuh- und Lederindustrie Badens und Württembergs (Nationalsozialismus und Nachkriegszeit in Südwestdeutschland, Bd. 6), München 1997, S. 375.

8 Vgl. S. Schuster: Die Lederfabriken Freudenberg und Hirsch in der Zeit des Dritten Reiches, in: Stadt Weinheim (Hrsg.): Die Stadt Weinheim zwischen 1933 und 1945, Weinheim 2000, S. 331; H. Pinnow: 100 Jahre Carl Freudenberg. 1849-1949, Frankfurt am Main 1949, S. 165; J. Ludwig: Boykott. Enteignung. Mord. Die „Entjudung" der deutschen Wirtschaft, Hamburg – München 1989, S. 149.

9 A. Barkai: Das Wirtschaftssystem des Nationalsozialismus. Ideologie, Theorie, Politik. 1933-1945, Frankfurt 1998, S. 233.

10 Vgl. P. Bräutigam: Südwestdeutsche Unternehmer der mittelständischen Industrie während des Nationalsozialismus, in: T. Großbölting und R. Schmidt (Hrsg.): Unternehmerwirtschaft zwischen Markt und Lenkung. Organisationsformen, politischer Einfluß und ökonomisches Verhalten 1930-1960, München 2002, S. 122.

11 Vgl. J. Streb: Möglichkeiten und Grenzen der Schumpeterschen Diversifizierung. Die Entwicklung der Firma Freudenberg & Co. Weinheim vom spezialisierten Ledererzeuger zum Kunststoffverarbeiter mit breiter Angebotspalette, in: Zeitschrift für Unternehmensgeschichte 46, 2001, Heft 2, S. 131-159.

12 In Anlehnung an Gehrigs Untersuchung mittelständischer Unternehmer. Vgl. A. Gehrig: Zwischen Betriebsinteresse und Lenkungswirtschaft: Drei mittelständische Unternehmer im „Dritten Reich", in: T. Großbölting und R. Schmidt (Hrsg.): Unternehmerwirtschaftzwischen Markt und Lenkung. Organisationsformen, politischer Einfluß und ökonomisches Verhalten 1930-1960, München 2002, S. 70.

13 Vgl. dafür allgemein D. Hütter: Nachfolge im Familienunternehmen. Eszet Staengel & Ziller und Freudenberg & Co. KG im 19. und 20. Jahrhundert (Stuttgarter historische Studien zur Landes- und Wirtschaftsgeschichte, Bd. 13), Ostfildern 2009, insbesondere S. 25-46.

14 Im Folgenden wird mit „Freudenberg" das Unternehmen bezeichnet, während die persönliche Bezugnahme auf den Geschäftsführer Richard Freudenberg, falls nicht durch den Kontext eindeutig erkennbar, durch explizite Nennung seines Vornamens gekennzeichnet wird.

15 Vgl. P. Erker: Industrie-Eliten in der NS-Zeit. Anpassungsbereitschaft und Eigeninteresse von Unternehmen in der Rüstungs- und Kriegswirtschaft 1936-1945, Passau 1993, S. 10.

16 L. Gall, Lothar und M. Pohl: Einleitung, in: L. Gall und M. Pohl (Hrsg.): Unternehmen im Nationalsozialismus, München 1998, S. 11.

17 Vgl. H. Mommsen: Konnten Unternehmer im Nationalsozialismus apolitisch bleiben?, in: Lothar Gall und Manfred Pohl (Hrsg.): Unternehmen im Nationalsozialismus, München 1998, S. 69-72.

18 Vgl. Gall und Pohl, wie in Anm. 16, S. 12.

19 An dieser Stelle möchte ich mich bei den betreuenden Archivarinnen und Archivaren im Generallandesarchiv Karlsruhe, im Staatsarchiv Freiburg, im Stadtarchiv Staufen im Breisgau sowie im Stadtarchiv Weinheim für die beratenden Gespräche bedanken. Auch wenn in diesem Artikel keine Quellen aus dem Unternehmensarchiv Freudenberg verwendet werden, bedanke ich mich für den freundlichen Kontakt mit den dortigen Stellen.

20 Vgl. Hütter, wie in Anm. 13, S. 102f.; Pinnow, wie in Anm. 8, S. 5; Bräutigam, wie in Anm. 7, S. 55.

21 Vgl. Pinnow, wie in Anm. 8, S. 140; P. Sauer: Staat, Politik, Akteure, in: O. Borst (Hrsg.): Das Dritte Reich in Baden und Württemberg (Stuttgarter Symposion, Bd. 1), Stuttgart 1988, S. 15; Bräutigam, wie in Anm. 7, S. 57.

22 Bräutigam, wie in Anm. 7, S. 150.

23 So beispielsweise Chevreaux in Neckarsteinach, Rindbox in Schönau und Bäuche, Hälse und Spalte in Weinheim. Vgl. Pinnow, wie in Anm. 8, S. 145f. Hinzu kamen Devisenschwierigkeiten und ein „Zollkrieg" zwischen den Ländern. Vgl. Handakten des Ministerialreferenten Völkel. GLA 237 Nr. 28633.

24 Vgl. Hütter, wie in Anm. 13, S. 149 u. 161; A. Sudrow: Der Schuh im Nationalsozialismus. Eine Produktionsgeschichte im deutsch-britisch-amerikanischen Vergleich, Göttingen 2010, S. 502f.

Freudenberg in der Zeit des Nationalsozialismus

25 Vgl. Pinnow, wie in Anm. 8, S. 155; T. Lang: Nationalsozialistische Wirtschafts- und Sozialpolitik in der Stadt Weinheim, in: Stadt Weinheim (Hrsg.): Die Stadt Weinheim zwischen 1933 und 1945, Weinheim 2000, S. 208.

26 Lang, wie in Anm. 25, S. 208.

27 Vgl. Bräutigam, wie in Anm. 10, S. 127.

28 Vgl. Sudrow, wie in Anm. 24, S. 295.

29 Vgl. W. A. Boelcke: Wirtschaft und Sozialsituationen, in: O. Borst (Hrsg.): Das Dritte Reich in Baden und Württemberg (Stuttgarter Symposion, Bd. 1), Stuttgart 1988, S. 31.

30 Bräutigam, wie in Anm. 7, S. 86.

31 C. Buchheim und J. Scherner: Anmerkungen zum Wirtschaftssystem des „Dritten Reichs", in: W. Abelshauser, J.-O. Hesse und W. Plumpe (Hrsg.): Wirtschaftsordnung, Staat und Unternehmen. Neue Forschungen zur Wirtschaftsgeschichte des Nationalsozialismus, Essen 2003, S. 96.

32 Ebenda, S. 97. Neben dem Vorteil einer zeitgenössischen Wortschöpfung bietet sich der Begriff an, weil das Substantiv „Marktwirtschaft" die innere Substanz des damaligen Wirtschaftssystems richtig hervorhebt, während „gelenkt" eine nähere Charakterisierung angibt.

33 Vgl. M. Kißener und J. Scholtyseck: Nationalsozialismus in der Provinz. Zur Einführung, in: M. Kißener und J. Scholtyseck (Hrsg.): Die Führer der Provinz. NS-Biographien aus Baden und Württemberg (Karlsruher Beiträge zur Geschichte des Nationalsozialismus, Bd. 2), Konstanz 1997, S. 16f.

34 Weinheimer Anzeiger v. 18.02.1933. Zitiert bei: Schuster, wie in Anm. 8, S. 314.

35 Vgl. Tabelle bei Lang, wie in Anm. 25, S. 176.

36 Gespräch mit Kai Köhler über seinen Vater, StW Rep. 36 Nr. 4302. Dafür spricht auch, dass Walter Köhler Freudenberg an 18 Stellen in seinem 80-seitigen Kapitel über Weinheim thematisiert. Vgl. StW Rep. 36 Nr. 4298, Kapitel Weinheim nach 1918.

37 Der gelernte Kaufmann Köhler war zunächst Mitglied des Deutschvölkischen Schutz- und Trutzbundes und Leiter der Deutschnationalen Jugend in Weinheim. Schon vor 1925 war er für die verbotene NSDAP tätig und übernahm nach der Gaugründung die Leitung der Ortsgruppe Weinheim. Als stellvertretender Gauleiter hatte er maßgeblichen Anteil am Aufbau des Gaus Baden. Vgl. E. O. Bräunche: Die Entwicklung der NSDAP in Baden bis 1932/33, in: Zeitschrift für die Geschichte des Oberrheins 125, 1977, S. 340f. Für eine detaillierte Biographie vgl. Ferdinand, wie in Anm. 5, S. 276-280.

38 Vgl. Sauer, wie in Anm. 21, S. 25.

39 Vgl. Bräutigam, wie in Anm. 7, S. 338; Wilderotter, wie in Anm. 6, S. 27.

40 StW, Rep. 36 Nr. 4298, Kapitel Weinheim nach 1918, S. 71.

41 Vgl. hierfür K. Schwindt: Politische Gleichschaltung in Baden und Karlsruhe, in: F. Engehausen und E. O. Bräunche (Hrsg.): 1933 - Karlsruhe und der Beginn des Dritten Reiches, Leinfelden-Echterdingen 2008, S. 27; Lang, wie in Anm. 25, S. 169. Für die Ereignisse des 11. März vgl. G. Kaller: Baden in der Zeit des Nationalsozialismus, in: H. Schwarzmaier und M. Schaab (Hrsg.): Handbuch der baden-württembergischen Geschichte. Vierter Band. Die Länder seit 1918, Stuttgart 2003, S. 157.

42 StW Rep. 36 Nr. 4298, Kapitel Weinheim nach 1918, S. 71f.

43 Köhlers Sichtweise ist in einem Zeitzeugeninterview vom 21. Oktober 1982 dokumentiert. Vgl. StW Rep. 36 Nr. 4300. Allgemein ist bei vielen NS-Funktionären in Baden und Württemberg eine äußerst geringe Einsicht in die Mitverantwortung feststellbar. Vgl. Kißener / Scholtyseck, wie in Anm. 33, S. 18.

44 Spruchkammerakte Richard Freudenberg. GLA 465 p Nr. 2744 (1), Bl. 76.

45 Zitiert bei: C. Rieber: Politischer Widerstand gegen die NS-Diktatur, in: Politik und Unterricht 2, 1994, S. 3.

46 Vgl. Schuster, wie in Anm. 8, S. 317f.

47 M. Grüttner: Das Dritte Reich. 1933-1939 (Gebhardt. Handbuch der deutschen Geschichte, Bd. 19), hrsg. v. W. Benz, Stuttgart 2014, S. 525.

48 So äußerte sich einer der Prokuristen Freudenbergs im November 1933 negativ über Köhler und erschien nicht zu dessen Kundgebung. Walter Freudenberg kündigte dem Denunzianten fristlos. Köhler intervenierte, konnte aber die firmeninterne Versetzung des Mannes nicht verhindern. Vgl. Schuster, wie in Anm. 8, S. 327.

49 Vgl. StW Rep. 36 Nr. 4298, Kapitel Weinheim nach 1918, S. 75 und 77.

50 Ludwig, wie in Anm. 8, S. 148. Auch Anfragen anderer Parteidienststellen beim Gauwirtschaftsberater in Karlsruhe fielen regelmäßig positiv aus: „Die Firma gilt als eine arische Firma." Vgl. ebenda.

51 Bräunche, wie in Anm. 4, S. 149.

52 Bräutigam, wie in Anm. 10, S. 140.

53 Vgl. Wilderotter, wie in Anm. 6, S. 28.

54 Vgl. Sudrow, wie in Anm. 24, S. 304f.; Wilderotter, wie in Anm. 6, S. 36; Bräutigam, wie in Anm. 7, S. 346f.

55 So erfolgte die Verleihung des Wehrwirtschaftsführer-Titels oft zufällig und manchmal gegen den Willen der betroffenen Unternehmensführer. Vgl. Erker, wie in Anm. 15, S. 9 und 98f. Dennoch kommentiert Ludwig Freudenbergs Ehrentitel wie folgt: „Damit sind nicht nur seine Firmen, sondern Freudenberg auch persönlich in die Kriegsmaschinerie eingespannt: die Soldaten, die ganz Europa überfallen, brauchen schließlich gutes Schuhwerk." Ludwig, wie in Anm. 8, S. 149.

56 Bräutigam, wie in Anm. 7, S. 377.

57 Vgl. Gehrig, wie in Anm. 12, S. 105ff.

58 Bräutigam, wie in Anm. 7, S. 388.

59 „Die technische und wirtschaftliche Leistung der Firma mußten zwar auch die Größen der Partei und der Regierung anerkennen, doch blieb das Verhältnis zu ihnen kühl." Pinnow, wie in Anm. 8, S. 165.

60 Gespräch mit Kai Köhler über seinen Vater. StW Rep. 36 Nr. 4302.

61 Hütter, wie in Anm. 13, S. 166., Anm. 193.

62 W. Plumpe: Unternehmen im Nationalsozialismus. Eine Zwischenbilanz, in: W. Abelshauser, J.-O. Hesse und W. Plumpe (Hrsg.): Wirtschaftsordnung, Staat und Unternehmen. Neue Forschungen zur Wirtschaftsgeschichte des Nationalsozialismus, Essen 2003, S. 265.

63 F. Bajohr: Arisierung als gesellschaftlicher Prozeß. Verhalten, Strategien und Handlungsspielräume jüdischer Eigentümer und „arischer" Erwerber, in: I. Wojak und P. Hayes (Hrsg.): „Arisierung" im Nationalsozialismus. Volksgemeinschaft, Raub und Gedächtnis, Frankfurt am Main 2000, S. 15.

64 Vgl. Bräutigam, wie in Anm. 7, S. 58f.

65 So setzten die Nationalsozialisten 1936 durch, dass bei der Errichtung eines Denkmals für die Weltkriegs-Gefallenen die Namen der jüdischen Mitbürger weggelassen wurden. Vgl. Schuster, wie in Anm. 8, S. 323.

66 A. Hirsch (Hrsg.): Lederwerke Sigmund Hirsch GmbH 1868-1938. Erinnerungen von Max Hirsch, Chevy Chase, Maryland 1991, S. 168.

67 Hirsch, wie in Anm. 66, S. 173f.

68 Vgl. Bräutigam, wie in Anm. 7, S. 329, Schuster, wie in Anm. 8, S. 324 sowie C. Modig: Die jüdischen Bürger Weinheims 1933-1945, in: Stadt Weinheim (Hrsg.): Die Stadt Weinheim zwischen 1933 und 1945, Weinheim 2000, S. 479.

69 Hirsch, wie in Anm. 66, S. 174.

70 Erinnerungen Köhler. StW Rep. 36 Nr. 4298, Kapitel Weinheim nach 1918, S. 179, siehe auch S. 78.

71 Brief v. Arthur Hirsch. GLA 237 Zugang 1967-19 Nr. 664, Bl. 4; Hirsch (Hrsg.): Lederwerke Sigmund Hirsch, S. 174f.; Aktenvermerk v. 15.01.1938. GLA 237 Zugang 1967-19 Nr. 664, Bl. 9-11.

72 Wilderotter, wie in Anm. 6, S. 32.

73 Bajohr, wie in Anm. 63, S. 22.

74 Hirsch, wie in Anm. 66, S. 171.

75 Vgl. Bräutigam, wie in Anm. 7, S. 330.

76 Vgl. ebenda.

77 Aktenvermerk v. 26.01.1938. GLA 237 Zugang 1967-19 Nr. 664, Bl. 15.

78 Vgl. Spruchkammerakte Richard Freudenberg. GLA 465 p Nr. 2744 (1), Bl. 77.

79 Hirsch, wie in Anm. 66, S. 176.

80 Brief der Berliner Außenstelle der Badischen Staatskanzlei. GLA 237 Zugang 1967-19 Nr. 664, Bl. 13.

81 Aktenvermerk über Anruf Freudenbergs. GLA 237 Zugang 1967-19 Nr. 664, Bl. 17.

82 Hirsch, wie in Anm. 66, S. 175.

83 Für die folgenden Zitate siehe: Brief Richard Freudenbergs. GLA 237 Zugang 1967-19 Nr. 664, Bl. 29, 31 und 33.

84 Freudenberg: Leistung und Bedeutung der Familie Hirsch. StW Rep. 16, Nr. 1912.

85 Spruchkammerakte Richard Freudenberg. GLA 465 p Nr. 2744 (1), Bl. 77.

86 Vgl. Grüttner, wie in Anm. 47, S. 194.

87 Die beiden Fabriken, die Werkswohnungen und die von Arthur Hirsch (Bismarckstr. 4) und Fritz Hirsch (Bahnhofstr. 14) bewohnten Villen und ausgedehnter Grundbesitz wurden direkt an die Firma Freudenberg verkauft. Für die Villen von Max Hirsch (Bergstr. 6) und Julius Hirsch (Bismarckstr. 5) wurde ein Sonderabkommen aufgesetzt, das bis 1946 gelten sollte: Sofern Max und Julius Hirsch Weinheim verlassen würden, gingen die Häuser in den Besitz von Firma Freudenberg über. Diese beiden Villen erwarb dann

Freudenberg in der Zeit des Nationalsozialismus

später die Stadt Weinheim von Freudenberg. Vgl. Keller, wie in Anm. 6, S. 64f. Für den späteren Verkauf der Privathäuser vgl. GLA 237 Zugang 1967-19 Nr. 665.

88 Abschiedsrede v. Arthur Hirsch im Juli 1938. Zitiert in: Hirsch, wie in Anm. 66, S. 188f. Vgl. auch Bräutigam, wie in Anm. 10, S. 136.

89 Hirsch, wie in Anm. 66, S. 185f.

90 Vgl. Bräutigam, wie in Anm. 10, S. 295; Kaller, wie in Anm. 41, S. 173; Hirsch, wie in Anm. 66, S. 178-184.

91 „Wie ich weiterhin weiss, ist Herr Max Hirsch, sowie die anderen Teilhaber der Fa. Hirsch ausschließlich mit Hilfe der Inhaber der Fa. Freudenberg vorzeitig aus dem Konzentrationslager Dachau entlassen worden." Spruchkammerakte Richard Freudenberg. GLA 465 p Nr. 2744 (1), Bl. 73.

92 Vgl. Modig, wie in Anm. 68, S. 495; Keller, wie in Anm. 6, S. 65; Schuster, wie in Anm. 8, S. 324.

93 Vgl. Wilderotter, wie in Anm. 6, S. 34.

94 Pinnow, wie in Anm. 8, S. 163.

95 Bräutigam, wie in Anm. 7, S. 331.

96 Barkai, wie in Anm. 9, S. 233.

97 Bräutigam, wie in Anm. 7, S. 308f.

98 Zitiert bei: Modig, wie in Anm. 68, S. 480.

99 Freudenberg: Leistung und Bedeutung der Familie Hirsch. StW Rep. 16, Nr. 1912, Bl. 3.

100 Vgl. Keller, wie in Anm. 6, S. 64.

101 Zitiert bei: Ebenda, S. 65.

102 Vgl. Bajohr, wie in Anm. 63, S. 17.

103 Vgl. ebenda, S. 18 und Bräutigam, wie in Anm. 7, S. 336.

104 Erinnerungen Köhler. StW Rep. 36 Nr. 4298, Kapitel Weinheim nach 1918, S. 179.

105 Vertrag mit Hirsch v. 27.6.1938. GLA 237 Zugang 1967-19 Nr. 664, Bl. 43.

106 Bräutigam, wie in Anm. 10, S. 136.

107 Vgl. P. Hayes: Big Business and „Aryanization" in Germany, 1933-1939, in: W. Benz (Hrsg): Jahrbuch für antisemitische Forschung (Bd. 3), Frankfurt am Main 1994, S. 269.

108 So beispielsweise. Schuster, wie in Anm. 8, S. 315.

109 Vgl. Sudrow, wie in Anm. 24, S. 501.

110 Zitiert bei: Bräutigam, wie in Anm. 7, S. 299.

111 Aktenvermerk v. 26.01.1938. GLA 237 Zugang 1967-19 Nr. 664, Bl. 16.

112 Vgl. die Zusammenfassung bei Grüttner, wie in Anm. 47, S. 196. Vgl. ebenso Bajohr, wie in Anm. 63, S. 25f.

113 Die von Fraenkel 1940/41 veröffentlichte Studie „Der Doppelstaat" unterteilt das NS-Herrschaftssystem in den „Normenstaat", in dem alte und neue Vorschriften parallel existieren, und den „Maßnahmenstaat", in dem die NS-Funktionsträger willkürlich und unabhängig von formalen Regeln handeln. Im Konfliktfall setzt sich der Maßnahmenstaat gegen den Normenstaat durch. Vgl. A. von Brünneck: Vorwort des Herausgebers, in: E. Fraenkel: Der Doppelstaat, Hamburg 2012, 3. Auflage, S. 11.

114 H. A. Turner: Unternehmen unter dem Hakenkreuz, in: L. Gall und M. Pohl (Hrsg.): Unternehmen im Nationalsozialismus, München 1998, S. 22f.

115 M. Weber: Wirtschaft und Gesellschaft. Studienausgabe, Tübingen 1972, 5. Auflage, S. 28.

116 O. Borst: Einführung, in: O. Borst (Hrsg.): Das Dritte Reich in Baden und Württemberg (Stuttgarter Symposion, Bd. 1), Stuttgart 1988, S. 11.

117 P. Verheyde: Vichy, die deutsche Besatzungsmacht und ihre wirtschaftlichen Beziehungen im Rahmen der „Arisierung" der großen jüdischen Unternehmen, in: Zeitschrift für Unternehmensgeschichte 50, 2005, Heft 2, S. 231.

118 Brief Wildensteins v. 08.05.1937. StS C 464; Brief Dr. Schülers v. 11.05.1937. StS C 464; Brief Wildensteins v. 12.07.1937. StS C 464.

119 Vgl. Sudrow, wie in Anm. 24, S. 502f.

120 Ludwig, wie in Anm. 8, S. 148f.

121 Vgl. Verheyde, wie in Anm. 117, S. 223.

122 Vgl. Brief des Finanzamtes Freiburg v. 16.07.1939. StS C 135, Bl. 75. Vgl. ebenso Brief v. 24.05.2939. StAF B725/1 Nr. 131, Bl. 5-7 u. Brief v. 19.04.1941. StAF B725/1 Nr. 131, Bl. 99f.; Brief Wildensteins v. 29.12.1939. StAF B725/1 Nr. 131, Bl. 43-48; Brief v. 21. Januar 1941. StAF B725/1 Nr. 131, Bl. 66; Erlass Nr. 89 559 v. 6.11.1940. StAF B725/1 Nr. 131, Bl. 116.

Monika Ryll

Kleine und Große Neugierden
Mannheimer Gartenpavillons im öffentlichen Raum

Bereits zu Beginn des 19. Jahrhunderts setzten sich im preußischen Berlin für die beiden Gartenpavillons des Schlosses Glienicke, die heute Teil der Grundstücksmauer an der Königstraße sind, die Begriffe Große Neugierde (Abb. 1) und Kleine Neugierde (Abb. 2) durch. Der Bauherr Prinz Carl, Bruder des preußischen Königs Friedrich Wilhelm IV., hatte den Hofarchitekten Karl Friedrich Schinkel beim Umbau des Schlosses auch mit den beiden Teehäuschen beauftragt.[1] Das damals schon bestehende Gartenhäuschen der Kleinen Neugierde ließ Schinkel im Jahre 1825 zu einem klassizistischen Aussichtspavillon umbauen. Zehn Jahre später errichtete Schinkel nahe der Glienicker Brücke an der Stelle, wo das Grundstück den Verlauf gen Norden nimmt, einen Rundtempel (Monopteros) mit 16 Säulen auf hohem Sockel. In beiden Gebäuden konnte der Prinz mit Familie und Gästen in gesicherter, unbeobachteter und distanzierter Position das bunte Treiben seines Volkes auf der Straße verfolgen. Dadurch erhielten die beiden Aussichtspavillons ihre Namen. Typologisch leiten sich die beiden Glienicker Gartenhäuschen von der Sepulkralarchitektur historischer Friedhöfe her.

Bereits seit dem frühen 19. Jahrhundert konnten sich Architekten und Bauherren anhand von Musterbüchern über die neuesten Entwicklungen der Gartenarchitektur informieren.[2] Auch in Mannheim finden sich derartige Aussichtspavillons als integrale Bestandteile von Zaunanlagen. Im Gegensatz zu den intimen in der Regel frei stehenden Gartenlauben[3] an der Rückseite von parzellierten Grünzonen spielten die Kleinen und Großen Neugierden an der Straße für das öffentliche Leben eine wichtige Rolle. „Sehen und nicht gesehen werden", lautete die Devise. Besonders in den kurz vor dem Ersten Weltkrieg entstandenen Villenvierteln des gehobenen Bürgertums in der Oststadt, Neuostheim und Feudenheim sind heute noch einige dieser Teehäuschen erhalten. Nach außen eher verschlossen, mitunter nur mit einem kleinen Fenster versehen, öffnen sie sich zur Villa und dem Garten hin. Hier wurde Tee gereicht und Musik gemacht. Man war privat, aber doch sehr nah am gesellschaftlichen Geschehen. Um den Blick auf diese bislang unbeachtete Mannheimer Gartenarchitektur zu lenken, sollen im Folgenden einige Kleinere und Größere Neugierden vorgestellt werden.

Rathenaustraße 19 (ehemals Charlottenstraße 19)

Die Villa entstand im Jahre 1900 im Auftrag des Ingenieurs und Druckereibesitzers Arthur Juillerat-Chasseur (Rolle/Kanton Waadt 1842 - Plainpalais/Genf 1917)[4] nach Entwürfen des Architekten Arno Möller (geb. 1868 in Gotha).[5]

Abb. 1
Berlin
Glienicker Schloss
Große Neugierde
Foto: Monika Ryll, 2018

Abb. 2 (oben)
Berlin
Glienicker Schloss
Kleine Neugierde
Foto: Monika Ryll, 2018

Abb. 3 (unten)
Mannheim
Charlottenstraße 19
(Rathenaustraße 19)
Links Wohnhaus,
Gartenpavillon zerstört
Um 1910
MARCHIVUM

Juillerat-Chasseur war mit seiner Ehefrau Amalie Emilie (Julie) Haas (Stuttgart 1850 - Eaux-Vives/ Genf 1929) und den vier Kindern im September 1886 aus dem Schweizer Kanton Waadt nach Mannheim zugezogen und mietete zunächst eine Wohnung im ersten Stock des Hauses A 4, 5.[6] Als Schwager und Nachfolger von Dr. Hermann Haas (Stuttgart 1852 - Röschenauer Höhe 1902) gab er ab 1890 den „Mannheimer General-Anzeiger" heraus, der im Katholischen Bürgerhospital in E 6, 2 seinen Sitz hatte.[7] Auf den Verleger Dr. Hermann Haas, der seit 1885 die Druckerei im Katholischen Bürgerhospital gepachtet hatte,[8] gehen die Anfänge der „Dr. Haas'schen Buchdruckerei" zurück. Später übernahm die Mediengruppe „Dr. Haas GmbH", zu der heute unter anderem auch der Mannheimer-Morgen-Konzern gehört, den Firmennamen.[9] Das Ehepaar Juillerat-Chasseur verkaufte die im historisierenden Stil errichtete Villa schon 1902 an den Direktor der Zellstofffabrik Waldhof Wilhelm Lenz (Schopfheim 1852 - Leutershausen 1932)[10] und verzog im gleichen Jahr in die Schweiz, zunächst nach Bex/Kanton Waadt und Anfang 1903 nach Zürich.[11]

Die Straßenecke Rathenaustraße/Lachnerstraße war städtebaulich durch einen heute leider nicht mehr existierenden, architektonisch sehr qualitätsvollen Aussichtspavillon im Jugendstil markiert (Abb. 3). Das gebrochene barockisierende Kupferdach wurde mittig durch eine große Kugel bekrönt. Eingebunden in die steinerne Einfriedigung mit Bossenquadern und Sandsteinbalustern konnte man durch die großen ins Dach reichenden Fenster den Baufortschritt der nahen Christuskirche verfolgen. Eine berankte Pergola leitete architektonisch und funktional zur Villa über.

Am Oberen Luisenpark 8/Leibnizstraße 26-28

Die Grundstücke Am Oberen Luisenpark zwischen Otto-Beck-Straße und Fichtestraße wurden in

Monika Ryll

einem Baufluchtenplan mit einem breiten Grünstreifen zur Straße bereits 1914 parzelliert.[12] Der Erste Weltkrieg und die unmittelbare Nachkriegszeit verhinderten zunächst eine Realisierung der Bebauung. Erst 1924 wurde auf dem Anwesen Am Oberen Luisenpark 8/Leibnizstraße 26-28 ein Neubau errichtet – möglicherweise nach Plänen des damaligen Grundstückseigentümers, des Architekten Heinrich Robert Dirr (geb. 1880 in Mühlhausen), der damals sein Büro in P 3, 14 hatte. Schon 1925 ging die Liegenschaft in den Besitz der Hugo Stinnes GmbH über. Mieter war der Regierungsrat a.D. Dr. Richard Braendle.[13] Das Doppelhaus erlitt während des Zweiten Weltkriegs erhebliche Schäden; 1949 wurde die weniger zerstörte Haushälfte in der Leibnizstraße 28 für den bekannten Autohändler Ernst Islinger hergestellt, 1965 in gestalterischer Angleichung die zweite Haushälfte für den Bankdirektor Friedrich Schmid.[14]

Das Gartenhäuschen aus hellem Sandstein (Abb. 4) gehört eigentumsmäßig zum Anwesen Am Oberen Luisenpark 8/Leibnizstraße 26. Es rundet mit seinem Verlauf die Straßenecke ab. Die Fassaden des achteckigen Aussichtspavillons sind an den beiden Straßen mit Sandstein geschlossen. Zum Haus öffnet er sich mit zwei filigranen toskanischen Säulen. Eine Sandsteinmauer schließt an das Gartenhäuschen an und geht in ein schmiedeeisernes Geländer über, was den Nutzern einen Blick in den Straßenraum ermöglicht. Die geschwungene kupferbedeckte Haube des Gartenhäuschens krönt eine Spitze mit Kugel.

Abb. 4
Mannheim
Am Oberen Luisenpark 8/
Leibnizstraße 28
Gartenpavillon
Foto: Norbert Gladrow, 2018

Werderplatz (Pfarrhäuser der Christuskirche)

Der von Theophil Frey (Kissy/Sierra Leone 1845 - Bad Liebenzell 1904) und Christian Schrade (Mehrstetten 1876 - Mannheim 1964) gewonnene und ab März 1907 umgesetzte Wettbewerbsentwurf zur Christuskirche sah auch den Bau von zwei identischen Pfarrhäusern mit je einem Gartenpavillon an der Werderstraße (Abb. 5) und einem gegenüber der Tullastraße (Abb. 6) vor.[15] Beide markieren städtebaulich den Ort der privaten Rückzugsstätten, die für die beiden Pastoren der Westpfarrei und Ostpfarrei auf dem Grundstück vorgesehen waren. Beide mit abgerundeten Ecken konzipierte Gartenhäuschen sind in die Zaunanlage eingebunden. Verbindende Werkstoffe sind der Sockel aus Muschelkalk sowie Wand und Pfosten aus gelbem Sandstein. Die kirchliche Einfriedigung mit hohen Sandsteinpfosten und schmiedeeisernem Geländer kontrastiert zur städtischen Einfriedigung mit Kunststeinbalustern und steinerner Abdeckplatte. Die beiden öffentlich sichtbaren Außenwände der Gartenhäuschen an der Straße und an den Zufahrt zu den beiden Grundstücken sind mit Ausnahme eines kleinen Rundbogenfensters geschlossen, während die beiden zu den Pfarrhäusern gerichteten Seiten aus offenen hölzernen Gerüsten ähnlich einem Rankgitter bestehen. Den oberen Abschluss der kleinen Gartenarchitektur bildet ein geschwungenes schiefergedecktes Mansarddach. Hier konnten die Pfarrer der Christuskirche sich trotz des allseits gut wahrnehmbaren Werderplatzes mit Familie oder Gästen bei schönem Wetter zurückziehen und dem Treiben auf der Straße zusehen, ohne von den Gemeindemitgliedern kontaktiert zu werden.

Abb. 5 (oben)
Mannheim, Werderplatz
Pfarrhaus der Christuskirche, Gartenpavillon an der Tullastraße

Fotos: Norbert Gladrow, 2018

Abb. 6 (unten)
Mannheim, Werderplatz
Pfarrhaus der Christuskirche, Gartenpavillon an der Werderstraße

Paul-Martin-Ufer 31 (ehemals Neckar-promenade 31)

An der Neckarpromenade in Neuostheim errichtete der bekannte Mannheimer Villenbauer Wilhelm Fucke-Michels (Mannheim 1861 - Heidelberg 1943) ab 1913 sein eigenes Wohngebäude mit Mansarddach im Landhausstil. Auf Fucke-Michels geht auch der städtebauliche Entwurf für den Villenvorort zurück. Sein Sohn Walther (Mannheim 1889 - Heidelberg 1962), der als Rechtspraktikant auch einige Zeit in der Villa lebte, wurde durch die Ehe mit Ilse Braun (München 1909 - ebd. 1979) angeheirateter Schwager von Adolf Hitler.[16] Schon 1920 verkaufte Wilhelm Fucke-Michels das Anwesen an den Oberingenieur Wilhelm Helfferich und verzog in die Richard-Wagner-Straße 18, wo auch seine Baufirma ihren Sitz hatte.

In die Zaunanlage mit verputztem Sockel, Pfosten und hölzernen Stäben ist ein Aussichtspavillon mit flachem Walmdach aus Zinkblech integriert (Abb. 7). Zum Paul-Martin-Ufer mit einer verputzten hohen Wand verschlossen, weitet er sich zu den anderen drei Seiten, die hinter dem Lattenzaun einen verstohlenen Blick auf die Flaniermeile am Neckar, aber auch auf die Züge der Oberrheinischen Eisenbahngesellschaft ermöglichen. Als architektonische Auflockerung ordnete der Architekt im oberen Bereich der Fassade zwischen den Eckpfosten ein Band aus gekreuzten hölzernen Stäben an. Die Sparrenköpfe über den Lisenen sind mit Schnitzwerk gestaltet. Die hölzerne Pergola, die auf Kunststeinstützen ruht, weist ähnlich bearbeitete Sparrenköpfe auf und führt durch den Teepavillon hindurch zum Nachbargrundstück Paul-Martin-Ufer 30, das das erste in Neuostheim bebaute Grundstück war.[17] Es gehörte dem Hofhufschmied Heinrich Brohm, dem der Betrieb in seiner Schmiedewerkstätte und der Hofbeschlagschule im Quadrat H 2 zu laut geworden war und der 1911 für sich und seine Familie in der „Gartenstadt" Neuostheim einen Ort der Ruhe und Erholung fand.

Hauptstraße 156

Bei der Eingemeindung Feudenheims nach Mannheim im Jahre 1910 wurden die westlichen Gebiete zügig als neue Baugrundstücke für Villen erschlossen. Der Ort war seit 1883 verkehrstechnisch durch eine Dampfeisenbahn, die 1914 durch die elektrische Straßenbahn ersetzt wurde, an die Quadratestadt angebunden. Am Ortsausgang Richtung Mannheim ließ der Verwaltungsdirektor Rudolf Armbruster (Hardheim 1883 - Mannheim 1956) im Jahre 1926 einen freistehenden eingeschossigen Putzbau mit Mansarddach im neobarocken Stil errichten. Nach seiner Zurruhesetzung zog Armbruster im Jahre 1940 nach Freiburg.[18] Eigentümer des Anwesens wurde nun die Heeresstandortverwaltung Mannheim, Bewohner der Major Alfred Oberembt, der vermutlich in der nahen, ab 1937 das Pionier Bataillon 33 beherbergenden Kaserne (später Spinelli-Barracks) stationiert war. Nach dem Zweiten Weltkrieg übernahm die Bundesvermögensverwaltung das Grundstück und verkaufte es im Jahre 2004 an Privatleute.

Die Kubatur des Wohnhauses wiederholt sich im kleinen Teepavillon an der Straße (Abb. 8), der wie dieses einen quadratischen Grundriss mit Mansarddach aufweist. Die Putzfassaden und die Biberschwanzdeckung des Daches haben dieselbe Materialität wie der Hauptbau. Der Gartenpavillon steht als Teil der straßenseitigen Einfriedigung an der Grundstücksgrenze zum Nachbaranwesen Hauptstraße 154. Die hölzernen Latten des Zauns wurden 2005 durch verzinkte pulverbeschichtete Metallstäbe ersetzt. Die Fassade des Gartenhäuschens ist an der Gehwegseite nur im oberen Bereich durch eine Segmentbogenöffnung, die mit einem fächerförmigen Gitter verziert ist, durchbrochen. Ansonsten ist sie wie die Außenwand zum Nachbargrundstück geschlossen. Die beiden anderen Seiten öffnen sich zum Wohnhaus mit einem breiten Zugang und zum Vorgarten mit einem segmentbogigen Panoramafenster. In versteckter Position konnte man durch letzteres das bunte Treiben der viel befahrenen Verkehrsstraße mit den Kraftfahrzeugen, Straßenbahnen und Pferdefuhrwerken beobachten.

Nadlerstraße 10

In einer Querstraße der Feudenheimer Hauptstraße errichtete der damalige Grundstückseigentümer, der bekannte Architekt August Langheinrich (Karlsruhe 1861 - Mannheim 1937) im Jahre 1910 vermutlich nach eigenen Entwürfen eine zweigeschossige Villa. Langheinrich führte um 1900 ein vielbeschäftigtes Architekturbüro in der Hebelstraße 5 in Mannheim, wo er auch wohnte.[19] Seine im Stil des idyllischen Landhauses oftmals mit Zierfachwerk in malerischer Wirkung konzipierten Gebäude „lassen ein echt deutsches Gemüt erkennen (und) atmen behagliches Wohnen"[20]. Schon

Abb. 7
Mannheim
Paul-Martin-Ufer 31
Wohnhaus mit Gartenpavillon
Foto: Norbert Gladrow, 2019

Abb. 8 (oben)
Mannheim
Hauptstraße 156
Wohnhaus mit Gartenpavillon

Fotos: Norbert Gladrow, 2018

Abb. 9 (unten)
Mannheim
Nadlerstraße 10
Wohnhaus mit Gartenpavillon

kurz nach dem Ersten Weltkrieg wurde das Feudenheimer Landhaus veräußert.

Der zweigeschossige Putzbau mit roter Sandsteingliederung und gebrochenem Dach wird zur Straße von einer Einfriedigung aus roten Sandsteinbossenquadern umgrenzt. Der Sockel geht mit einer Abschrägung unmittelbar in das Gartenhäuschen an der Grundstücksgrenze zur Nadlerstraße 12 über (Abb. 9). Die Fassaden des Aussichtspavillons sind ebenfalls mit rustizierten Sandsteinquadern in unregelmäßigem Verband gemauert. Der Giebel zum Nachbargrundstück wurde wie ein überstehender Brandgiebel behandelt. Das Dach ist abgewalmt und mit grün glasierten Biberschwanzziegeln belegt. Große dreiflüglige Fenster zur Straße und zum Grundstück stellen aus erhöhter Position einen Sichtbezug zum Straßenraum her. An der Grundstücksgrenze zur Nadlerstraße 12 ist das Gewände eines mit Sandstein zugemauerten kleinen Rundbogenfensters zu erkennen. Hier hat der Nachbar vermutlich einer zu großen Neugierde Einhalt geboten und auf seine Privatsphäre insistiert.

Schützenstraße 18-20/Körnerstraße 46

Das Grundstück, das sich in einer weiteren Querstraße der Feudenheimer Hauptstraße befindet, war nach dem Ersten Weltkrieg lange als Bauplatz ausgewiesen. Der damalige Eigentümer, der Rechtsanwalt Dr. Fr. Bing, hatte seine Kanzlei in B 2, 10 und wohnte in B 7, 18. Er kaufte das Anwesen 1921 und legte hier einen Garten an,[21] um vermutlich nach einem langen Arbeitstag vom hektischen Stadtleben im Grünen Entspannung und Erholung zu suchen. Möglicherweise entstand

Abb. 10
Mannheim
Schützenstraße 18-20/
Körnerstraße 46
Gartenpavillon
Foto: Norbert Gladrow, 2018

bereits durch ihn während der Zwanziger Jahre in der Gartenanlage das Gartenhäuschen unabhängig von einem Wohngebäude. Erst nach Verkauf des Grundstücks um 1934 ließ der neue Eigentümer, der Zahnarzt Dr. Maximilian Kausch, der als Privatier seine letzten Lebensjahre in Feudenheim verbrachte, hier ein Wohnhaus errichten.

Als städtebaulicher Akzent weist die Straßenkreuzung einen quadratischen, dreiseitig geschlossenen Aussichtspavillon mit Zeltdach auf (Abb. 10). Die beiden Putzfassaden zu den beiden Straßen sind jeweils nur mit einem gesprossten Oculusfenster verziert. Ein weiteres größeres Fenster ermöglicht an der Gartenseite den Blick auf die Körnerstraße, die Seite zum Wohnhaus ist offen. Das Dach ist mit engobierten Biberschwanzziegeln gedeckt. Die Spitze trägt eine kupferne Wetterfahne in Form eines Segelschiffes.

1 Susanne Fontaine: Schloss und Park Glienicke, Berlin 2011, S. 24-27; Christiane Seegers-Glocke: Zur Wiederherstellung der Großen Neugierde im Schlosspark zu Klein-Glienicke, in: Schlösser und Gärten Berlin, Festschrift für Martin Sperlich zum 60. Geburtstag 1979, Tübingen 1980, S. 131-144.

2 Marius Wölfer: Sammlung von auserlesenen und ausführbaren architectonischen Garten-Verzierungen: enthaltend verschiedene Lust- und Gartenhäuser, Tempel etc, Gotha 1826, Reproduktion Heidelberg 2005; Ernst Levy: Die Garten-Anlagen bei der städtischen Villa. Practische Anleitung und Entwürfe zur Anlage moderner und geschmackvoller Hausgärten, Teppichgärten, Gartenhäuser etc, Berlin 1874; Jonas Mylius, Heinrich Wagner, Eduard Schmitt, Josef Durm, Robert Reinhardt: Baulichkeiten für Cur- und Badeorte: Baulichkeiten für den Sport, Panorama, Musikzelte, Stibadien und Exedren, Pergolen und Veranden, Gartenhäuser, Kioske und Pavillons, Darmstadt 1894 (2. Aufl.); Karl Bogler: Gartenhäuser und ihre verständnisvolle Einfügung in den Garten, Leipzig 1912.

3 Eine einmalige Sammlung historischer Gartenlauben ist heute im Botanischen Obstgarten in Heilbronn aufgestellt. Weitere zahlreiche Gartenpavillons aus dem 18. und 19. Jahrhundert sind auch in der Umgebung des Eichelhofschlösschens in Wertheim erhalten, vgl. hierzu Judith Breuer: Am Mainufer von Wertheim. Ein barockes Gartenhäuschen ist restauriert, in: Denkmalpflege in

Baden-Württemberg 2013, H. 4, S. 258-259.

4 Service de la Population Moudon/Kanton de Vaud, Secteur administratif de l'état civil, Schreiben vom 7.1.2019; Archives de la ville de Genève, Mitteilung vom 25.1.2019.

5 Das Mannheimer Adressbuch 1900, S. 856 weist das Grundstück bereits mit einem Neubau im Besitz des Buchdruckereibesitzers Arthur Juillerat-Chasseur aus und gemäß Adressbuch 1901, S. 111 war die Villa durch das Ehepaar Juillerat-Chasseur bezogen. Die Erwähnung in: Mannheim und seine Bauten, Mannheim 1906, S. 318, 332-333 mit dem angegebenen Baujahr 1903 ist somit etwas ungenau. Der Architekt der Villa, Arno Möller, der später nach Berlin verzog, schuf 1901-1902 mit den beiden Mietswohnhäusern in der Stresemannstraße 8 und 10 (damals Prinz-Wilhelm-Straße 8 und 10) „in jeder Beziehung rationelle Herrschaftswohnungen [...], die den modernen Ansprüchen an das Wohnen im weitgehendsten Maße genügen und möglichst die Annehmlichkeiten des Wohnens im Einfamilienhaus erfüllen," vgl. Mannheim und seine Bauten (wie oben), S. 290. Auch die im Zweiten Weltkrieg zerstörte Villa Fasig in der Werderstraße 34 stammte von Möller, ebd. S. 325, 330.

6 MARCHIVUM, Familienbogen Arthur Juillerat-Chasseur; StadtA Stuttgart Familienregisterauszug Juillerat-Chasseur/Haas.

7 Gustaf Jacob: Zweihundert Jahre Katholisches Bürgerhospital Mannheim, in: Mannheimer Hefte 1975, H. 2, S. 96. Dr. Hermann Haas war am 13.7.1885 von Weinheim nach Mannheim zugezogen (die Familie blieb in Weinheim zurück) und meldete sich gemäß Familienbogen am 1.9.1890 nach Italien ab.

8 MARCHIVUM Zug. 5/1964, Nr. 5: Die Einschätzungsverzeichnisse des Grundstücks E 6, 2 für den Bürgermeister Dr. Hermann Haas von Weinheim am 20.5.1885 und 30.7.1892 sowie für den Buchdruckereibesitzer Arthur Juillerat-Chasseur vom 15.1.1897 geben einen Wert der Liegenschaft (Grund und Boden sowie Bebauung) von 90.000 Mark bzw. 100.000 Mark an.

9 MARCHIVUM ZGS S 1/1190, siehe auch: www.udo-leuschner.de/zeitungsgeschichte/mm.

10 MARCHIVUM Meldekarte Wilhelm Lenz; Standesamt Gemeinde Hirschberg (freundliche Auskunft vom 16.11.2018).

11 StadtA Zürich, Registerkarte der Einwohnerkontrolle V.E.c.100 (freundliche Auskunft vom 15.11.2018). Die beiden offenbar kunstaffinen Töchter Marie (geb. 1874) und Bertha (1874-1939) lebten zur Zeit des Umzugs ihrer Eltern nicht mehr in Mannheim. Marie ehelichte 1891 den bekannten Kapellmeister Felix Weingartner, Bertha 1892 zunächst den Kunstmaler Edgar Meyer und 1899 den Hofkapellmeister Emil Nikolaus von Reznicek. Der in den Mannheimer Meldeunterlagen angegebene letzte Aufenthalt von Arthur Juillerat-Chasseur in Basel-Stadt konnte durch die betreffende Aufenthaltskontrolle in Basel nicht bestätigt werden (freundliche Mitteilung des Staatsarchivs Basel vom 22.11.2018). 1905 ist das Ehepaar Juillerat-Chasseur wieder nach Deutschland zurückgekehrt, der neue Aufenthaltsort jedoch unbekannt.

12 MARCHIVUM Zug. 25/1980 Nr. 717.

13 MARCHIVUM, Adressbuch 1924, S. 678 und 1925, S. 78 sowie S. 701.

14 MARCHIVUM, Wiederaufbauakten Zug. K 5/1975 Nr. 11056 und Zug. R 5/1975 Nr. 2052.

15 Ein detaillierter Lageplan ist abgebildet in: Christuskirche Mannheim, Mannheim 1911, S. 6. Zum Gotteshaus vgl. : Rudolf Günther/ Kurt F. Müller: Festschrift 75 Jahre Christuskirche Mannheim 1911-1986, Mannheim 1986; Andreas Schenk, in: Mannheim und seine Bauten, Bd. 3, Mannheim 2002, S. 74ff.; Andreas Schenk/Thomas Schlage/Udo Wennemuth: Die Christuskirche in Mannheim. Bauwerk – Gemeinde – Kirchenmusik, Ubstadt-Weiher 2011; Inge Buttmi: Die Christuskirche in Mannheim: Kirchenbau nach dem Wiesbadener Programm, Diss. Heidelberg 2012.

16 Monika Ryll: Der Mannheimer Walther Fucke-Michels: Spross einer Baumeisterfamilie, Schwager Adolf Hitlers und Kunsträuber im Dritten Reich, in: Mannheimer Geschichtsblätter 31.2016, S. 78ff.; hier auch weitere biographische Angaben zu Wilhelm Fucke-Michels.

17 MARCHIVUM ZGS S1/1161 (Heinrich Brohm).

18 MARCHIVUM, Meldekarte Rudolf Armbruster.

19 Von den von Langheinrich geplanten Gebäuden stehen heute noch das Wohnhaus Hebelstraße 5, die Villa Kolpingstraße 1 sowie die ehemalige Turnhalle des TSV 1846 – heute umgebaut und umbenannt zum sogenannten Palais Langheinrich. Andere Bauten wie z.B. der Altbau der Ortskrankenkasse am Friedrichsring, das Geschäftshaus Kühne & Aulbach in Q 1, 2, die Wohnhäuser Elisabethstraße 3, Hebelstraße 17 und Lameystraße 14 zählen zu den Kriegsverlusten, vgl. Mannheim und seine Bauten, wie Anm. 4, S. 94, 210, 243, 283, 284, 285, 292, 322. Zur TSV-Sporthalle vgl. auch Andreas Schenk: Mannheim und seine Bauten 1907-2007, Bd. 4, Mannheim 2004, S. 155 sowie MARCHIVUM Zug. 7/1982 Nr. 80 (Vertrag zwischen dem TSV und dem Architekten August Langheinrich über die Planfertigung und Bauleitung des zu errichtenden Vereinshauses an der Ecke Prinz-Wilhelm- und Charlottenstraße 1901).

20 Mannheim und seine Bauten, wie Anm. 5, S. 316.

21 Adressbücher 1928-1933.

Harald Stockert

Die Einführung des Führerscheins in Mannheim

Neue Quellen im MARCHIVUM

Der Tagelöhner August Bauer war der erste Mannheimer, der einen Führerschein erhielt. Nach abgelegter Prüfung beim Ingenieur Roederer am Vortag wurde seine Fahrerlaubnis am 26. April 1910 in einer neu angelegten Liste der Stadtverwaltung Mannheim eingetragen. Der erste offizielle Mannheimer Führerschein der Klasse 3a galt dabei nur für Elektroautos mit einer maximalen Leistung von 10 PS. Dies erwies sich für Bauer bald als zu große Einschränkung, sodass er wenige Monate später seinen Führerschein erweitern ließ auf Benziner mit einer Leistung von mehr als 10 PS. Offensichtlich lohnte sich dieser Schritt. Der Tagelöhner, der 1908 aus Tauberbischofsheim in die Quadratestadt gezogen war, fungierte ausweislich seiner Meldekarte fortan als Chauffeur. 1911 heiratete er und zog mit seiner Frau in die Schwetzinger Vorstadt.

In seiner Führerscheinprüfung hatte er einen mündlichen wie auch praktischen Teil absolvieren müssen. Bei ersterem musste vor allem der Nachweis erbracht werden, die Betriebsfähigkeit eines Fahrzeugs einschätzen und etwa bei Feuergefahr richtig reagieren zu können. Im praktischen Teil stand hingegen die Fahrfähigkeit im Mittelpunkt mit Brems- und Wendemanövern sowie einer mindestens einstündigen Fahrt durch belebtere Verkehrsstraßen in Begleitung eines Sachverständigen. Dies alles wurde von August Bauer erfolgreich absolviert, sodass er bei der Ortspolizeibehörde auf dem Rathaus seinen Führerschein mit Lichtbild entgegen nehmen konnte.

Dieses Verfahren war in dieser Form neu. Es fußte auf einer Verordnung des Bundesrats vom 3. Februar 1910, in der dieses das „Reichsgesetz über den Verkehr mit Kraftfahrzeugen" (Abb. 1) vollzog. Auf diese Weise wurden erstmals für das gesamte Deutsche Reich der Straßenverkehr mit Kraftfahrzeugen und die zugehörigen Haftpflichtfragen einheitlich geregelt sowie verbindlich für alle Fahrzeugführer die Absolvierung einer Führerscheinprüfung vorgeschrieben.[1] In Konsequenz dieser Bestimmungen war fortan das Bürgermeisteramt Mannheim als Ortspolizeibehörde für die Erteilung der Führerscheine zuständig. Die 2018 an das MARCHIVUM gelangten, bis 1910 zurück reichenden Führerscheinlisten sind Ausweis dieser Tätigkeit.

Verkehrsverhältnisse vor 1910

Eine einheitliche Regelung der Verkehrsverhältnisse war 1910 längst überfällig geworden. Zwar hinkte das Deutsche Reich hinsichtlich der Motorisierung hinter anderen Ländern wie den USA, Großbritannien und Frankreich her, doch auch hier hatte sich das Straßenbild im ersten Jahrzehnt des neuen Jahrhunderts deutlich geändert.[2] Allein zwischen 1902 und 1910 erhöhte sich die Zahl der Autos um das Zehnfache auf knapp 50.000.

Abb. 1
Reichs-Gesetzblatt
1910
MARCHIVUM

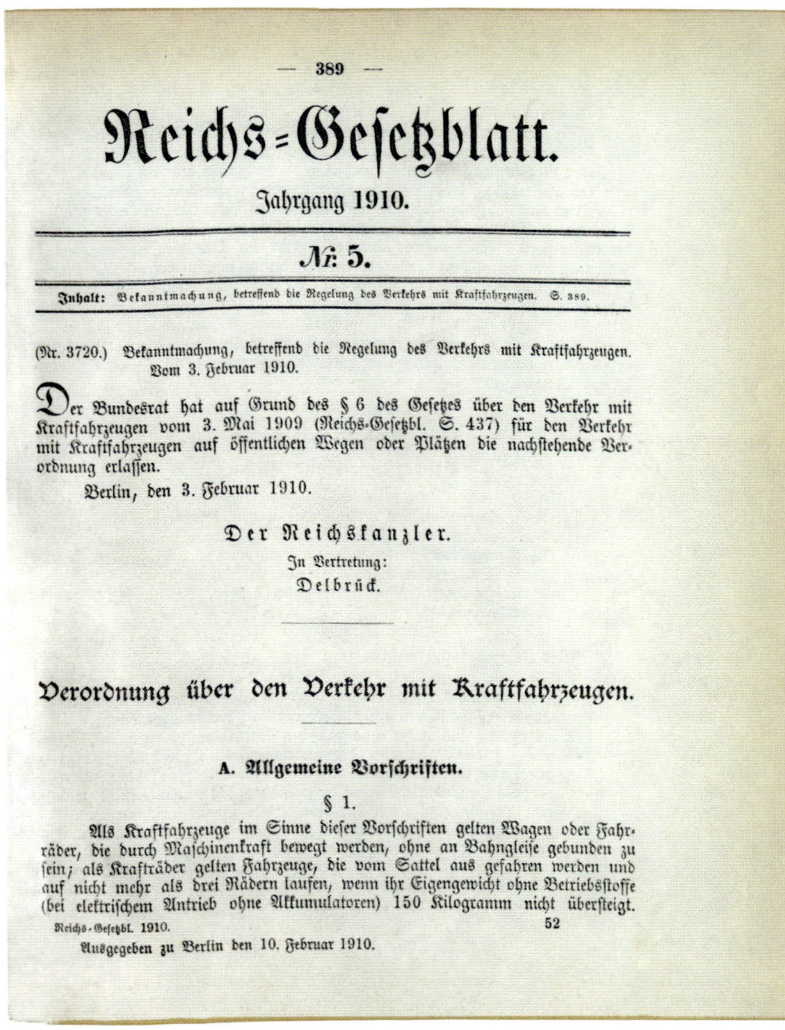

— 389 —

Reichs-Gesetzblatt.

Jahrgang 1910.

№ 5.

Inhalt: Bekanntmachung, betreffend die Regelung des Verkehrs mit Kraftfahrzeugen. S. 389.

(Nr. 3720.) Bekanntmachung, betreffend die Regelung des Verkehrs mit Kraftfahrzeugen. Vom 3. Februar 1910.

Der Bundesrat hat auf Grund des § 6 des Gesetzes über den Verkehr mit Kraftfahrzeugen vom 3. Mai 1909 (Reichs-Gesetzbl. S. 437) für den Verkehr mit Kraftfahrzeugen auf öffentlichen Wegen oder Plätzen die nachstehende Verordnung erlassen.

Berlin, den 3. Februar 1910.

Der Reichskanzler.
In Vertretung:
Delbrück.

Verordnung über den Verkehr mit Kraftfahrzeugen.

A. Allgemeine Vorschriften.

§ 1.

Als Kraftfahrzeuge im Sinne dieser Vorschriften gelten Wagen oder Fahrräder, die durch Maschinenkraft bewegt werden, ohne an Bahngleise gebunden zu sein; als Krafträder gelten Fahrzeuge, die vom Sattel aus gefahren werden und auf nicht mehr als drei Rädern laufen, wenn ihr Eigengewicht ohne Betriebsstoffe (bei elektrischem Antrieb ohne Akkumulatoren) 150 Kilogramm nicht übersteigt.

Reichs-Gesetzbl. 1910. 52

Ausgegeben zu Berlin den 10. Februar 1910.

In Mannheim, der Stadt, in der Carl Benz 1886 das Auto erfunden hatte, waren 1913 insgesamt 561 Fahrzeuge zugelassen, es war damit die autoreichste Stadt im Großherzogtum Baden.[3]

Allerdings wurde der Verkehr lange Zeit noch mit lokalen und regionalen Verordnungen geregelt, die im Wesentlichen Pferdefuhrwerke im Blick hatten. So galten in Preußen bis Ende des 19. Jahrhunderts immer noch die Bestimmungen des Allgemeinen Landrechts von 1794, denen zufolge etwa schwerere und schnellere Fuhrwerke von leichteren Fahrzeugen Anhalten und Ausweichen verlangen konnten. Dies galt insbesondere für Bergabfahrten. Es ist leicht nachvollziehbar, dass angesichts der ständig steigenden PS-Stärken der motorisierten Fahrzeuge Regelungen dieser Art zu Konflikten führen mussten. Mit der rechtlichen Einschätzung der neuen Verkehrsteilnehmer taten sich die behördlichen Autoritäten sehr schwer. Vergleichsweise früh geklärt war die Hoheit der Ortspolizeibehörden über die Zulassung der Fahrzeuge zum Straßenverkehr. So erlaubte das Badische Bezirksamt Mannheim im Sommer 1888 Carl Benz, seinen Patent-Motorwagen für Fahrten auf der örtlichen Gemarkung zu testen. Dieses Dokument wird in der Öffentlichkeit fälschlicherweise als erster Führerschein der Welt bezeichnet, faktisch war es jedoch die Zulassung des neuen Gefährts.[4] Denn personenbezogene Führerscheine, mit denen eine Person ihre Fahrfähigkeit nachweisen konnte, gab es ebensowenig wie einheitliche Vorgaben für den nunmehr auch motorisierten Straßenverkehr.

Denn es waren die Länder im Deutschen Reich sowie die Kommunen, die verantwortlich für die Regelung des Verkehrs zeichneten. 1901 erließ Baden eine „Verordnung den Verkehr mit Motorfahrzeugen auf öffentlichen Wegen und Plätzen betreffend", worin der Gesetzgeber die neuen Verkehrsteilnehmer (Abb. 2) erstmals berücksichtigte.[5] Bis dahin hatte ausschließlich die Straßenpolizei-Ordnung von 1882 gegolten, die lediglich Pferde und Fuhrwerke als Verkehrsteilnehmer vorsah. Die neue Verordnung stellte nun technische Mindestanforderungen an die „sich nicht auf Bahngleisen bewegenden [...] und durch Dampf-, Elektrizitäts-, Benzin-, Petroleum- und dergleichen Motoren getriebenen Fahrzeuge" wie eine „kräftige Lenkeinrichtung", Bremsen, „hellbrennende Laternen" sowie eine „Huppe zum Abgeben von Warnungszeichen". Vor Inbetriebnahme musste das Fahrzeug beim zuständigen Bezirksamt angemeldet werden; das Fahrzeug selbst war lesbar zu kennzeichnen mit dem Namen und dem Wohnort des Besitzers. Der Fahrer musste sich mit dem Fahrzeug auskennen, er hatte „zuverlässig" und mindestens 16 Jahre alt zu sein. Auch hinsichtlich der Höchstgeschwindigkeit wurden erstmals konkrete Vorgaben gemacht. Fortan galten 12 km/h innerorts und 30 km/h außerorts, „auf freier Bahn".

Abb. 2
Automobilausflug des Mannheimer Fotografen Tillmann-Matters
Um 1900
MARCHIVUM

Schon in diesen wenigen Punkten unterschieden sich die badischen Vorgaben von denen anderer Länder und Bezirke des Reichs.[6] In Berlin etwa galten ein Mindestalter des Fahrers von 18 Jahren und andere Höchstgeschwindigkeiten wie innerorts 15 km/h. Außerdem setzte die Hauptstadt als erste auf eine Nummernkennzeichnung der Fahrzeuge. Eine solche gab es bald auch in anderen preußischen Bezirken sowie in Sachsen, Hessen und Mecklenburg. Bayern mit der bayerischen Pfalz hingegen verzichtete auf eine Nummerierung, stellte jedoch den größeren Städten frei, eine solche einzuführen. Auch in Preußen galten zuweilen unterschiedliche Regeln, hier konnten die Landräte entscheiden, ob sie etwa vom Fahrer selbst einen Befähigungsnachweis forderten oder nicht. Insgesamt gab es im Reich Anfang des 20. Jahrhunderts rund 30 unterschiedliche Verkehrsordnungen. Diese Heterogenität konnte etwa dazu führen, dass ein Fahrer auf dem Weg von Mannheim nach Darmstadt zumindest in der Theorie beim zuständigen hessischen Bezirksamt wegen seines fehlenden Nummernschildes um einen Erlaubnisschein nachsuchen musste. Praktisch gab es daher immer wieder Konflikte zwischen lokalen Behörden einerseits und den grenzüberquerenden Autofahrern andererseits, die vermutlich zumeist nicht wussten, welche Regeln gerade galten.

Ein politisch sehr umstrittenes Thema war zudem die Frage der Haftung bei Unfällen.[7] Mangels einer Spezialgesetzgebung griffen hier die Bestimmungen des BGB, wonach der Geschädigte seinen Schaden selbst nachweisen musste, um eine Entschädigung vom Autobesitzer zu bekommen. Ein zusätzliches Problem stellte die Tatsache dar, dass ein Großteil der Motorwagen von Chauffeuren gefahren wurde. Im Schadensfalle musste der Autobesitzer lediglich glaubhaft machen, bei der Auswahl seines Chauffeurs sehr sorgfältig vorgegangen zu sein, um aus der Haftung zu kommen. Dem Geschädigten blieb dann nichts anderes übrig, als zu versuchen, den Chauffeur in Haftung zu nehmen. Doch bei dieser Berufsgruppe dürfte in den wenigsten Fällen etwas zu holen gewesen sein, waren sie doch zumeist eher arme Leute – wie auch das Beispiel des ersten Mannheimer Führerscheininhabers, des Tagelöhners August Becker, zeigt.

Dass die Haftungsfrage nicht nur ein theoretisches Problem war, zeigt der Blick auf die Unfallstatistik. Allein zwischen dem 1. Oktober 1906 und dem 30. September 1907 verzeichnete diese reichsweit 4.864 Unfälle mit 2.419 Verletzten und 145 Toten – und dies bei gerade einmal 27.000 zugelassenen Fahrzeugen. 75 Prozent der Todesopfer waren unbeteiligte Dritte.[8] Hochgerechnet auf die Bundesrepublik mit 63,7 Millionen Fahrzeugen im Jahr 2018 würde dies über elf Millionen Unfälle mit mehr als 300.000 Todesopfern bedeuten. Die Gefahren des motorisierten Verkehrs gerieten angesichts dieser Entwicklung zu einem politischen Thema, zumal sich die Hälfte der Unfälle in der Reichshauptstadt ereignete. Die Hauptursachen der Unfälle waren meist zu hohe Geschwindigkeit, aber auch unsachgemäße Bedienung des Fahrzeuges durch den Fahrer. Dessen Befähigung stand neben der Haftungsfrage bald im Fokus der Diskussion. Zwar gab es seit 1906 die Vorschrift, dass die Fahrer eine behördliche Fahrerlaubnis vorzulegen hatten. Doch Voraussetzung hierfür war ein guter sittlicher und charakterlicher Lebenswandel und im Regelfall eben kein Nachweis der tatsächlichen Fahrfähigkeiten. Immerhin gab es bereits Fahrschulen – doch diese waren privater Natur und eine Teilnahme an ihren Kursen freiwillig. Hier stand vor allem der Theorieunterricht von Schönschreiben bis Elektrizitätslehre im Vordergrund – bei der praktischen Ausbildung genügte es jedoch, „wenn der Autofahrer im Hof eines Polizeipräsidiums ein paarmal hin und her fuhr".[9] Kein Wunder, dass sich zahlreiche Autodidakten für den Beruf des Chauffeurs interessierten und so – fachlich häufig nicht hinreichend ausgebildet – ins Verkehrsgeschehen eingriffen.

Erst 1909, nach Jahren intensiver öffentlicher Diskussion sowie unermüdlicher Lobbyarbeit der Automobilclubs wie -industrie, beschloss der Reichstag das oben erwähnte „Gesetz über den Verkehr mit Kraftfahrzeugen". Über den Bundesrat 1910 in Kraft gesetzt, bildete es das Fundament für eine einheitliche Straßenverkehrsgesetzgebung in Deutschland. Anforderungen an die Fahrzeuge, Verkehrsregeln, die Halterhaftung und nicht zuletzt die Frage der Befähigung der Fahrer wurden nunmehr einheitlich geregelt. So galt künftig etwa eine Höchstgeschwindigkeit innerorts von 15 km/h, während eine Beschränkung für die Straßen außerorts nicht vorgesehen war – die Geburtsstunde einer nationalen Besonderheit, die sich für viele zum individuellen Freiheitssymbol entwickelte und heute immer noch die Gemüter erhitzt. Eine Prüfung durch einen staatlicherseits ernannten Sachverständigen oder Fahrlehrer war fortan verbindlich. Diese umfasste neben einem theoretischen vor allem einen umfangreichen praktischen Teil, in dem die Fahrfähigkeit auch unter realen Verkehrsbedingungen nachgewiesen werden musste. Mit der „Verordnung den Verkehr mit Kraftfahrzeugen betreffend" des Badischen Staatsministeriums vom 22. März 1910 wurden im Großherzogtum die Zuständigkeiten geklärt[10]. Die vorgefertigten Muster für die Erfassung der Führerscheine wurden nun ebenso nach Mannheim geschickt wie die für die Führerscheine, deren erster der oben genannte August Becker erhielt.

Die Mannheimer Führerscheinbücher

Über die Führerscheinstelle in den Bürgerdiensten Mannheim gelangten 2018 insgesamt 22 Faszikel historischer Führerscheinlisten an das MARCHIVUM. Diese gehen bis ins Jahr 1910 zurück und reichen fast kontinuierlich bis in die 1960er Jahre. Lediglich die Tabellen von Mitte 1927 bis 1935 sind nicht überliefert. Diese allgemeinen Listen werden ergänzt durch einige Sonderlisten, etwa zur Zulassung von Polizeifahrzeugen oder zu Dienstführerscheinen für Beschäftigte bei der Stadt Mannheim. Die Unterlagen wurden im Laufe des Jahres 2018 fachgerecht verpackt, verzeichnet und als Zugang 4/2018 in die Archivdatenbank des MARCHIVUM eingespielt (Abb. 3).

Die „Anweisung über die Prüfung der Führer von Kraftfahrzeugen", die aus dem Reichsgesetz hervorging, unterteilte die Fahrzeuge in mehrere Klassen: 1) Krafträder, 2) Kraftwagen mit einem Gesamtgewicht über 2,5 Tonnen, 3a) Kraftwagen mit einem Gesamtgewicht von unter 2,5 Tonnen und einer Leistung von unter 10 PS sowie 3b) Kraftwagen mit einem Gesamtgewicht von unter 2,5 Tonnen und einer Leistung von über 10 PS. Entsprechend wurden in den ersten Jahrzehnten auch zweierlei Listen, zum einen für die Klasse 1, zum anderen für die Klassen 2, 3a und 3b geführt. Die Tabellen umfassten die Felder Name, Wohnort, Geburtsort und Geburtsdatum des Fahrers, Tag der Prüfung und Name des Prüfers, die Fahrzeugklasse, die Betriebsart des Motors (Elektro- oder Benzinfahrzeug), das Datum der Führerscheinerteilung sowie ein Bemerkungsfeld. Im letzteren finden sich etwa Informationen über Erweiterungen von Führerscheinen – wie im Falle von August Becker – von 3a auf 3b, aber auch über den Entzug von Führerscheinen. Dies geschah in den frühen Jahren ausgesprochen selten, nur bei erwiesener „Ungeeignetheit" sah das Reichsgesetz eine solche Maßnahme dauerhaft oder auch nur zeitweise vor. Die Mannheimer Führerscheinlisten melden den ersten Entzug einer Fahrerlaubnis am 28. Januar 1914 für einen Zeitraum von vier Jahren, allerdings ohne Angabe von Gründen.

Das Formular aus dem Reichsgesetz von 1910 fand Verwendung zumindest bis ins Jahr 1927, ehe die Mannheimer Serie abbricht. Ab 1935 begnügte sich die Verwaltung mit einer einzigen handerstellten Rumpftabelle, die neben der laufenden Nummer lediglich die Namen, das Ausstellungsdatum und die Führerscheinklasse enthielt.

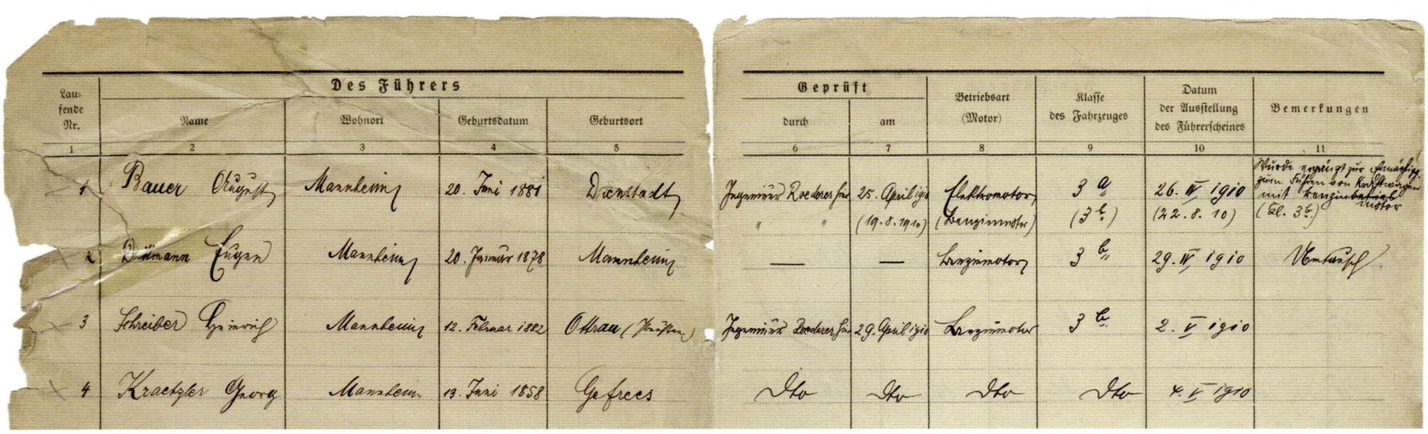

Laufende Nr.	Des Führers: Name	Wohnort	Geburtsdatum	Geburtsort	Geprüft durch	Geprüft am	Betriebsart (Motor)	Klasse des Fahrzeuges	Datum der Ausstellung des Führerscheines	Bemerkungen
1	2	3	4	5	6	7	8	9	10	11
1	Bauer August	Mannheim	20. Juni 1881	Darmstadt	Ingenieur Roederer hier " "	25. April 1910 (19.8.1910)	Elektromotor (Benzinmotor)	3a (3b)	26. IV. 1910 (22. 8. 10)	[illegible] (Kl. 3b)
2	Dümann Eugen	Mannheim	20. Januar 1878	Mannheim	—	—	Benzinmotor	3b	29. IV. 1910	Umtausch
3	Schreiber Heinrich	Mannheim	12. Februar 1882	Ottrau (Hessen)	Ingenieur Roederer hier	29. April 1910	Benzinmotor	3b	2. V. 1910	
4	Kraetzler Georg	Mannheim	13. Juni 1858	Gefrees	dto	dto	dto	dto	4. V. 1910	

Abb. 3
Führerscheinliste der Klassen 2, 3a und 3b aus dem Jahr 1910
MARCHIVUM Führerscheinliste (Ausschnitt)

Archivrechtlich gesehen handelt es sich bei den Führerscheinverzeichnissen um personenbezogene Listen. Entsprechend greifen für die Einsichtnahme wie auch Veröffentlichung die entsprechenden Schutzfristen des Landesarchivgesetzes von Baden-Württemberg mit einer Freigabe der Daten 90 Jahre nach Geburt der antragstellenden Personen. Bezogen auf die Laufzeit sind die Listen daher – unter Berücksichtigung des gesetzlichen Mindestalters der Fahrer von 18 Jahren – 72 Jahre nach ihrer Entstehung gesperrt.

Mannheimer Fahrerinnen und Fahrer

Die Führerscheintabellen bieten zahlreiche Auswertungsmöglichkeiten. Dies gilt für strukturgeschichtliche Fragestellungen in Mannheim ebenso wie für sozialgeschichtliche bis hin zu einzelbiographischen Aspekten. Einige hiervon sollen im Folgenden beispielhaft angerissen und damit ein Einblick in die Mannheimer Straßenverkehrsgeschichte der 1910er und 1920er Jahre gegeben werden.

Mit dem Tagelöhner August Becker wurde bereits der erste Mannheimer Führerscheininhaber vorgestellt. Auch bei den ihm folgenden Fahrern wie dem Schlosser Eugen Dittmann oder dem Kesselschmied Heinrich Schreiber handelt es sich um Personen, für die der Erwerb der Fahrgenehmigung berufsbedingt war. Während Schreiber fortan als Chauffeur fungierte, könnte es sich im Falle des Schlossers Dittmann auch um einen Mitarbeiter eines Automobilbetriebs handeln. Denn diese gehörten ebenfalls zu den Führerscheininhabern der ersten Stunde. Ihre Aufgabe war es unter anderem, die Kraftwagen nach der Fertigung an den Kunden zu überführen. Vor 1910 hatten sie zudem zumeist die Einweisung und somit die Funktion eines Fahrlehrers übernommen. Dies war nun, angesichts der staatlichen Regelung, nicht mehr möglich, der Überbringungsdienst der Fahrzeuge war gleichwohl nach wie vor gefragt. Entsprechend finden sich in den Führerscheinlisten vor allem Personen aus dem Arbeiter- und Handwerkermilieu, die gewissermaßen als Nachfolger der Lohnkutscher gesehen werden können.

Doch auch die Klasse der Besitzenden ist in den Listen von Anfang an präsent. Das Auto war seit der Jahrhundertwende ein soziales Prestigeobjekt, und so mancher prominente Mannheimer wollte es sich nicht nehmen lassen, selbst das Steuer zu ergreifen, anstatt hinter dem Chauffeur Platz zu nehmen. So tauchen bereits im Jahrgang 1910 der Mannheimer Liste mehrere bekannte Namen auf wie etwa der der Familie Röchling, aus der im Juni 1910 gleich mehrere Personen den Führerschein erwarben.

An erster Stelle ist hier August Röchling (1856-1937, Abb. 4) zu nennen. Der Mitinhaber des Bankhauses und Rohstoffgroßhandels „Gebrüder Röchling" in Ludwigshafen war 1888 nach Mannheim gezogen. Durch die Heirat mit Helene Lanz, der Tochter von Heinrich Lanz, war er Teil der einflussreichen Mannheimer Industriellendynastie geworden und gehörte somit zum Kern des Großbürgertums in der Quadratestadt. Als August Röchling 1910 den Führerschein erwarb, war er bereits 54 Jahre alt. Damit gehörte er zusammen mit seinem jüngeren Bruder Heinrich (1862-1931) zu den ältesten Inhabern einer Fahrerlaubnis in Mannheim. Dies war in der Tat für einen gesetzten, reichen Herrn eher ungewöhnlich. Gleichwohl zeigt der

Abb. 4
August Röchling mit Ehefrau Helene, geb. Lanz, und Tochter Hedwig in historischen Kostümen
Fotografie
Um 1900
Privat

Blick in seine Biographie, dass Röchling auch ein Anhänger der individuellen Mobilität war. Diese Leidenschaft stand möglicherweise hinter seiner Tätigkeit im Verwaltungsrat der Pfälzischen Eisenbahnen, sie stand aber in jedem Fall Pate bei seinem Engagement für die Mannheimer Radfahrer-Union. Hier gehörte er nicht nur zu den frühesten Mitgliedern, er bestieg auch selbst den Drahtesel und radelte von Mannheim zu seiner Arbeitsstätte nach Ludwigshafen.[11] Seine Offenheit für mobile Innovationen hätte ihm dabei einmal schier das Genick gebrochen, als er sich 1912 wagemutig in einen Prototypen des Luftschiffs Schütte-Lanz zum Testflug setzte und mit diesem abstürzte. Auch an diesem Unternehmen war Röchling als Gesellschafter beteiligt. Vor diesem Hintergrund wundert es daher wenig, dass August Röchling zu den ersten Führerscheininhabern in der Quadratestadt gehörte. Man kann sicherlich davon ausgehen, dass er bereits vor 1910 die Hand ans Lenkrad gelegt hatte und sich nun angesichts der neuen Rechtslage die offizielle Legitimation besorgte.

Zusammen mit August Röchling legte auch sein Sohn Ernst (1888-1964) die Prüfung ab, der zu diesem Zeitpunkt Student am Karlsruher Technikum war. Offensichtlich teilte er die Leidenschaft seines Vaters für Mobilität – auch er nahm an dem erwähnten Probeflug des Luftschiffs teil. Ernst Röchling stieg nach dem Studium bei den Lanzwerken ein und übernahm nach dem frühen Tod seines Großvaters Karl Lanz die Führung des Unternehmens.

Die Dritte im Bunde schließlich war Hedwig Mohr. Die Tochter von August Röchling war die erste Frau, die in Mannheim den Führerschein erwarb. Damit stellte sie für das Jahr 1910 eine große Ausnahme dar, Autofahren war fast ausschließlich Männerberuf oder Männerpassion. Außer ihr erwarben 1910 mit der Industriellengattin Fanny Böhringer sowie Elisabeth, der Ehefrau des Fabrikanten Friedrich August Neidig, gerade mal zwei weitere Frauen den Führerschein. Letztere war seit längerem als „unsere Mannheimer Chauffeuse" stadtbekannt. Also solche hatte sie die Zeitschrift des Rheinischen Automobilclubs Mannheim „Der Automobilist" bereits 1903 auf die Titelseite gesetzt – freilich nicht ohne süffisant „ein allerliebstes Bildchen der mutigen Autlerin" zu präsentieren. Gleichwohl wurde das meisterhafte Geschick „der kleinen Frau" gewürdigt, die „selbst im dichtesten Gewühl der Stadt zu steuern" und im Tempo 45 vom Odenwald herunter „dahinzusausen" versteht (Abb. 5).[12]

Für das Jahr 1910 lassen sich weitere prominente Mannheimer Führerscheinneulinge identifizieren – der Industrielle Heinrich Vögele mit der gleichnamigen Eisenbahnfabrik, Fritz und Carl Reuther von der Firma Bopp & Reuther, der Architekt Albert Speer (Senior) und nicht zuletzt auch Eugen Benz, der Sohn des Automobilerfinders Carl Benz. Auch er verfügte bekanntlich über hinlängliche Fahrerfahrung, sodass es ein Führerscheinerwerb ex post war.

Bei den meisten in den Listen geführten künftigen Fahrern und Fahrerinnen handelt es sich um in Mannheim wohnende Personen. Darüber hinaus beantragten jedoch auch einige wenige Automobilisten aus der Umgebung ihre Führerscheine in der Quadratestadt und legten hier ihre Prüfungen ab. So finden sich auf den ersten Seiten der Liste etwa Personen, die Ladenburg, Neckarhausen, aber auch Mundenheim und Frankfurt als ihren Wohnort angaben.

Schließlich weisen die Führerscheinbücher auch auf den Charakter Mannheims als einer Migrationsstadt hin, deren Bevölkerung sich in den vergangenen zwanzig Jahren auf über 200.000 Einwohner mehr als verdoppelt hatte. Insbesondere aus dem weiteren ländlichen Umland wie dem Odenwald, dem Bauland sowie Hohenlohe zog es zahlreiche Menschen in die Quadratestadt in der Hoffnung, hier ein Auskommen zu finden. Der Blick in die Geburtsorte der Führerscheinerwerber unterstreicht dies, und August Bauer aus Dienstadt bei Tauberbischofsheim gibt dafür ein gutes Beispiel. Neben den Binnenmigranten kamen auch Menschen aus dem nichtdeutschen Sprachraum nach Mannheim. So finden sich in den Tabellen zum Jahr 1910 auch zwei Italiener, Scipione Croce aus Mailand sowie Giuseppe Parsiani aus Oleggio, die ebenfalls die Chance suchten, mit der neuen Qualifikation einen beruflichen Aufstieg zu vollziehen.

Die Führerscheinlisten geben schlaglichtartig den Blick frei auf viele kleine persönliche Geschichten. Doch auch strukturell lassen sich

Harald Stockert

• • • Organ des Rheinischen Automobil-Club, Mannheim. • • •

No. 27. Mannheim, 8. Januar. 1903.

Unsere Mannheimer „Chauffeuse“.

Wer sollte sie noch nicht gesehen haben, die jugendliche, zarte und hübsche Motorwagenlenkerin, wenn sie mit Verve und Chic ihren eleganten Wagen durch die Straßen steuert, wenn sie mit Umsicht und Energie im Fuhrwerksgewühle ihr Fahrzeug über die enge vollgestopfte Neckarbrücke leitet, oder mit großer Geschwindigkeit in der Umgegend Mannheims die Straßen durchfährt. „Fräulein“ redet sie ihrer zierlichen Gestalt halber der Fremde an und dankend quittiert sie dafür, obgleich ein freundlicher Gatte und der zarten Sprößlinge vier ihr eigen. Seit geraumer Zeit schon hat sie der Herr und Meister ihres Hauses in die Geheimnisse des Autelns eingeweiht und in ihr eine so gelehrige, dankbare und verständige Schülerin gefunden, daß sie fast stets ohne die Begleitung ihres Mannes den Wagen lenkt.

Ein allerliebstes Bildchen der mutigen Autlerin können wir heute unseren Lesern bieten und besonders unsere verehrten Leserinnen mögen es sich eifrigst beschauen und nachahmend streben. Trotz Eis und Schnee findet die allsonntägliche Ausfahrt statt und nichts kann der kleinen Frau mehr Freude machen, als mit ihrem „Luxwagen“, den sie, wie schon bemerkt, meisterhaft selbst im dichtesten Gewühl der Stadt zu steuern versteht, im Tempo von „45“ nach dem Odenwald, dem Hartgebirge, der alten Kaiserstadt u. s. w. dahinzusausen und mit Stolz spricht sie von einer der letzten Fahrten, bei welcher sie, obwohl es bitter kalt und der Wagen mit Reif bedeckt, in 25 Minuten nach Heidelberg (ca. 20 Km.) töffte.

Frau E. Neidig, Mannheim auf ihrem Luxwagen.

Aber auch an schönen Sommertagen ruht der Sport selbstredend nicht, nur ist der Wagen alsdann voll besetzt und zwar Mama am Steuer, die 4 hoffnungsvollen Sprößlinge als Passagiere. Groß ist die Freude der Kleinen bei diesen Fahrten in die nähere Umgebung Mannheims.

Möge die tapfere kleine Frau helfen den Weg zu ebnen, auf daß wir im künftigen Jahre noch manches Gefährt dahinrollen sehen geführt von schönen Händen.

Die ehemalige schwere Behandlungsweise des Automobils ist jetzt ja ziemlich gehoben und auch ein Steckenbleiben sowie die unleidlichen Reparaturen unterwegs ausgeschlossen, wie dies die vielen Allein-Fahrten, die Frau N. mit den beiden seither von ihr gesteuerten Wagen der Luxwerke in Ludwigshafen a. Rh. gemacht, beweisen, es sei denn, daß dem Schnauferl das Benzin ausgehe. Dazu wird es aber bei der aufmerksamen Chauffeuse nicht kommen, denn sie wird wie auch ihre Kollegen männlichen Geschlechts vor der Abfahrt ihrem Wagen die entsprechende Wartung widmen.

Heute schon sind wir zu einer gemütlichen Fahrt im kommenden Frühjahr eingeladen, — auf das Vergnügen zur Winterszeit haben wir dankend verzichtet. —

Schön wirds aber dann und wir werden gerne davon an dieser Stelle erzählen. Bis dahin vielen Dank und „Auto Heil“ freundliche Lenkerin und ein fröhliches „Töff, töff“ zum neuen Jahre.

Abb. 5
Zeitungsartikel über Elisabeth Neidig
1903
MARCHIVUM

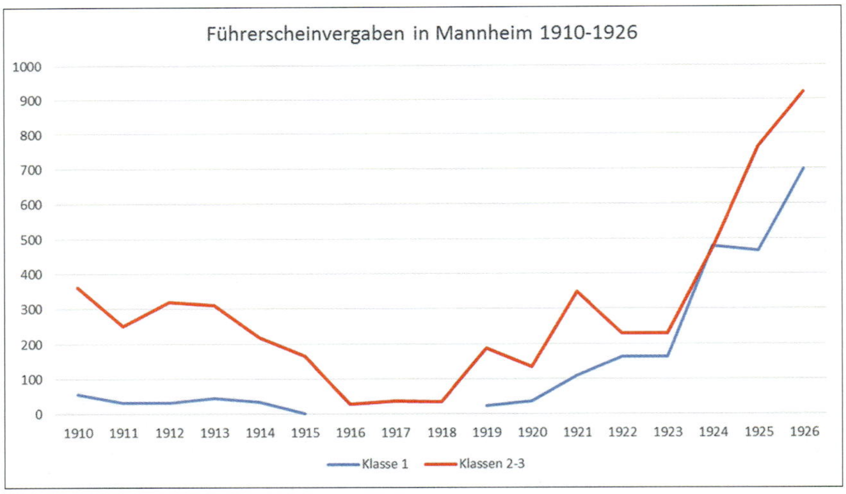

Abb. 6
Führerscheinvergaben in Mannheim 1910 bis 1926
MARCHIVUM

ihnen Erkenntnisse entnehmen. Sie illustrieren eindrucksvoll den Stand der Motorisierung einer Gesellschaft. Die These, dass es bei der Einholung der Fahrerlaubnis einen Nachholbedarf aus früheren Jahren gab, unterstreicht der hohe Anfangswert im Jahr 1910, als 361 Führerscheine ausgestellt wurden. In den Folgejahren sank dieser Wert, stabilisierte sich aber auf rund 300 Ausgaben pro Jahr. Wie in anderen Bereichen verursachte der Erste Weltkrieg auch hier einen drastischen Einbruch auf wenige Dutzend Autoführerscheine in den Jahren 1916 bis 1918. Immerhin, es wurden noch welche ausgegeben – im Gegensatz zur Klasse der Motorräder. Doch auch nach dem Weltkrieg sollte es noch Jahre dauern, bis das Vorkriegsniveau erreicht und überschritten wurde. Erst 1924 sollte dies der Fall sein, als wirtschaftlich stabilere Jahre anbrachen. Letzteres wirkte sich bald deutlich aus, sodass die Zahl der Führerscheinausgaben 1926 auf über 900 steigen sollte. Die Motorisierung hatte sich etabliert und sollte von nun an den Verkehr und das Straßengeschehen bestimmen.

Dieser Trend hält bis heute an und ist Kennzeichen unserer individualisierten, mobilen Gesellschaft. Und auch in der Gegenwart ist die Stadtverwaltung Mannheim für die Ausgabe und Registrierung von Führerscheinen zuständig. Derzeit werden pro Jahr etwa 2.600 bis 2.800 neue Führerscheine (als Erstzulassung) ausgestellt. Längst hat dabei moderne IT die altehrwürdigen Papierlisten abgelöst. Auch wenn das Regelwerk für den Straßenverkehr umfangreicher und komplexer geworden ist, auch wenn im Fahrschulunterricht heute Apps und digital gesteuerte Simulatoren benutzt werden, so gilt doch: Am Ende allen Lernens, Hoffen und Bangens stehen eine theoretische und praktische Prüfung wie sie 1910 eingeführt wurde. Und jeder, der bestanden hat, erhält als Nachweis einen Führerschein, der meist mehr ist als ein Papier, ein „Lappen" oder eine Scheckkarte: Er ist auch immer ein Initiationssymbol für die Aufnahme in die erwachsene, mobile Gesellschaft.

1 Verordnung über den Verkehr mit Kraftfahrzeugen vom 3. Februar 1910, in: Reichs-Gesetzblatt 1910, S. 389-448. Vgl. Gesetz über den Verkehr mit Kraftfahrzeugen vom 3. Mai 1909, in: Reichs-Gesetzblatt 1909, S. 437-444.

2 Angela Zatsch: Staatsmacht und Modernisierung am Morgen des Automobilzeitalters, Konstanz 1993, hier S. 185ff.

3 Karl Stiefel: Baden 1648-1952. Band 2. Karlsruhe 1977 (Neudruck 2001), S. 1471.

4 Vgl. etwa die Online-Artikel Martin Franz: Heute vor 120 Jahren: Erste Führerscheinprüfung, in: https://www.heise.de/autos/artikel/Heute-vor-120-Jahren-Erste-Fuehrerscheinpruefung-1934935.html; Einführung des Führerscheins: Der Lappen, der die Welt bedeutet, in: http://www.spiegel.de/einestages/120-jahre-fuehrerschein-der-lappen-der-die-welt-bedeutet-a-949511.html. Ähnlich auch der Artikel bei Wikipedia, in: https://de.wikipedia.org/wiki/Geschichte_des_F%C3%BChrerscheins (alle Abrufe am 14.10.2018).

5 Gesetzes- und Verordnungs-Blatt für das Großherzogtum Baden 1901, S. 285-288.

6 Zum folgenden vgl. Zatsch, wie Anm. 2, S. 193-197.

7 Vgl. zum folgenden Zatsch, wie Anm. 2, S. 199-201.

8 Zatsch, wie Anm. 2, S. 235f.

9 Zatsch, wie Anm. 2, S. 268.

10 Verordnung den Verkehr mit Kraftfahrzeugen betreffend vom 22. März 1910, in: Gesetzes- und Verordnungs-Blatt für das Großherzogtum Baden 1910, S. 147-149.

11 Richard Nutzinger: Das Haus Röchling in Ludwigshafen am Rhein 1849-1929. Bilder aus der Familien-, Orts- und Wirtschafts--Geschichte, Ludwigshafen 1929, S. 126f. Vgl. Gerhard Seibold: Röchling. Kontinuität im Wandel, Stuttgart 2001, S. 127-130.

12 Der Artikel findet sich abgedruckt in: Anna-Maria Lindemann: Mannheim im Kaiserreich, Mannheim 1988, S. 171.

Toby Sonneman

A Last Look / Ein letzter Blick

In meiner Kindheit erzählte mir mein Vater (Abb. 1) Geschichten aus der Zeit, als er in Deutschland lebte; sowohl aus der Zeit bevor und nachdem Hitler 1933 an die Macht gekommen war. Mein Vater war damals 22 Jahre alt.

Er erzählte mir davon, wie er es geschafft hatte, Nazi-Deutschland im Spätjahr 1938 zu verlassen und in die USA auszuwandern. Er erzählte davon, was seiner Familie passierte: von denen, die entkamen und denen, die es nicht schafften.

Selbst nach dem Tod meines Vaters im Alter von 93 Jahren fand ich immer wieder Dokumente, die er hinterlassen hatte und die mehr Details über diese komplexe, oft tragische Geschichte offenbaren. Und dennoch wollte ich immer noch mehr wissen.

Ich fing mit den Unterlagen des Stadtarchivs Mannheim (heute MARCHIVUM) an – weil mein Vater fast seine ganze Jugend in Deutschland in Mannheim verbracht hatte. Dann folgten die Archive des United States Holocaust Memorial Museum, des Memorial de la Shoah, des Internationalen Suchdienstes (ITS Bad Arolsen) und verschiedene andere Archive in Deutschland, Frankreich und den USA.

Ich reiste nach Mannheim und Heidelberg; reiste zu den früheren Wohnorten der Eltern meines Vaters nach München und in das Dorf Freudental, nach Paris und in die Pyrenäen im Südwesten Frankreichs, ein Versuch, die Vergangenheit meiner Familie aufzuspüren. Angetrieben von stetem Interesse fand ich über die Jahre so viele Informationen, dass ich im Herbst 2017, nach fast fünf Jahren intensiver Recherche, glaubte, es sei nur noch wenig mehr zu finden.

Aber da lag ich falsch. Eine weitere Entdeckung wartete auf mich und das sogar in meinem eigenen Zuhause, nicht versteckt, aber einfach vergessen: Eines Tages, als ich mich auf eine Reise nach Deutschland vorbereitete, suchte ich etwas auf dem oberen Regal meines Wandschranks, als mir eine schmale Pappschachtel mit orangenen und goldenen Ornamenten ins Auge fiel.

Ich nahm die Schachtel herunter und erkannte die unverwechselbare Handschrift meines Vaters auf der Vorderseite, dort stand „Negative, Europa".

Abb. 1
Erich Sonnemann (er änderte später seinen Namen in Eric Sonneman), ca. 1938 bei einem Ausflug
MARCHIVUM AB03996-020
(NL Sonneman)

Obwohl ich von der Pappschachtel wusste, seit ich sie nach dem Tod meines Vaters vor 13 Jahren von Chicago hierher mitgebracht hatte, so hatte ich mir keine Gedanken darüber gemacht, was ich damit anfangen sollte, außer sie aufzubewahren. Ich hatte keine Möglichkeit gehabt, die Negative anzusehen und keine Vorstellung davon, was sie zeigten. So räumte ich die Schachtel damals einfach zur Seite und vergaß sie fast.

Nun, da ich die Papierhüllen, in denen sich jeweils mehrere Negative befanden, genauer ansah, bemerkte ich auf einigen von ihnen in der Handschrift meines Vaters Worte wie „Landschaften", „Freudental" und „Porträts". Ich hielt einige Negative ins Licht und sah Szenen vom Leben auf dem Lande, von Händen am Piano (Abb. 2) und Straßenschildern, umgeben von Hakenkreuzflaggen. Da wurde mir klar, dass all diese Fotografien aufgenommen worden sein mussten, bevor mein Vater Deutschland Ende 1938 verlassen hatte.

Obwohl es schwierig war, genau zu erkennen, was die Bilder zeigten, war ich überwältigt von den

Hunderten von Negativen. Und plötzlich wurde mir bewusst, dass der Zeitpunkt für die Wiederentdeckung der Schachtel mit den Negativen der richtige Moment war. Bei meiner ersten Station in Deutschland hatte ich vor, mich mit Karen Strobel vom Stadtarchiv Mannheim (heute MARCHIVUM) zu treffen. Würde das Stadtarchiv Interesse daran haben, diese Negative zu archivieren? Ich fragte bei ihr nach und als Antwort kam nicht nur ein lautes „Ja natürlich", das Archiv bot zudem an, die Negative zu digitalisieren und sie mir, anderen Historikern und interessierten Menschen verfügbar zu machen.

Als die Negative digitalisiert und somit digitale Positive entstanden waren, eröffneten sich faszinierende Szenen, als ob sie aus einem dichten Nebel aufgestiegen wären.

Die Bilder offenbaren einen klaren und scharfen Blick in die Vergangenheit. Denn als mein Vater die Alltagszenen 1937 und 1938 (Abb. 3) auf Celluloid bannte, hatte er – ob bewusst oder nicht – eine Welt dokumentiert, die kurz davor stand, komplett zerstört zu werden.

Mein Vater (Abb. 4) lebte mit seiner Familie – seinen Eltern, seinem Bruder Max (Abb. 5) und seiner Tante Frieda (Abb. 6) – in einer Wohnung mit Balkon im obersten Stockwerk des Hauses Heinrich Lanz-Straße 34, am Rande der Mannheimer Innenstadt.

Sein Vater Kurt Sonnemann war Lyriker und Autor, der zudem eine klassische Musikausbildung absolviert hatte, Klavier spielte und komponierte. Er arbeitete als anerkannter Theater- und Musikkritiker. Mein Vater erinnerte sich mit Freude an die Zeiten, als er seinen Vater ins Theater, zu Musik- und Ballettvorführungen begleitet hatte, auf die dann späte Abendessen mit Stars wie der Ballerina Anna Pavlova und dem Dirigenten Arturo Toscanini folgten.

Bis 1933 arbeitete mein Großvater als freiberuflicher Journalist für einige der größten Zeitungen Deutschlands in München, Berlin, Stuttgart, Leipzig und Hamburg. Aber nachdem Hitler 1933 an

Abb. 2 (oben)
Kurt Sonnemanns Hände auf dem Piano
MARCHIVUM, AB03987 (NL Sonneman)

Abb. 3 (unten)
Szene am Marktplatz in Mannheim ca. 1937/38
MARCHIVUM, AB03989-044 (NL Sonneman)

die Macht gekommen war, erhielt er nur noch von jüdischen Verlagen Aufträge. Diese konnten nicht viel bezahlen, und die Konkurrenz zwischen den jüdischen freiberuflichen Schriftstellern muss sehr groß gewesen sein, als sie nicht mehr für die Mainstream-Presse arbeiten konnten.

Tante Frieda verkaufte Nähmaschinen auf Kommissionsbasis, um zum Lebensunterhalt der Familie etwas beizutragen. Frieda Berger, die zweimal geschieden war, lebte seit 1931 bei der Familie meines Vaters in Mannheim und war zu einer der Topverkäuferinnern von „Pfaff Nähmaschinen" in Baden-Württemberg aufgestiegen. Als das Einkommen meines Großvaters 1933 plötzlich einbrach, tat es meine Großmutter ihrer Schwester

gleich und begann auch, Nähmaschinen von Haus zu Haus zu verkaufen.

Auch mein Vater war direkt vom Rassismus und von den diskriminierenden Anordnungen des Hitler-Regimes (Abb. 7) betroffen. 1934 durften jüdische Studenten keine Examen mehr ablegen, und auch für jüdische Berufsschüler gab es starke Beschränkungen. Das galt auch für die Ausbildung

Abb. 4 (oben rechts) Erich Sonnemann mit einer Freundin beim Picknick MARCHIVUM, AB03989-055 (NL Sonneman)

Abb. 5 (Mitte links) Max Sonnemann und der Papagei seiner Großmutter MARCHIVUM, AB03987 (NL Sonneman)

Abb. 6 (unten rechts) Kurt Sonnemann (Mitte) mit seiner Frau Bertha (links) und seiner Schwägerin Frieda Berger ca. 1937/38 im Wohnzimmer ihrer Wohnung MARCHIVUM, AB03989-020 (NL Sonneman)

Abb. 7
Aufmarsch der Deutschen Arbeitsfront ca. 1938 auf dem Schlosshof
MARCHIVUM, Bildsammlung (unverzeichnet)

zum Drogisten, sodass sich der Plan meines Vaters, diesen Beruf zu erlernen, zerschlug. 1935, als er Mitte 20 war, hatte er aufgrund von Arisierungsmaßnahmen in Mannheim zwei Arbeitsstellen verloren, da jüdische Geschäftsinhaber, die ohnehin schon unter Boykotten und Diskriminierung litten, gezwungen wurden, ihren Besitz an nicht-jüdische Inhaber zu verkaufen – zu einem Bruchteil des Wertes. Jüdische Mitarbeiter wurden dann entlassen. Juden durften sich auch nicht mehr in Parks oder in öffentlichen Schwimmbädern aufhalten.

Karl Aupor, ein Jugendfreund, der der nationalsozialistischen Partei beigetreten war, nahm meinen Vater mit zu einer Rede Hitlers. Mein Vater war entsetzt. Karl warnte ihn auch: „Erich, Du solltest Deutschland besser verlassen, wir werden die Juden begraben".[1]

All das war genug, um meinen Vater zu ermutigen, sich sobald er konnte, für ein US-Visum zu bewerben. „Mir war vollständig klar, was uns passieren konnte", hat mein Vater mir gesagt; auch wenn viele andere Leute noch Hoffnung hatten, „dass alles doch irgendwie vorbei gehen würde".

Vor 1941 waren die deutschen Juden ermutigt worden, das Land zu verlassen (solange sie ihre Besitztümer in Deutschland zurück ließen). Aber die Einwanderungserlaubnis für ein anderes Land zu erhalten – besonders ohne finanzielle Rücklage – war alles andere als sicher. Jeder Bewerber für ein US-Visum musste ein „affidavit of support" – eine Unterstützungserklärung – vorlegen, üblicherweise von einem wohlhabenden amerikanischen Verwandten, der zusagte, den Einwanderer finanziell zu unterstützen, falls er oder sie keine Anstellung finden konnte. Diese Voraussetzungen, die oft sehr streng ausgelegt wurden, bedeuteten, dass die amerikanischen Quoten für deutsche Einwanderer nie erreicht wurden, trotz der hohen Zahl an deutschen Juden, die gerne emigrieren wollten. Für meinen Vater schien die Erfüllung dieser Voraussetzung unerreichbar.

Ein wohlhabender amerikanischer Verwandter? Seine Eltern quälten sich, suchten krampfhaft nach Namen eines amerikanischen Verwandten, aber es fiel ihnen niemand ein. Dann – fast wie in einem Märchen – erwachte die Mutter meines Vaters eines Morgens und hatte von einer amerikanischen Frau geträumt, die ihre Familie Jahre zuvor besucht hatte. Durch eine Nachfrage bei einem Cousin erfuhren sie, dass es sich bei ihr um eine entfernte und wohlhabende Verwandte handelte, um Emma Loveman aus Nashville, Tennessee. Mein Vater schrieb ihr sofort und fragte um Hilfe nach, und ohne eine einzige Rückfrage sandte Frau Loveman ihm ein „affidavit of support" – genau das Schriftstück, das mein Vater für seinen Antrag benötigte.

Er fügte es dem Stapel an erforderlichen Dokumenten hinzu – angefangen von Schulzeugnissen über ein Gesundheitszeugnis bis hin zu Empfehlungsschreiben von Arbeitgebern und Führungszeugnissen, ferner eine notariell beglaubigte Übersetzung dieser Dokumente ins Englische – und beantragte sein Visum.

Es war vermutlich 1937, als mein Vater den Antrag stellte, und es sollte ein Jahr ins Land gehen, bis seine Nummer an der Reihe war. Der Termin im amerikanischen Konsulat in Stuttgart war auf den 10. November 1938 festgelegt worden. Natürlich wusste er zu dieser Zeit noch nicht um die Bedeutung dieses Datums – es sollte der Morgen nach der Reichspogromnacht sein.

Im Jahr 1937, einer Zeit voller Hoffnung, Angst und Warten, und im Herbst 1938 machte mein Vater ebenfalls Fotos und hielt verschiedene Dinge fest. Die Fotosammlung mit Bildern von Schweißern, Holzarbeitern und Tapezierern, Büroangestellten und Schilderherstellern zeigt das starke Interesse meines Vaters an der Arbeitswelt (Abb. 8, 9 und 11).

Die Bilder zeigen auch Köchinnen in der Großküche und Schwestern im [jüdischen] Krankenhaus (Abb. 10). Er nahm auch viele private Fotos auf, die ein Leben zeigen, das aus heutiger Sicht fast irritierend heiter erscheint: einen Urlaubsbesuch in Italien bei einem Onkel, die Hände seines Vaters auf dem Piano im Wohnzimmer (siehe Abb. 2), seine Mutter und ihre Schwester, die auf Korbstühlen auf dem begrünten Balkon in der Mannheimer Wohnung sitzen (Abb. 12), Picknick und Touren mit Freunden; eine namentlich unbekannte Freundin in einem karierten Kleid und mit einem gepunkteten Schal um den Hals (Abb. 13), umgeben von Wald und Hügeln.

Vater erwarb die Kamera, die er für diese Fotos benutzte, eine Rolleiflex, vermutlich irgendwann nach dem Juni 1936, nachdem er bei Gamber & Diehl in Heidelberg als Laborassistent zu arbeiten begonnen hatte. Es war ein Geschäft für Radio-, Foto- und Kinobedarf mit Fotolabor, das noch von einem jüdischen Inhaber betrieben wurde. Eine jüdische Agentur hatte ihm geholfen, diesen Job zu finden.

Die Rolleiflex, eine in Deutschland gefertigte zweiäugige Spiegelreflexkamera (mit High-End), war nach ihrer Einführung in den späten 1920er-Jahren von professionellen Fotografen besonders gern verwendet worden. Geschätzt für ihre präzise Bauart und ihre überragende Optik, eröffnete sie den Fotografen eine große und genaue Blicksuche, und ihre sechs mal sechs Zentimeter großen, quadratischen Negative waren grob geschätzt dreimal größer als die der 35-mm Filme, was bedeutete, dass sie auch als Kontaktabzüge ohne weitere Vergrößerung betrachtet werden konnten.

Die scharfen klaren Bilder meines Vater sind ohne Zweifel das Ergebnis sowohl der hohen Qualität der Kamera als auch der Fähigkeiten, die er während seiner Arbeit im Fotolabor erworben hatte. Ein Zeugnis von Gamber & Diehl, das auf den 21. Mai 1937 datiert, bestätigt sein Können: „Herr Sonnemann wird in allen Zweigen unseres Laboratoriums für Photo-Arbeiten wie Entwickeln, Kopieren, Vergrößern und Retuschieren beschäftigt", führt sein Arbeitergeber aus. „Herr Sonnemann ist fleißig und hat die übertragenen Arbeiten sorgfältig und zu unserer vollsten Zufriedenheit ausgeführt."

Dieses Zeugnis, das seiner Visumsbewerbung in Deutsch und der beglaubigten englischen Übersetzung beigefügt war, hat die Chancen meines Vaters vielleicht erhöht, als das US Konsulat mit penibler Langsamkeit Tausende von Bewerbungen bearbeitete.

Abb. 8 (oben)
Schilderfertigung, vermutlich in den Räumen der Firma Aupor
Der Vater von Erich Sonnemans Freund Karl Aupor betrieb in den A-Quadraten einen Schilderfertigungsbetrieb.
MARCHIVUM, AB03993-057
(NL Sonneman)

Abb. 9 (links)
Werbeanzeige der Firma Karl Aupor J 7, 30
1922
MARCHIVUM, Adressbuch 1922

A Last Look / Ein letzter Blick

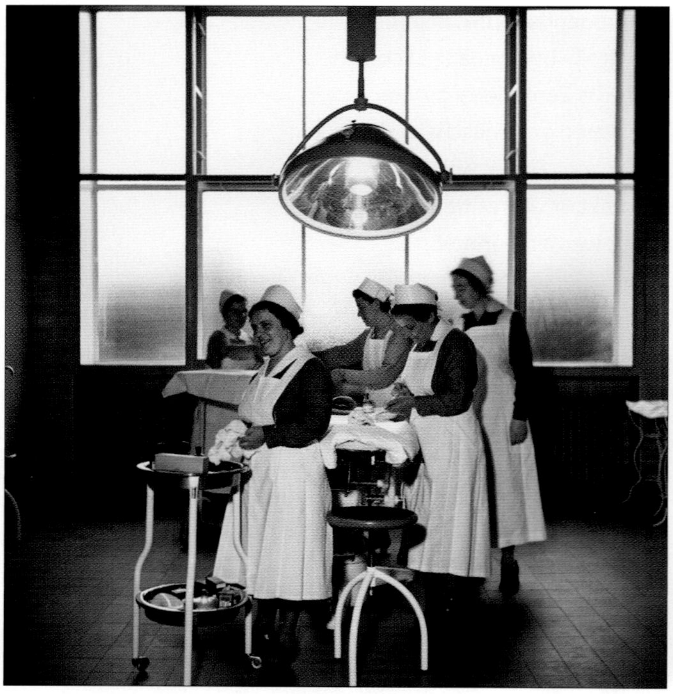

Abb. 10 (oben links)
Schwestern mit Oberin Pauline Maier (rechts neben dem OP-Tisch) im Operationssaal des jüdischen Krankenhauses, Collinistraße 47/51
MARCHIVUM, AB03987
(NL Sonneman)

Abb. 11 (oben rechts)
Das Bild zeigt eine Ausbildungseinrichtung, in der Schreinerarbeiten gefertigt werden.
MARCHIVUM, AB03993-023
(NL Sonneman)

Abb. 12 (unten links)
Bertha Sonneman in der Heinrich-Lanz-Straße 34
MARCHIVUM, AB03996-056 (links)
(NL Sonneman)

Abb. 13 (unten rechts)
Eine Freundin in kariertem Kleid und einem gepunkteten Schal
MARCHIVUM, AB03996-089 (rechts)
(NL Sonneman)

Toby Sonneman

Eine große Anzahl Fotografien zeigt die Menschen und das landwirtschaftliche Leben in Freudental, einem Dorf in Baden-Württemberg, das rund 27 km nördlich von Stuttgart liegt. Mein Vater hatte eindeutig eine besondere Beziehung zu Freudental, wo er seit seiner Kindheit viele Sommer verbracht hatte. Seine Mutter, das jüngste von neun Kindern, war dort aufgewachsen, und ihr Bruder Moritz Herrmann war als Erwachsener geblieben und wurde dort, nachdem er Land gekauft hatte, Landwirt in erster Generation. Während seiner langen Sommerbesuche half mein Vater auf dem Bauernhof mit und teilte mit Moritz, seiner Frau Sidonie und deren Sohn Adolf das Heim (Abb. 14).

Freudental ist eingebettet in eine wunderschöne Landschaft mit sanften Hügeln, Hängen mit Weinreben, Obstbäumen, Gehöften und Wäldern, und ich kann sehr gut verstehen, warum mein Vaters es so geliebt hat, dort zu sein. Daneben war der Ort während eines Großteils seiner Geschichte ungewöhnlich tolerant gegenüber seinen jüdischen Einwohnern. Im frühen 17. Jahrhundert hatte ein liberales Edikt die Sicherheit der Juden eingeräumt, dieses galt sogar, als sie im umgebenden Württemberg vertrieben wurden. Freudental entwickelte sich zu einem Zentrum des jüdisch-religiösen und kulturellen Lebens, und eine Synagoge wurde um 1770 mitten im Ort erbaut. Im Jahr 1850 waren mehr als 40 Prozent der Bevölkerung Juden, und die protestantische und jüdische Gemeinde lebten in Harmonie miteinander, teilten sich die bürgerlichen Pflichten, die Bildungsmaßnahmen und Handelsunternehmungen. Als 1933 die Nationalsozialisten an die Macht kamen, waren von den 500 Einwohnern 50 Juden.

Moritz Hermanns geräumiges Haus lag rechts neben der Synagoge; in einer Scheune hinter dem Gebäude hielt er Hühner, Kühe und Pferde. Wenn mein Vater als Junge und junger Mann von Mannheim zu Besuch kam, wurde erwartet, dass er wie jeder andere auf dem Hof von Sonnenauf- bis Sonnenuntergang mitarbeitete.

Die langen Sommertage begannen um 3:30 Uhr am Morgen, wenn Moritz die Landarbeiter und auch meinen Vater weckte: „Wir tranken nur ein Glas Milch, schirrten die Kühe vor das Fuhrwerk, und ungefähr gegen 4:30 Uhr waren wir auf dem Feld, pflügten die Erde und brachten von Hand Saatgut aus, machten Heu oder schnitten den Weizen, der später gedroschen wurde."[2]

Sie kamen gegen acht Uhr morgens nach Hause zurück und aßen dann ein reichhaltiges Frühstück, das ihnen für den Rest des Arbeitstages Kraft geben sollte. „Nach dem Frühstück ging es zum Saubermachen und Kühemelken. Wir suchten die Eier, und dann ging es raus auf die Felder, um die Arbeit bis Sonnenuntergang fortzusetzen", so mein Vater. Mit nur zwei Pausen in den folgenden Stunden – eine zum Mittag und ein kurzes Nachmittagsschläfchen – kamen sie todmüde nach Hause. Dann säuberten sie die Ställe und molken die Tiere, versorgten sie mit Heu und Wasser. „Danach gab es Abendbrot. Moritz sprach den Segen und Sidonie servierte zusammen mit den Helferinnen. Schließlich ging's zu Bett [...] Und da war auch schon wieder Moritz an der Tür „Steht auf, steht auf - ein neuer Tag ist angebrochen!"

Abb. 14
Moritz Herrmann (rechts), seine Frau Sidonie und ihr Sohn Adolf im Garten in Freudenthal, ca. 1938
MARCHIVUM, AB03989-063 (NL Sonneman)

Die Ernte von Weizen oder Heu, wie auf den Freudental-Fotos (Abb. 15 bis 21) zu sehen, machte den Hauptteil der Tagesarbeit aus.

Mein Vater erinnerte sich, dass mit Ausnahme des Dreschens, für das eine Dreschmaschine von allen Landwirten des Dorfes gemeinsam gemietet

A Last Look / Ein letzter Blick

Abb. 15 (oben links)
Weizenernte bei Sonnenaufgang, Alleenfeld
MARCHIVUM, AB03987 (NL Sonneman)

Abb. 16 (oben rechts)
Sidonie Herrmann morgens im Siebenmisteleshof
MARCHIVUM, AB03987 (NL Sonneman

Abb. 17 (unten links)
Adolf Herrmann bei Erntearbeiten
MARCHIVUM, AB03987 (NL Sonneman)

Abb. 18 (unten rechts)
Ernte bei Kleinsachsenheim, Langmantel
MARCHIVUM, AB03987 (NL Sonneman)

wurde, alle notwendigen Arbeiten von Landarbeitern oder Tieren verrichtet wurden.

An Freitagen bekam mein Vater eine spezielle Aufgabe: die Bäckerei-Tour. Er lernte, wie man die zwei Ochsen an einen Karren anschirrt, half seiner Tante Sidonie, den Karren mit hölzernen Regalen zu beladen, die mit ungebackenen Kuchen und Laiben von Berches, dem geflochtenen Sabbatbrot, gefüllt waren. Dann fuhr er am Morgen langsam mit dem Holzwagen zum Backofen im Dorf und kehrte am Nachmittag wieder dahin zurück, um all die nun frischgebackenen Waren auf den Karren zu laden und nach Hause zu bringen.

Dennoch kann man auf den Fotos meines Vaters sehen, dass diese Sommertage vor der Reichspogromnacht, als Freunde und Familie für die Ernte zusammen kamen, glücklichere Tage waren, obwohl sie bereits damals von dunklen Vorzeichen überschattet waren.

Am 9. November 1938 warnte Karl – sein oben erwähnter Freund, der der NSDAP beigetreten war – meinen Vater und seine Familie, dass in dieser Nacht Pogrome gegen die Juden in ganz Deutschland geplant seien. „Karl, Du?" fragte mein Großvater verdutzt. Die Familie versteckte sich auf dem Dachboden, war fast gelähmt vor Furcht, als

Abb. 19 (links)
Ernte bei Kleinsachsenheim, Langmantel
MARCHIVUM, AB03987
(NL Sonneman)

Abb. 20 (rechts)
Hermann Rosenfeld (rechts), Max Rosenfeld, Moritz Herrmann
MARCHIVUM, AB03987
(NL Sonneman)

„Oh ja und dann in der Freizeit", sagte mein Vater, „suchen und sammeln von Eiern!"

Neben dem Bewirtschaften seines eigenen Hofs unterrichtete Moritz junge Leute, die nach Israel auswandern wollten, und bereitete sie für die Arbeit in einem Kibbuz oder auf einer Gemeinschaftsfarm vor. Allerdings war Moritz selbst kein Zionist, erzählte mein Vater. „Er habe absolut keinen Wunsch auszuwandern", sagte er. „Er liebte seine Arbeit und das Land."

Die liebevolle Beschreibung meines Vaters von Freudental ist durchzogen mit Bitterkeit. Das Land vom Moritz wurde gestohlen; Moritz, Sidonie und Adolf wurden alle in Auschwitz ermordet.

sie das chaotische Schreien hörte, das Zerbrechen von Schaufensterglas. Möbel wurden durch Fenster und von Balkonen auf die Straße geworfen. Es war die sogenannte „Kristallnacht", die Reichspogromnacht; SA-Truppen brannten die Synagogen in Deutschland und Österreich nieder, zerschlugen und plünderten Wohnungen und Geschäfte jüdischer Einwohner und deportierten rund 30.000 Männer in Konzentrationslager. Alle Illusionen, Juden könnten in Deutschland frei leben, zerbrachen in einer schrecklich gewalttätigen Explosion (Abb. 22 und 23).

In Mannheim begann das Gemetzel in den frühen Stunden des 10. Novembers, als SA-Truppen

Abb. 21
Auf dem Heimweg nach Freudental
MARCHIVUM, AB03987 (NL Sonneman)

sich Zutritt zur Hauptsynagoge verschafften, alles kurz und klein schlugen und das Gebäude auch mit Sprengstoff in Brand setzten. Einer der Männer versuchte sogar, den Kronleuchter herunterzuschießen. „Ich sah die Schadenfreude in den Gesichtern der Schaulustigen", erinnert sich ein jüdischer Augenzeuge, „und die Feuerwehr passte nur auf, dass die Nachbarhäuser nicht zu Schaden kamen, aber sie unternahmen keinen Versuch, die Flammen zu löschen."[3] Das Dach der Synagoge stürzte in den Flammen ein. Am nächsten Tag kamen die Nazis zurück, zerschlugen alles, was nicht verbrannt war, stahlen das Silber und andere Wertgegenstände.[4]

Abb. 22
Die Mannheimer Synagoge kurz nach der Zerstörung 1938
Foto: Max Kaufmann
MARCHIVUM, AB00792-002

Unsere Familie wurde von Gewalttaten verschont, vermutlich vor allem deshalb, weil sie gerade umgezogen war und sich noch nicht mit ihrer neuen Anschrift umgemeldet hatte. Am Morgen des 10. Novembers musste mein Vater den lang erwarteten Termin wegen des Visums im 100 km entfernten US-Konsulat in Stuttgart wahrnehmen. Auf dem Weg zum Bahnhof (Abb. 24) – wo er einen langsamen Zug nahm, um weniger aufzufallen – ging er alleine durch Straßen, die übersät waren mit Glasscherben und schwelenden Überresten, auch vorbei an der zerstörten Synagoge mit ihren zerschlagenen Fenstern, verkohlten Thorarollen und Gebetsbüchern. Er blieb nur kurz stehen, um eine noch unbeschädigte Thorarolle zu retten und in den Ruinen zu verstecken.

In Stuttgart, beim amerikanischen Konsulat, herrschte bedeutungsvolle Stille. 1938 war das Gebäude normalerweise immer mit Antragstellern überfüllt – eine Schlange, die sich von den Büros im zweiten Stock bis hinaus auf die Straße wand

Toby Sonneman

Abb. 23
Die in der Reichspogromnacht zerstörte Einsegnungshalle des neuen jüdischen Friedhofs
1938
Über der Tür der Segensspruch „Ich, ich bin es, der Euch tröstet." MARCHIVUM, KF037879

und noch zwei Blocks weiter reichte. Im deutlichen Gegensatz dazu sah mein Vater an diesem Tag dort niemanden außer zwei SS-Männern, die den Eingang bewachten. Mutig schritt er zwischen beiden hindurch ins Gebäude.

Vater bekam das US-Visum an diesem Tag nicht. Eine körperliche Untersuchung hatte ergeben, dass er einen Leistenbruch hatte, der operiert werden musste. Er ging direkt vom Konsulat zum Krankenhaus. Sechs Wochen später wurde das Visum erteilt. Er sagte seiner Familie „Auf Wiedersehen", in der Hoffnung, dass deren Visa-Anträge ebenso erfolgreich bewilligt würden, und verließ Deutschland am 13. Dezember 1938.

Als er das Schiff nach Amerika bestieg, trug er eine einfache Kartonbox bei sich, in die er seine Fotonegative nach Themengruppen einsortiert hatte. Die kleinen quadratischen Schwarzweißfilmstücke blieben in der dunklen Tiefe dieser Schachtel, ungesehen fast 80 Jahre lang.

Als ich mit der intensiven Recherche zur Geschichte meiner Familie in der Nazi-Zeit anfing, hatte ich nur ein Foto von Frieda Berger – der Schwester meiner Großmutter, die das US-Visum, das sie hätte retten können, nicht mehr rechtzeitig erhalten hatte. Ich fühlte eine besondere Verbindung zu ihr, weil meine Eltern mir den Kosenamen „Friedl" als zweiten Vornamen gegeben haben. In den fünf Jahren der Suche hatte ich aber nur noch ein weiteres Bild von ihr gefunden. Nun, mit den digitalisierten Negativen meines Vaters, sind es ein Dutzend oder mehr. Sie zeigen Frieda in der Wohnung, die sie mit meinen Großeltern und der Familie teilte; Frieda, wie sie Zeitung liest, Frieda am Tisch mit der Familie meines Vaters. Wenn ich diese Fotos ansehe, nehme ich von ihr so viel mehr wahr, sehe sie nicht nur als ein Opfer der Nazis, sondern als vielschichtige Persönlichkeit. Zugleich bin ich mir aber auch dessen bewusst, was mit ihr, nachdem diese Fotos aufgenommen worden waren, noch geschehen sollte.

Ein Foto hat mich besonders berührt. Es zeigt Frieda mit der Mutter meines Vaters, meiner Großmutter Bertha (Abb. 25).

Beide haben sich schick gemacht, mit Ausgehhut, modischen Kleidern und Schuhen. Sie befinden sich auf der Höhe des Wohnhauses in der Heinrich-Lanz-Straße 34, wo die Familie 22 Jahre wohnte. Das Foto muss vor September 1938 entstanden sein, bevor die Familie umziehen musste, vermutlich wegen schwieriger wirtschaftlicher Verhältnisse. Obwohl mein Vater Deutschland bereits verlassen hatte, war die Familie danach ein zweites Mal gezwungen, an einen Ort umzuziehen, an dem Juden zusammengepfercht wurden, einem sogenannten „Judenhaus" in der Moltkestraße 6.

Abb. 24 (links)
Der Mannheimer Hauptbahnhof an einem Wintertag
So ähnlich mag es am 10. November 1938 ausgesehen haben, als Erich Sonnemann den Zug nach Stuttgart nahm.
MARCHIVUM, AB04000-003
(NL Sonneman)

Abb. 25 (rechts)
Bertha Sonnemann (links) und ihre Schwester Frieda Berger, bei ihrem Wohnhaus in der Heinrich-Lanz-Straße 34
MARCHIVUM, AB03989-030
(NL Sonneman)

Ab Herbst 1938 war der jüngere Bruder meines Vaters gezwungen worden, beim Bau der Autobahn nahe Mannheim zu arbeiten, doch schließlich wurde am 1. September 1939 auch sein US-Einwanderungsvisum bewilligt. Es war genau der Tag, an dem Deutschland in Polen einmarschierte, der Beginn des Zweiten Weltkriegs – der Tag markierte zudem einen Wendepunkt in der amerikanischen Visa-Politik, der dazu führte, dass die Zahlen der Auswanderer aus dem Reich weiter sanken.

In der Zwischenzeit durchlebten meine Großeltern und Tante Frieda in der Winter- und Frühlingszeit 1939/1940 eine Zeit zwischen Hoffnung, Angst und Furcht. Sie hatten ihre US-Visa kurz nach der Reichspogromnacht beantragt, aber weil seitdem fast alle Juden fest entschlossen waren, das Land zu verlassen, war die Wartezeit fürchterlich lang geworden. Die Misere wurde dadurch verstärkt, dass ein neuer Beamter im US-Außenministerium eine Anweisung für die Konsuln erließ, „alle Möglichkeiten auszuschöpfen, die Bewilligung von Visa möglichst immer wieder und wieder und wieder zu verzögern".

Als meine Großeltern am 9. Mai 1940 die US-Visa erhielten, war es zu spät, um sicher aus Europa herauszukommen. Nur einen Tag später marschierte Deutschland in Belgien, Frankreich, Luxemburg und den Niederlanden ein. Am selben Tag wurde Adolf Herrmann, der 16 Jahre alte Neffe meiner Großmutter, der Sohn von Moritz und Sidonie aus Freudental, in den Straßen von Brüssel verhaftet. Dorthin war er im Jahr zuvor geflohen. Nach der Inhaftierung in mehreren Konzentrationslagern in Frankreich und Sklavenarbeit in Auschwitz wurde er 1942 ermordet.

Im Sommer 1940 blieb meinen Großeltern immerhin noch eine verzweifelte Fluchtmöglichkeit übrig: über die Ostroute, also quer durch Russland, Sibirien und Asien. Es war eine grauenvolle Reise, dritter Klasse mit der Transsibirischen Eisenbahn, wo sie auf Strohsäcken schliefen und bei Temperaturen von über 35 Grad (Celsius) der Staub der Steppe durch die Scheiben kroch. Sie ernährten sich von Brot und Tee, jeder von ihnen nahm über 13 kg ab. Von Yokohama aus fuhren sie mit einem Schiff in einer dreiwöchigen Reise zur San Francisco Bay, wo sie schließlich am 21. September 1940 ankamen (Abb. 26 und 27).

Und ab diesem Zeitpunkt trennte sich das Schicksal der beiden Schwestern, die auf dem Foto in Abb. 25 von 1938 zu sehen sind. Meine Großmutter hatte trotz der kräftezehrenden Flucht aus Deutschland Glück. Es war Frieda (Abb. 28), der das schrecklichere Schicksal bevorstand.

Toby Sonneman

Am Morgen des 22. Oktober 1940 hämmerte die Polizei an die Tür des sogenannten „Judenhauses" Molkestraße 6, so wie an jedes andere jüdische Heim in Mannheim, Karlsruhe, Heidelberg, Freiburg i. B., Konstanz und in jeder anderen Stadt, jedem Dorf in Baden, der Pfalz und im Saargebiet. Über 6.500 Juden, davon 2.278 Frauen, Männer und Kinder aus Mannheim, wurden verhaftet und in Konzentrationslager in Vichy-Frankreich deportiert.

Abb. 26 (oben links)
Familie Sonneman
Die Söhne Max (links) und Eric (rechts) mit ihren Eltern Kurt und Bertha Sonneman, wiedervereint in Chicago im Oktober 1940.
Die schwere Reise über die Ostroute hat das Ehepaar Sonneman gezeichnet.
MARCHIVUM, AB05375-028 (Auszug)
(NL Sonneman

Abb. 27 (oben rechts)
Eric Sonneman (Mitte) mit seinen Eltern Bertha und Kurt Sonneman im Oktober 1940, kurz nachdem Ihnen die Emigration über die Ostroute geglückt war.
MARCHIVUM, AB05375-028 (Auszug)
(NL Sonneman)

Abb. 28 (unten)
Frieda Berger,
ca. 1938
MARCHIVUM, AB03996-044
(NL Sonneman)

A Last Look / Ein letzter Blick

33 Menschen wurden aus diesem einen „Judenhaus" in der Moltkestraße 6 deportiert: Frieda wurde wie alle verhaftet, in einen Eisenbahnwagen gepfercht und in einer schrecklichen 48-stündigen Fahrt nach Gurs, einem Konzentrationslager am Fuße der Pyrenäen im Südwesten Frankreichs, verschleppt. Im August 1942 wurde sie von Frankreich aus in die Gaskammern von Auschwitz deportiert.

Abb. 29
Stolperstein für Frieda Berger (1881-1942)
Vor dem Haus Heinrich-Lanz-Straße 34 wurde er im Oktober 2015 verlegt, kurz vor dem 75. Jahrestag der Deportation in das Internierungslager Gurs.
Foto: Toby Sonneman

Wenn ich nun auf das Foto meines Vaters schaue, weiß ich, dass es einen Stolperstein gibt (Abb. 29), nahe der Stelle, wo Frieda entlang lief, vor dem Wohnhaus, in dem sie mit der Familie meines Vaters lebte. „Frieda Berger hat kein Grab", habe ich bei der Stolpersteinverlegung im Oktober 2015 gesagt, „aber nun ist Zeit, einen Ort zu benennen hier in der Heinrich-Lanz-Straße 34 in Mannheim, einen Ort, an dem sie gelebt hat, einen Ort, an dem sie eine Zeit lang glücklich war."

Mein Vater hat einige dieser letzten Momente des Glücks in den Bildern von Mannheim und Freudental, die kurz vor der Reichspogromnacht entstanden sind, festgehalten. Ich schaue sie mir mit einer Mischung bittersüßer Gefühle an, und doch glücklich darüber, die Chance bekommen zu haben, mitzuerleben, wie diese Momente ans Licht gelangten und damit lebendig wurden.

* Originaltitel: A Last Look. Die Übersetzung fertigte Karen Strobel M.A. vom MARCHIVUM an. Für kritische Durchsicht gilt der Dank Herrn Thomas Lahusen, Frau Gabriele und Herrn Prof. Dr. Ulrich Nieß und Dr. Hanspeter Rings.

1 Alle Zitate meines Vaters stammen aus Interviews oder Briefen.

2 Mein Vater beschrieb einen üblichen Arbeitstag in Freudental in einem Brief von 2003 an Miriam Wittner.

3 Bingham, Walter: Reminiscences of Kristallnacht, Jerusalem Post, November 10, 2014. https://www.jpost.com/Opinion/Reminiscences-of-Kristallnacht-381386.

4 Keller, Volker: Jüdisches Leben in Mannheim, 1995, S. 31.

Eric Otto Sonneman: Geboren 1910 in Neustadt a. d. Weinstraße und aufgewachsen in Mannheim, verbrachte er seinen Sommerurlaub oft in Freudental, wo er seinem Onkel auf dem Bauernhof half. Nachdem er seine Ausbildung zum Drogisten infolge der rassistischen Diskriminierung vonseiten des nationalsozialistischen Regimes abbrechen musste, arbeitete er seit 1936 als Fotolaborant in Heidelberg und beantragte 1937 ein US-Visum, auf das er ein Jahr warten musste. Er kam im März 1939 in den Vereinigten Staaten an und gründete ein Jahr später die Merix Chemical Company in Chicago. Über die Jahre entwickelte und patentierte er 40 Chemikalien für verschiedene Anwendungen, darunter eine, die bei der Mondmission der Apollo 11 im Jahr 1969 eingesetzt wurde. Eric Sonneman verstarb 2004 im Alter von 93 Jahren.

Toby Sonneman: Die Schriftstellerin lebt an der pazifischen Nordwestküste der Vereinigten Staaten und ist Autorin dreier Bücher, darunter „Shared Sorrows: A Gypsy Family Remembers the Holocaust" (University of Hertfordshire Press, UK, 2002). Das Buch liegt bislang nur im englischen Original vor, übersetzt bedeutet der Titel „Geteilte Sorgen. Eine Sinti Familie erinnert sich an den Holocaust". Sie arbeitet zur Zeit an einer Webseite und einem Buchprojekt, das die verborgenen Geschichten ihrer Familie während des Holocaust thematisiert und beschreibt, wie versucht wurde, Angehörige aus dem von den Nationalsozialisten besetzten Europa zu retten. Näheres unter: www.thegreyfolder.com und www.tobysonneman.com.

Christian Könne

Zwischen Straßenstrich und Lupinenstraße

Prostitution in Mannheim

Der Text untersucht die Geschichte der Prostitution in Mannheim zwischen den 1870er und 1980er Jahren, also grob zwischen der Reichsgründung und dem Auftauchen von Aids. Die unterschiedlichen Schwerpunkte der Darstellung ergeben sich aus der Überlieferungssituation. Trotz großer Lücken in der Überlieferung der NS-Zeit kann ein Gesamtbild gezeichnet werden, das die großen Linien der Entwicklung abbildet und zentrale Akteure und Zustände vorstellt. Es wird erkennbar, dass die Geschichte der Prostitution ein relevanter Bestanteil der Mannheimer Stadtgeschichte ist, der mit den Bereichen Politik, Polizei, Kirchen, Jugend, Sozial- und Gesundheitspolitik verbunden war. Nicht alle wollten die Prostituierten und das Milieu als für die ganze Stadt bedeutsamen Teil der Gesellschaftsgeschichte akzeptieren. Das hatte Folgen.

Prostitution 1871-1904

Das Reichsstrafgesetzbuch von 1876 ließ dann Straffreiheit für eine Prostituierte zu, wenn sie „einer polizeilichen Kontrolle unterstellt" war und „die diesbezüglichen Vorschriften" beachtete. Nicht angemeldete Prostitution war grundsätzlich strafbar.[1] Mannheim erließ nach 1872 daher 1878 eine neue Dirnenordnung (Abb. 1a-h).[2] Die Regelungen waren juristisch in diesem Bereich im Reich deutlich uneinheitlich, was zeitgenössisch zu Rechtsunsicherheit führte.[3] Sie schrieben in Mannheim Kleidung und äußeres Erscheinungsbild vor.[4] Legten Zeiten und Orte fest, wann und wo sich die Frauen in der Öffentlichkeit aufhalten durften. Selbst das Verhalten in ihrer Wohnung wurde reglementiert. Auch Vorgaben über Untersuchungen beim Arzt waren enthalten. Nur Frauen, die sich diesem strengen Reglement fügten, durften als „eingeschriebene Dirne" straffrei der Prostitution nachgehen.[5]

In Mannheim hatten an verschiedenen Stellen sogenannte „öffentliche Häuser" bestanden. Sie mussten geschlossen werden, weil die Nachbarn auf der Basis des im Jahr 1900 neu geschaffenen Bürgerlichen Gesetzbuches klagten und gewan-

Ortspolizeiliche Vorschrift

über die

Ausübung der gewerbsmäßigen Unzucht

in der

Stadt Mannheim.

Mannheim.

Druck von Schatt und Raisberger.

1878.

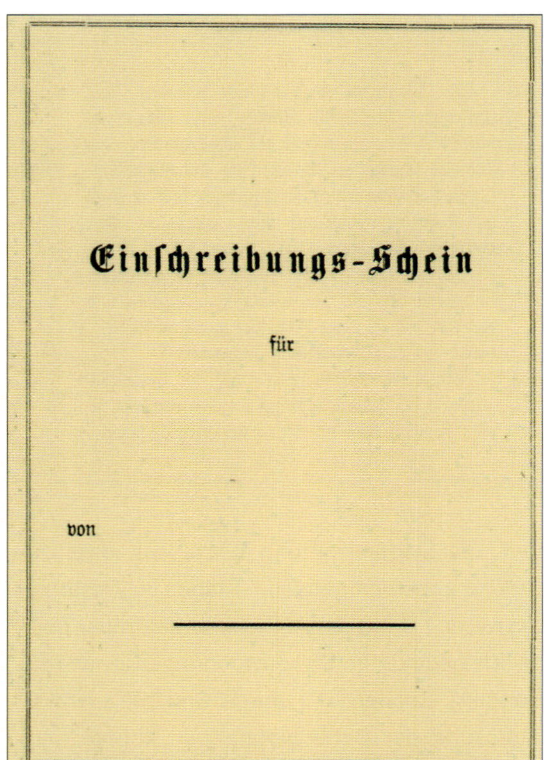

Einschreibungs-Schein

für

von

Abb. 1a und b
Titelblatt der Mannheimer Dirnenverordnung von 1878 (links) und der Einschreibungsschein für die Frauen (rechts)
TECHNOSEUM

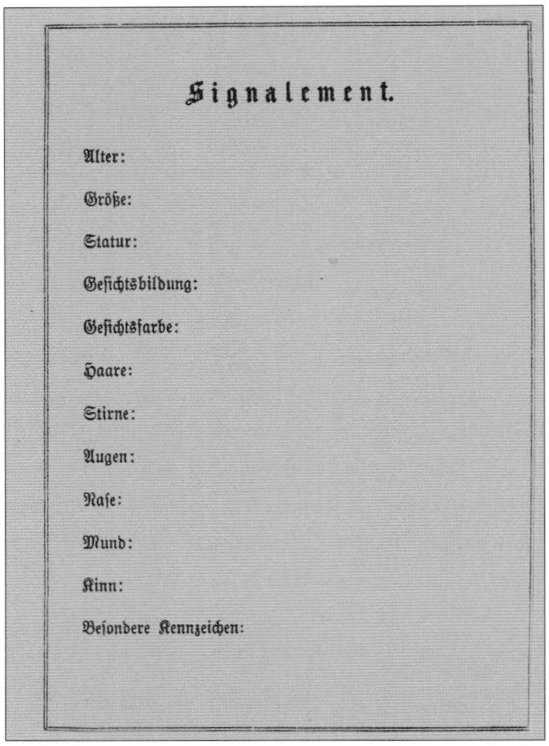

Signalement.

Alter:

Größe:

Statur:

Gesichtsbildung:

Gesichtsfarbe:

Haare:

Stirne:

Augen:

Nase:

Mund:

Kinn:

Besondere Kennzeichen:

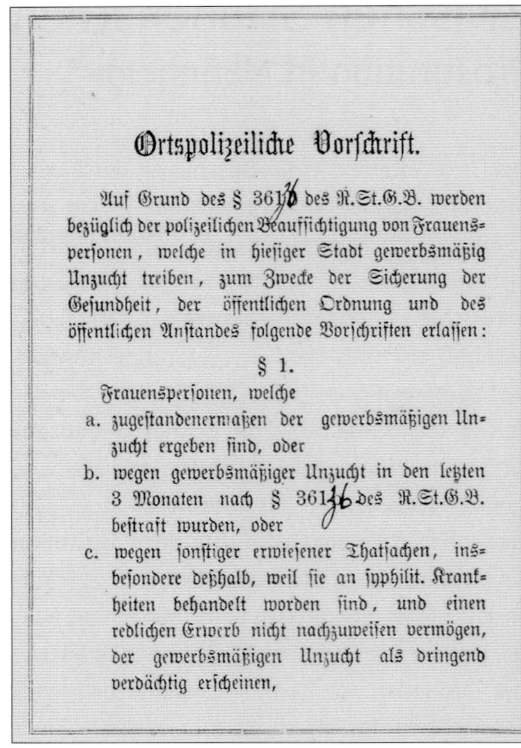

Ortspolizeiliche Vorschrift.

Auf Grund des § 361/6 des R.St.G.B. werden bezüglich der polizeilichen Beaufsichtigung von Frauenspersonen, welche in hiesiger Stadt gewerbsmäßig Unzucht treiben, zum Zwecke der Sicherung der Gesundheit, der öffentlichen Ordnung und des öffentlichen Anstandes folgende Vorschriften erlassen:

§ 1.

Frauenspersonen, welche

a. zugestandenermaßen der gewerbsmäßigen Unzucht ergeben sind, oder

b. wegen gewerbsmäßiger Unzucht in den letzten 3 Monaten nach § 361/6 des R.St.G.B. bestraft wurden, oder

c. wegen sonstiger erwiesener Thatsachen, insbesondere deßhalb, weil sie an syphilit. Krankheiten behandelt worden sind, und einen redlichen Erwerb nicht nachzuweisen vermögen, der gewerbsmäßigen Unzucht als dringend verdächtig erscheinen,

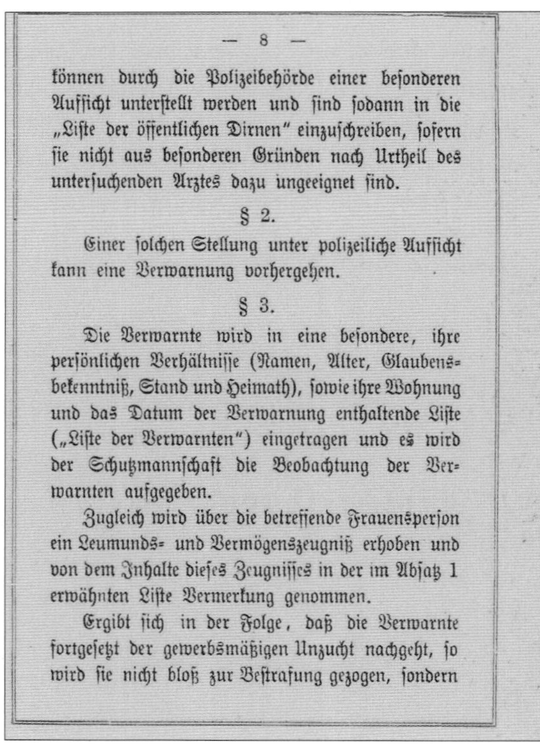

— 8 —

können durch die Polizeibehörde einer besonderen Aufsicht unterstellt werden und sind sodann in die „Liste der öffentlichen Dirnen" einzuschreiben, sofern sie nicht aus besonderen Gründen nach Urtheil des untersuchenden Arztes dazu ungeeignet sind.

§ 2.

Einer solchen Stellung unter polizeiliche Aufsicht kann eine Verwarnung vorhergehen.

§ 3.

Die Verwarnte wird in eine besondere, ihre persönlichen Verhältnisse (Namen, Alter, Glaubensbekenntniß, Stand und Heimath), sowie ihre Wohnung und das Datum der Verwarnung enthaltende Liste („Liste der Verwarnten") eingetragen und es wird der Schutzmannschaft die Beobachtung der Verwarnten aufgegeben.

Zugleich wird über die betreffende Frauensperson ein Leumunds- und Vermögenszeugniß erhoben und von dem Inhalte dieses Zeugnisses in der im Absatz 1 erwähnten Liste Vermerkung genommen.

Ergibt sich in der Folge, daß die Verwarnte fortgesetzt der gewerbsmäßigen Unzucht nachgeht, so wird sie nicht bloß zur Bestrafung gezogen, sondern

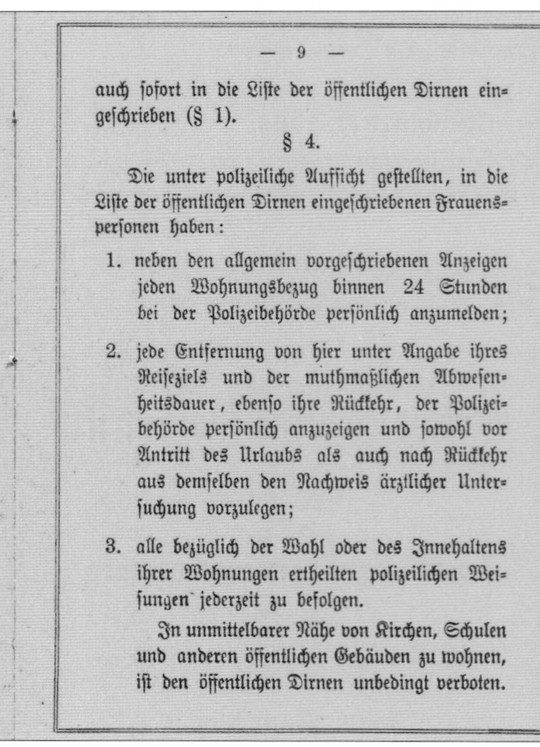

— 9 —

auch sofort in die Liste der öffentlichen Dirnen eingeschrieben (§ 1).

§ 4.

Die unter polizeiliche Aufsicht gestellten, in die Liste der öffentlichen Dirnen eingeschriebenen Frauenspersonen haben:

1. neben den allgemein vorgeschriebenen Anzeigen jeden Wohnungsbezug binnen 24 Stunden bei der Polizeibehörde persönlich anzumelden;

2. jede Entfernung von hier unter Angabe ihres Reiseziels und der muthmaßlichen Abwesenheitsdauer, ebenso ihre Rückkehr, der Polizeibehörde persönlich anzuzeigen und sowohl vor Antritt des Urlaubs als auch nach Rückkehr aus demselben den Nachweis ärztlicher Untersuchung vorzulegen;

3. alle bezüglich der Wahl oder des Innehaltens ihrer Wohnungen ertheilten polizeilichen Weisungen jederzeit zu befolgen.

In unmittelbarer Nähe von Kirchen, Schulen und anderen öffentlichen Gebäuden zu wohnen, ist den öffentlichen Dirnen unbedingt verboten.

Abb. 1c bis g
Personenbeschreibung der Frauen und die einzelnen Paragraphen der Dirnenverordnung von 1878
TECHNOSEUM

nen. Die Stadtverwaltung führte aus, dass die „höchst unbefriedigenden Zustände im Prostitutionswesen [...] mit der Aufhebung der früher polizeilich geduldeten Dirnenwohnungen in engem Kontakt" standen. Die durch Gerichte erwirkte Auflösung der Dirnenwohnungen könnte man „zwar beklagen, aber nicht ändern."[6] Hernach trat eine „Überhandnahme der Straßenprostitution und der damit verbundenen Übelstände" ein, sodass sich die Polizei veranlasst sah, „an der Peripherie [...] wieder ein Zusammenwohnen von Dirnen in besonderen Häusern zu gestatten."[7] Mit der Ansiedlung der Prostituierten an der Peripherie beschritt man einen Weg, der bereits für die

— 10 —

§ 5.

Es ist den in Frage stehenden Frauenspersonen verboten:

1. das Heraussehen durch die Fenster ihrer Wohnungsräume, welche erstere vielmehr zu jeder Zeit durch dichte Vorhänge zu verschließen sind, sowie das Stehen vor, an, oder in der Hausthüre;
2. das Anlocken von Mannspersonen, sei es durch Worte, Laute, Geberden oder Zeichen, ingleichen die Abgabe von Visitenkarten an Mannspersonen, sowie die öffentliche Ankündigung ihrer Wohnungen;
3. das zwecklose Umherziehen auf den Straßen, Promenaden und Plätzen der Stadt und der Vorstädte zur Tageszeit, sowohl als ganz besonders zur Abendzeit vom Beginn der Straßenbeleuchtung an;
4. das heimliche nächtliche Beherbergen von Manns- oder Frauenspersonen in ihren Wohnungen, insbesondere zum Zwecke irgend welcher Beihülfe bei Ausübung des Gewerbes durch die Dirne;

— 11 —

Jungen, unselbstständigen Leuten, z. B. Schülern, Lehrlingen &c. dürfen die öffentlichen Dirnen den Zutritt in ihre Wohnungen und den Aufenthalt daselbst überhaupt nicht gestatten;

5. das übermäßige Erleuchten ihrer Lokalitäten zur Abendzeit, sowie alles laute Singen, Musiciren, schallendes Gelächter oder sonstiges ruhestörendes Benehmen in ihren Wohnungsräumen;
6. das Tragen auffälliger oder unanständiger Kleidung, sowie das Zusammengehen, Zusammenstehen, oder Zusammensitzen mit mehreren, diesen Vorschriften unterworfenen Frauenspersonen auf Straßen, Promenaden und Plätzen, oder an öffentlichen Vergnügungsorten;
7. der Besuch des Parquets und der Logen im hiesigen Hof- und National-Theater;
8. der Besuch der Militärwachtparaden und der Militärexercierplätze, sowie derjenigen öffentlichen Orte, welche nach specieller Anordnung der Polizeibehörde von einzelnen oder sämmt-

— 12 —

lichen unter Controle stehenden Frauenspersonen nicht betreten werden sollen.

§ 6.

Behufs polizeilicher Ueberwachung des Gesundheitszustandes der eingeschriebenen Dirnen findet allwöchentlich eine ärztliche Untersuchung statt, zu welcher sie sich um die ihnen bezeichnete Zeit in dem hierzu bestimmten Lokale wohl gereinigt, sowie in anständiger Kleidung und Haltung einzufinden haben.

Deßgleichen haben sie sich — falls dies nöthig befunden wird — außerordentlichen Untersuchungen durch den hierzu bestellten Arzt zu unterwerfen.

Den jedesmaligen Befund der ärztlichen Untersuchung hat sich die Untersuchte von dem betreffenden Arzte in ihren Einschreibungsschein (vergl. § 9) eintragen zu lassen.

Den ärztlichen Anordnungen und polizeilichen Weisungen bezüglich der Heilung ansteckender Krankheiten hat die Untersuchte unbedingt Folge zu leisten.

§ 7.

Jede eingeschriebene Dirne hat sich in die Versicherungsanstalt des allgemeinen Krankenhauses

— 13 —

aufnehmen zu lassen und sich im Falle einer Erkrankung alsbald in dasselbe zu begeben.

§ 8.

Bei Eröffnung des die Stellung unter polizeiliche Aufsicht verfügenden Beschlusses wird die betreffende Frauensperson auf die von ihr zu befolgenden Anordnungen, sowie auf die §§ 361 *§6* und 362 des R.St.G.B. hingewiesen.

Außerdem werden solche Frauenspersonen bei diesem Anlasse unter fortlaufenden Nummern in die in § 1 am Ende erwähnte Liste eingetragen. Die letztere enthält die persönlichen Verhältnisse der Dirne (Namen, Alter, Glaubensbekenntniß, Stand und Heimath), sowie ihre Wohnung, das Datum der Stellung unter polizeiliche Aufsicht und eine Rubrik für Bemerkungen (Leumund, Vermögensverhältnisse, frühere Beschäftigung, Vorstrafen).

Endlich wird der betreffenden Frauensperson bei der fraglichen Veranlassung ein auf ihren Namen lautender, ihr Signalement und einen Abdruck dieser Vorschrift enthaltender Schein (Einschreibungsschein) behändigt.

Vor der Einschreibung erhält die Schutzmann-

„Frauenhäuser", die städtischen Bordelle des Mittelalters, gegolten hatte.[8]

Ende des Jahres 1903 wurde von der Polizei daher „die gesamte Prostitution in der 19. Querstraße", damals am Rande der Neckarstadt gelegen, angesiedelt . Ziel war, „daß diese Straße lediglich Bordelle enthalten" sollte.[9] Am 15. Dezember 1904 wurde eine weitere Dirnenordnung erlassen.[10] In den Jahren 1903 standen durchschnittlich 20 bis 30 und 1904 45 bis 65 Prostituierte unter Kontrolle. Von den für 1904 genannten Frauen wohnten „25 bis 35 im neuen Kasernement."[11] Die Frage, inwieweit „die gesamte" Prostitution dort angesiedelt wurde, wurde zeitgenössisch

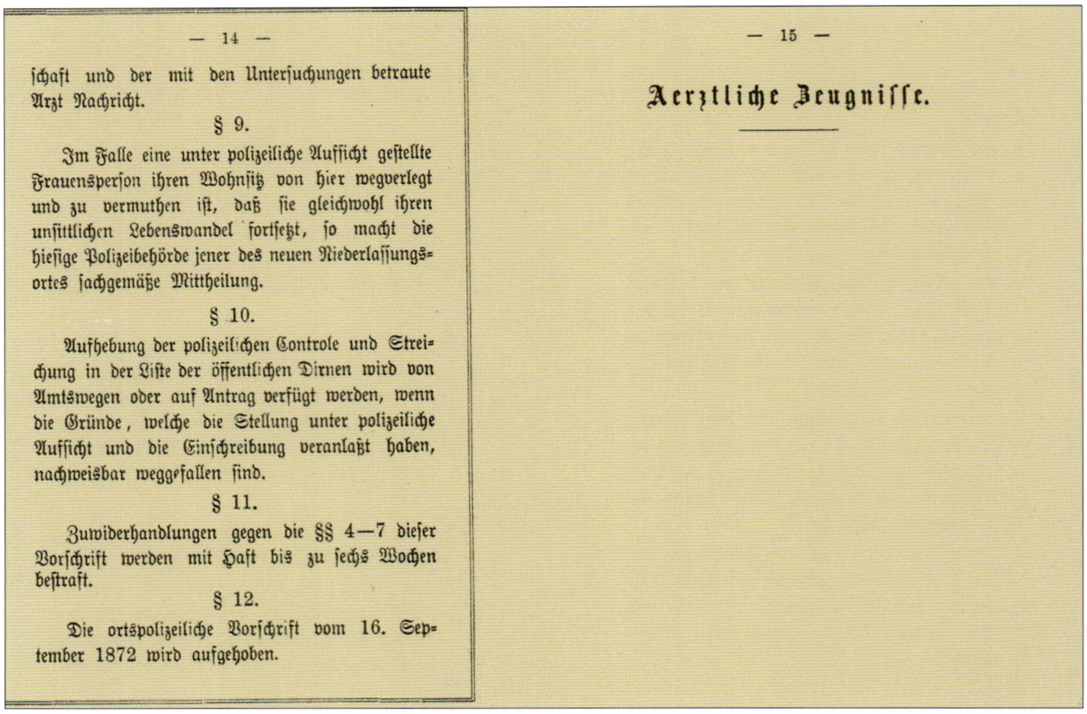

— 14 —

schaft und der mit den Untersuchungen betraute Arzt Nachricht.

§ 9.

Im Falle eine unter polizeiliche Aufsicht gestellte Frauensperson ihren Wohnsitz von hier wegverlegt und zu vermuthen ist, daß sie gleichwohl ihren unsittlichen Lebenswandel fortsetzt, so macht die hiesige Polizeibehörde jener des neuen Niederlassungsortes sachgemäße Mittheilung.

§ 10.

Aufhebung der polizeilichen Controle und Streichung in der Liste der öffentlichen Dirnen wird von Amtswegen oder auf Antrag verfügt werden, wenn die Gründe, welche die Stellung unter polizeiliche Aufsicht und die Einschreibung veranlaßt haben, nachweisbar weggefallen sind.

§ 11.

Zuwiderhandlungen gegen die §§ 4—7 dieser Vorschrift werden mit Haft bis zu sechs Wochen bestraft.

§ 12.

Die ortspolizeiliche Vorschrift vom 16. September 1872 wird aufgehoben.

— 15 —

Aerztliche Zeugnisse.

Abb. 1h
Einzelne Paragraphen der Dirnenverordnung von 1878
TECHNOSEUM

von verschiedenen Seiten also unterschiedlich beantwortet. Grundsätzlich scheint diese Maßnahme der Polizei nicht in Abstimmung mit der Stadtverwaltung erfolgt zu sein, denn der Verwaltungsbericht führt aus, dass „die Stadtverwaltung zur Wiedereinführung des Kasernements der Prostituierten gesetzlich nicht berufen" sei und „sie bei den bisherigen einschneidenden Maßnahmen der hiesigen Polizeibehörde nicht einmal Gelegenheit zur Aeußerung hatte".[12] In der Neckarstadt jedenfalls entstand angesichts dieser Maßnahmen „die Ansicht, daß es die Absicht der Polizeidirektion sei, die ganze Gewerbsunzucht" dort anzusiedeln und sogar „die 18. Querstraße" noch hinzuzunehmen, was ein Licht auf die zahlenmäßige Dimension der Prostituierten wirft.[13] Gegen die Polizeipläne protestierten der Gemeinnützige Verein Neckarvorstadt (Abb. 2), der Krippenverein, der dort ein Krippenhaus unterhielt, und auch der Separatfond der Konkordienkirche, der in der Gutemannstraße ein Grundstück besaß.[14] Der Gemeinnützige Verein wandte sich zuerst an die Polizeidirektion und nachfolgend an das Badische Parlament. Der Vorstand stellte klar, dass „gegen die Kasernierung der Dirnen an sich, auch gegen Zulassung einzelner Dirnen in der Neckarvorstadt nichts eingewendet" wurde, aber man sich „dagegen verwahre, daß **alle** [H.i.O.] Dirnen in dem Stadtteil konzentriert werden".[15] Im Separatfonds war man kritischer. Dass man einem ohnehin „stiefmütterlich behandelten Stadtteil, der vorwiegend von Leuten der unteren und mittleren Bevölkerungsschichten bewohnt wird, diese die Sittlichkeit gefährdende Pest auflud", erregte Unmut.[16] Als Argumente gegen die Ansiedlung der Prostituierten wurde neben der sittlichen Gefahr für die Kinder auch auf die wirtschaftliche Dimension hingewiesen, da durch diese Konzentration der Prostitution die umliegenden „Grundstücke bedeutend entwertet" würden. Weiterhin wurde klargestellt, dass „die Bevölkerung der Neckarvorstadt" aufgrund ihrer Sozialstruktur selbst „kein großes Bedürfnis nach solchen Häusern" und vermutlich auch kein Geld für Prostituierte hatte. Die „Besucher" der Häuser kamen, wie man beobachtete, „aus den wohlhabenderen" Stadtteilen, speziell aus der Oststadt.[17] Daher forderte der Gemeinnützige Verein, dass die Prostituierten „auch in anderen Teilen der Stadt" untergebracht werden sollten.[18] Diese Petition war der Anlass für eine Kommission und nachfolgend für beide Kammern des Badischen Parlaments, sich ausführlich mit der Situation zu befassen.

Ursachen der Prostitution, Herkunft der Prostituierten, Lebens- und Arbeitsbedingungen

In der Frage, was die Ursache der Prostitution war, hatte man im Landtag verschiedene Ansichten.[19] Nach Auffassung der Ersten Kammer war die Prostitution „die der Frau eigentümliche Form der Kriminalität".[20] Die Zweite Kammer benannte als Ursachen den „ungezügelten Geschlechtstrieb weiter Kreise der Männerwelt" sowie die „Neigung zahlreicher Weibspersonen, ohne Arbeit" in „Genußsucht" leben zu wollen. Überall dort, „wo eine große Zahl von ledigen jungen Männern" und „sich selbst überlassenen Frauenpersonen in unsicheren Lebensverhältnissen" zusammentrafen, gedieh sie angeblich.[21]

Um die Frage, ob es sich bei den Häusern um eine Kasernierung, also die Verweisung aller konzessionierten Prostituierten an einen Ort, aber mit selbständiger Tätigkeit oder um Bordelle, also die Ansiedlung von Prostituierten in Häusern, aber in wirtschaftlicher Abhängigkeit vom Bordellwirt, handele, gab es ebenso verschiedene Ansichten. Der Leiter der Untersuchungskommission kam zu dem Schluss, dass die Polizei zwar „den Versuch einer Kasernierung" gemacht hätte, faktisch aber „Bordelle entstanden" waren.[22] Der Innenminister vertrat auf Basis von Polizeiinformationen exakt die gegenteilige Position.[23] Ähnlich widersprüchlich war die zeitgenössische Literatur. Einmal wird über das Mannheimer Milieu ausgesagt, die Stadt gehöre deutschlandweit „zu den Hochburgen des Bordellbetriebs". Im gleichen Text wird Mannheim dann in einer Liste deutscher Städte jedoch gar nicht erwähnt, in denen es entweder Bordelle oder kasernierte Prostitution gab.[24]

Um sich in die Dirnenliste einschreiben zu dürfen, mussten die Frauen mindestens 18 Jahre alt sein.[25] Zeitgenössisch stammten sie oft aus ärmlichen Verhältnissen und kamen von weiter her.[26] Vor der Einschreibung wurde ihnen Geld angeboten, um zurück in ihre Heimat reisen zu können oder die Aufnahme in ein Asyl als weitere Möglichkeit aufgezeigt. Beides hatte „so gut wie nie" Erfolg.

Die Frauen lebten und arbeiteten in den Häusern von „Bordellhaltern", an die sie „Pension" bezahlten.[27] Die „Miet- und Verpflegungsbeiträge" waren „sehr hoch" und lagen angeblich bei zwölf Mark pro Tag.[28] 1903 betrug der Jahres-Durchschnittsverdienst 855 Mark. Eine Prostituierte zahlte für ihre Unterkunft 4.380 Mark, also 512 Prozent des Durchschnittseinkommens. Da stets mehrere Frauen in einem Haus arbeiteten, kann man ermessen, wie lukrativ diese Häuser für ihre Besitzer waren. Faktisch musste in Mannheim nicht nur für Miete und Verpflegung bezahlt, sondern der „ganze Verdienst [...] an die Bordellbesitzer abgeliefert werden". Denn die Frauen erhielten „eine Abrechnung, bei der oft noch Schulden" für sie übrig blieben", insbesondere für „aufgedrungene Kleider".[29] Dieses System gewährleistete, dass die Frauen Prostituierte blieben.[30] In den Häusern war „der Ausschank geistiger Getränke" verboten. 1905 wurde die Zahl der Dirnen unter Kontrolle mit 33 bis 52 im offiziellen Verwaltungsbericht angegeben. Von diesen Frauen waren 41 „im neuen Kasernement" der Gutemannstraße (Abb. 3a und b) „untergebracht".[33] Die Zahl der

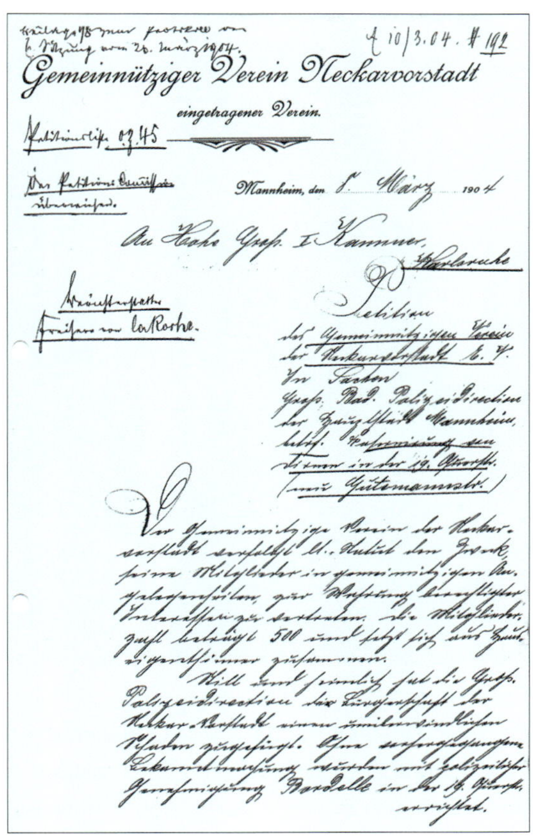
Gemeinnütziger Verein Neckarvorstadt
eingetragener Verein.
Mannheim, den 8. März 1904

Abb. 2
Die Petition des Gemeinnützigen Vereins Neckarvorstadt zur Schließung der Gutemannstraße
8. März 1903[4].
Generallandesarchiv Karlsruhe

Frauen dort war also angestiegen. 1908 standen 45 Prostituierte in Mannheim unter sittenpolizeilicher Kontrolle. Das entsprach 33,3 Prozent aller kontrollierten badischen Prostituierten. Bei den nicht-kontrollierten, von der Polizei aufgegriffenen, Prostituierten kam Mannheim 1907 auf 325 und damit auf 50,3 Prozent in Baden.[31] In außerbadischen Veröffentlichungen wurde die Zahl der Kontrolldirnen in den Jahren 1903-1907 mit zwischen 70 und 200 angegeben.[32] Trotz dieser prominenten Ziffern wurde die Prostitution in Mannheim außerhalb des Parlaments offenbar nicht speziell untersucht. Über das weitere Leben der Prostituierten, deren Arbeitsbedingungen und Verdienstmöglichkeiten ist aus zeitgenössischen Quellen so gut wie nichts zu erfahren. In den Verwaltungsberichten der Stadt Mannheim sind die Prostituierten zunächst unter der Rubrik „Ansteckende Krankheiten", später unter „Geschlechtskrankheiten" zu finden. Die Gemeinde sah die Prostitution offenbar vor allem unter diesem Blickwinkel und den damit verbundenen Kosten.[33] Für die Information über die weiteren Lebens- und Arbeitsumständen der Prostituierten finden sich in literarisierter Form Hinweise. Hier wird unter der Charakterisierung „möglichst günstig, für möglichst kurze Zeit" von drei Mark als Preis für den Besuch bei einer Prostituierten berichtet und von 200 Mark für sehr spezielle Wünsche.[34]

Die Bedrohung der Volksgesundheit als zentrales Argument für die Kasernierung

Die Frage, ob man eine regelmäßige ärztliche Untersuchung der Prostituierten zulassen oder gar vorschreiben solle, war stark umstritten.[35] Medizinisch betrachtet war bekannt, dass eine nicht regelmäßig untersuchte „Strichdirne [...] in Bezug auf Ansteckungsfähigkeit 11 mal gefährlicher als eine Eingeschriebene" war. Die Straßenprostituierten wiesen neben Trippererkrankungen außerdem „ein erhebliches Plus von Syphilis" im Vergleich zu den kasernierten Frauen auf.[36] Syphilis war nach der Tuberkulose für die zweitmeisten Todesfälle in Baden verantwortlich. Die langfristige stationäre Unterbringung der Syphiliskranken verursachte enorme Kosten. Aus diesen Gründen wurde für eine Untersuchung plädiert. Von den Gegnern wurde ins Feld geführt, dass der wöchentlich auf dem Dirnen-Schein eingetragene Gesundheitsnachweis die Männer erst recht dazu ansporne, zu diesen Frauen zu gehen, weil sie sich relativ sicher sein könnten, dass keine Gefahr für eine sexuell übertragbare Krankheit von den Frauen ausgehe.[37] Ob dies von den Freiern tatsächlich so gesehen wurde? Wie zuverlässig waren die Untersuchungen?[38] 1905 standen in Mannheim insgesamt

Abb. 3a und b
Die Gutemannstraße, rechts ein Detail, das die Frauen in den Fenstern zeigt.
Vermutlich Ende der 1950er Jahre
Fotos: Hans Roden oder Pit Steiger
MARCHIVUM

449 Personen unter Kontrolle, während 394 aufgegriffen wurden, davon 86 wiederholt. „Im Krankenhaus standen eingeschriebene Dirnen während 4133 Tagen und aufgegriffene Prostituierte während 6775 Tagen in ärztlicher Behandlung." Auch dies zeigt, dass die sogenannten „Kontrolldirnen" medizinisch gesünder waren, als die übrigen Prostituierten. Für die „Verpflegung dieser Frauenpersonen" musste die Stadt Mannheim 21.289 Mark aufwenden. Davon „wurden durch die erhobenen Beiträge – wöchentlich 3,50 M – zur Dirnenkrankenkasse 9071 M[ark] gedeckt". Der „Mehraufwand" von 12.218 Mark „blieb der Stadtkasse zur Last".[39] Dies ist umso erstaunlicher, als erst per 1. Januar 1905 der Beitrag zur „Dirnen-Krankenkasse" von 2 Mark auf 3,50 Mark pro Woche, also um 75 Prozent erhöht worden war, um „die außerordentliche Zunahme der Krankentage der eingeschriebenen Dirnen" finanziell besser abzudecken.[40] Die Verwaltungsberichte sind die einzige Quelle, in der auf die spezielle Krankenversicherung für Prostituierte in Mannheim hingewiesen wird.[41] Für 1903 / 1904 wurden folgende Krankenzahlen für Mannheim angegeben: eingeschriebene Dirnen: 23 / 107 mal Gonorrhoe, 12 / 16 mal weicher Schanker, 5 / 29 mal Syphilis. Aufgegriffene 142 / 139 mal Gonorrhoe, 10 / 7 mal weicher Schanker und 52 / 81 mal Syphilis. Um der Ausbreitung der Geschlechtskrankheiten besser entgegen zu treten, war in Mannheim 1903 eine „Ortsgruppe der deutschen Gesellschaft zur Bekämpfung der Geschlechtskrankheiten" gegründet worden, die in Vorträgen und Versammlungen sowie mit Flugblättern und einer Statistik – mit den Angaben zur Mannheimer Situation – die allgemeine Öffentlichkeit und speziell Abiturienten informierte. Der Stadtrat Bassermann und der Bezirksarzt Behrle waren die Vorsitzenden.[42] Da der „Versuch einer Unterdrückung der Prostitution aussichtslos" war, entschied man sich dazu, die Prostitution zu kasernieren. Es war die „sanitär gefahrloseste und wenigst augenfällige Regelung".[43] Bei dieser Sicht blieb es auch in den nachfolgenden badischen Debatten der Jahre 1908 und 1910. Auch der Übergang zur Republik 1918/19 änderte hieran nichts.[44] Doch wurden Stimmen laut, die sich für einen anderen Umgang mit der Prostitution aussprachen.[45]

Die Weimarer Republik. Weniger Repression, mehr Prävention. Ergebnisse

Erst das Gesetz zur Bekämpfung der Geschlechtskrankheiten vom 18. Februar 1927 verbot eine Kasernierung.[46] Es trat am 1. Oktober 1927 in Kraft.[47] Es brachte eine deutliche Veränderung der Sicht.[48] Die Häuser in der Gutemannstraße wurden geschlossen.[49] Nachfolgend suchten sich die Prostituierten im ganzen Stadtgebiet, speziell in der Neckarstadt, den J-, H- und K-Quadraten, im Jungbusch und im Hafengebiet eine Unterkunft und gingen dort „ihrem Gewerbe" nach. Einen bekannten Treffpunkt bildete das Lokal „Weißer Elefant" in der Filsbach.[50] Daneben fand man sie aber auch um die Konkordienkirche herum. Nach Ansicht der evangelischen Kirche ging die Polizei zu lax mit der Straßenprostitution um.[51] In den nachfolgenden Jahren kam es im Badischen Landtag immer wieder zu Diskussionen um diese Aufhebung.[52] In Mannheim scheint die Situation außerhalb des kirchlichen Bereichs jedoch nicht als extrem empfunden worden zu sein. In verschiedenen Zeitungen findet sich bei einem Kontrollzeitraum sechs Monate und ein Jahr nach der Aufhebung der Kasernierung kein Artikel, der diese zum Thema hatte. Städtische Skandale sehen anders aus.[53] Drei Jahre nach dem Ende der Kasernierung ließ sich wider alle Unkenrufe früherer Jahre „die auffallende Tatsache feststellen, daß die schlimmste dieser Krankheiten, die Syphilis, stark abgenommen" hatte.[54] Die Sichtbarkeit der Prostituierten brüskierte das Bürgertum. Aber die Prostitution stellte zunehmende keine Gefahr mehr für die Volksgesundheit und die Syphiliskranken keine stetig steigende Belastung für den Staatssäckel dar. Beide Befunde scheinen deutschlandweit typisch gewesen zu sein.[55]

NS-Zeit. Überwachung, Bestrafung, Sippenhaft

Bereits ab dem 1. April 1933, dem Tag des reichsweiten Judenboykotts der Nationalsozialisten, wurden in Mannheim die bordellartigen Betriebe in der Gutemannstraße nach späterer Erinnerung und Diktion wieder „geduldet". Angestrebt war, die Prostituierten „mit dem Ziel, sie aus [...] der Innenstadt zu entfernen", zu erfassen und sie „geschlossen in der Gutemannstraße" anzusiedeln.[56] Zeitgenössisch findet sich in der Presse kein

Artikel hinsichtlich einer Neuregelung für die Prostituierten.[57] In den Mannheimer Adressbüchern taucht eine „Pension" in der Gutemannstraße erstmals 1936/37 wieder auf.[58] Für die erneute Kasernierung fehlte auch in Mannheim die gesetzliche Grundlage.[59] Erst die Verordnung vom 21. Oktober 1940 hob die seit 1927 gültigen Kasernierungsverbote auf.[60] Bis 1942 gab es in der Gutemannstraße dann fünf „Pensionen".[61] Waren an dieser nur schleppend vonstatten gehenden Wiedereinrichtung die schlechteren finanziellen Aussichten mit schuld? Denn im Gegensatz zu früheren (und nachfolgenden) Zeiten durften in den Bordellen der NS-Zeit weder die Preise für Verpflegung noch „die ortsüblichen Mietssätze (sic!)" soweit „überschritten werden", dass sie dem Vermieter „ungerechtfertigte Gewinnmöglichkeiten" boten.[62] Im Nationalsozialismus wurde erstmals die gesamte Familie „in Sippenhaft" genommen, sofern Prostitution „nicht als Einzelfall" vorkam. Denn so war der Nachweis der „Lebensbewährung der einzelnen Sippenmitglieder" nicht erreicht. Solchen „Sippen" wurden die „Ehestandsdarlehen", die vom NS-Staat ansonsten gewährt und offenbar stark nachgefragt wurden, verwehrt.[63]

Die Mannheimer Prostituierten wurden „in sittenpolizeilicher Hinsicht erfaßt und zur ständigen Gesundheitsüberwachung verpflichtet". Außerdem wurde eine neue „Dirnenordnung erlassen, die die Verhältnisse in der Gutemannstraße und das Verhalten der Dirnen dort und im übrigen Stadtgebiet [sic!] streng regelte".[64] Es gab also auch in anderen Stadtgebieten Prostituierte.

Die gemäß der NS-Politik zum Umgang mit „Gemeinschaftsfremden", zu denen auch die Prostituierten gezählt wurden, aufgebaute „Zentralkartei" des städtischen Fürsorgeamtes Mannheim ist ein Kriegsverlust. Doch waren Prostituierte „in die kriminalpolizeiliche ‚vorbeugende Verbrechensbekämpfung' einbezogen".[65] Prostituierte wurden in der NS-Zeit grundsätzlich von medizinischen oder Fürsorge-Einrichtungen überwacht und auch in Konzentrationslager eingewiesen.[66] Abweichendes Verhalten wurde bestraft. Bei einem Bombenangriff im April 1943 wurde unter anderem Haus Nr. 12 in der Gutemannstraße zerstört. Rosa Eckel war die Pächterin des Nachbarhauses Nr. 14. Beide Häuser waren „Pensionen". Zusammen mit Margarethe Stögbauer nahm sie aus der Ruine zwei Großpackungen Präservative, Öl, Gemüse, Holz und Wein an sich. Am 22. Juli 1943 schrieb der Eigentümer des Hauses Nr. 12, Wilhelm Suntz,[67] einen Denunziationsbrief, in dem er mitteilte, dass er von „Parasiten [...] um das Letzte [...] beraubt" worden sei. Am 3. August 1943 zeigte er seine Nachbarin an. Das Urteil hielt später fest, dass sich die Frauen „an Hab und Gut" vergangen und sich so „außerhalb der Volksgemeinschaft" gestellt hätten. Trotz verschiedener Schreiben auch vonseiten ihrer Familien und obwohl beide Frauen Kinder im Alter von zwei Jahren hatten, wurden sie am 22. Dezember 1943 hingerichtet.[68] Nach den Recherchen des AK Justiz wurden noch eine weitere Prostituierte, Maria Theresia Bauss, sowie Richard Hau wegen ähnlicher Bagatellen zum Tode verurteilt.[69]

Die Prostitution unter der amerikanischen Besatzungsmacht: mindestens doppeldeutig

Die Amerikaner lehnten Prostitution ab. Anders als andere Armeen hatten sie für ihre Soldaten auch keine speziellen Bordelle.[70] Dementsprechend mussten die Prostituierten am 10. Dezember 1945 auf US-Anordnung (Abb. 4) hin aus der Gutemannstraße ausziehen.[71] Doch viele Frauen wohnten wegen der Bombentreffer ohnehin nicht mehr dort.[72] In den Räumen wurden Wohnungslose angesiedelt. Angeblich wies das Wohnungsamt „verschiedene Mieter" beim Einzug darauf hin, dass sie wieder „umquartiert werden, wenn die Gutemannstrasse ‚wieder aufgemacht' würde".[73]

Die meisten Prostituierten gingen nun in den „Ruinen der Umgebung der Gutemannstraße" ihrer Tätigkeit nach.[74] Die Nachkriegssituation brachte aber auch viele Frauen von außerhalb, die den Amerikanern gefolgt waren, sowie Kinder dazu, sich zu prostituieren.[75] Ihr Anteil war „erheblich".[76] Die Ausbreitung von Geschlechtskrankheiten erreichte eine Höhe wie nie zuvor.[77] Die favorisierten Freier stellten die im Verhältnis zur deutschen Bevölkerung extrem wohlhabenden und günstiger Weise meist alleinstehenden GIs dar. Für die Pfalz ist dieser Aspekt bereits gut erforscht.[78] Der Effekt war, dass „das Puffleben immer grellere Blüten trieb [...] und vor unserer Haustür [...] das [...] anrüchige Nachtleben" tobte, wie Joy Fleming, deren Familie als Ausgebombte in die Gutemannstraße eingewiesen worden war, ausführt.[79] Die Berichte der Kirchengemeinden bestätigen dies.[80] Selbst im Bundestag waren die „Zustände in Mannheim" ein Thema, „wo sich fast unerträgliche Verhältnisse entwickelt" hatten.[81]

Diese Situation machte es „erforderlich, sich über die [Schließungs-]Anordnung der Militärregierung hinwegzusetzen". Das Jugend- und Wohnungsamt sorgte dafür, dass „die Dirnen im Jahre 1949 wieder Wohnrecht in der Gutemannstraße" bekamen.[82] Hatten sich die städtischen Ämter tatsächlich über die amerikanische Order gestellt? Ja und nein. Die US-Landesmilitärregierung hatte 1948 darauf hingewiesen, dass zur Bekämpfung der um sich greifenden Prostitution sowohl das Gesetz von 1927, aber auch die Verordnung von 1940 „voll durchzuführen" waren. Das Erstere verbot Kasernierung und Bordellierung. Die Letztere gestattete die Kasernierung. Diese sich widersprechenden Positionen waren den deutschen Verwaltungsbeamten bekannt. Diese entschieden sich – reflexhaft? – für die Kasernierung. Auch das Innenministerium unterstützte die Wiederzulassung der Bordellierung, nachdem sowohl die Kirchen (s.u.) als auch die Stadtverwaltungen es hierzu aufgefordert hatten.[83] Ob die uneindeutige amerikanische Vorgabe ein Versehen war? Jedenfalls findet sich kein Widerspruch zur Wiedereinrichtung der Häuser in Mannheim, sodass „schon nach kurzer Zeit" nur noch „Kontrolldirnen" in den Pensionen wohnten und arbeiteten.[84] Offiziell wurde zwar noch 1953 „jede Art von Bordellen [...] von den Amerikanern abgelehnt und das Betreten dieser Häuser verboten".[85] Doch waren die Mannheimer Maßnahmen auch durch das Besatzungsstatut abgedeckt, demgemäß Gesetze oder Maßnahmen mit denen der Besatzungsbehörden vereinbar sein mussten. Das waren sie – so oder so. Außerdem galt es, „das Prestige und die Sicherheit der Alliierten Streitkräfte" zu sichern.[86] Ein von der Öffentlichkeit abgeschirmter Raum sowie ärztliche Untersuchungen standen dieser Vorgabe nicht im Wege. Gleichzeitig gab es deutsch-amerikanische Polizeistreifen.[87] Der Mannheimer Polizei war sogar von amerikanischer Seite gestattet, GIs vorübergehend festzuhalten und an eine MP Streife abzuliefern, obwohl sie eigentlich kein Festnahmerecht besaß.[88] Die Lokalisierung der Prostitution in bestimmten Quartieren nach 1945 ist auch für andere Städte in der US-Besatzungszone nachgewiesen.[89]

Auch die Kirchen führten entgegen ihrer Wünsche ans Innenministerium auf Wiederzulassung von Bordellen (s.o.) in Mannheim öffentlich einen „Kampf gegen die Wiederbelebung der Betriebe in der Gutemannstraße".[90] Sprachen die Kirchen mit gespaltener Zunge? Waren die verschiedenen Ebenen der Kirchenverwaltung uneins?

Ähnlich zwiegespalten war die Sicht von Stadtrat und Stadtverwaltung. Es finden sich teilweise

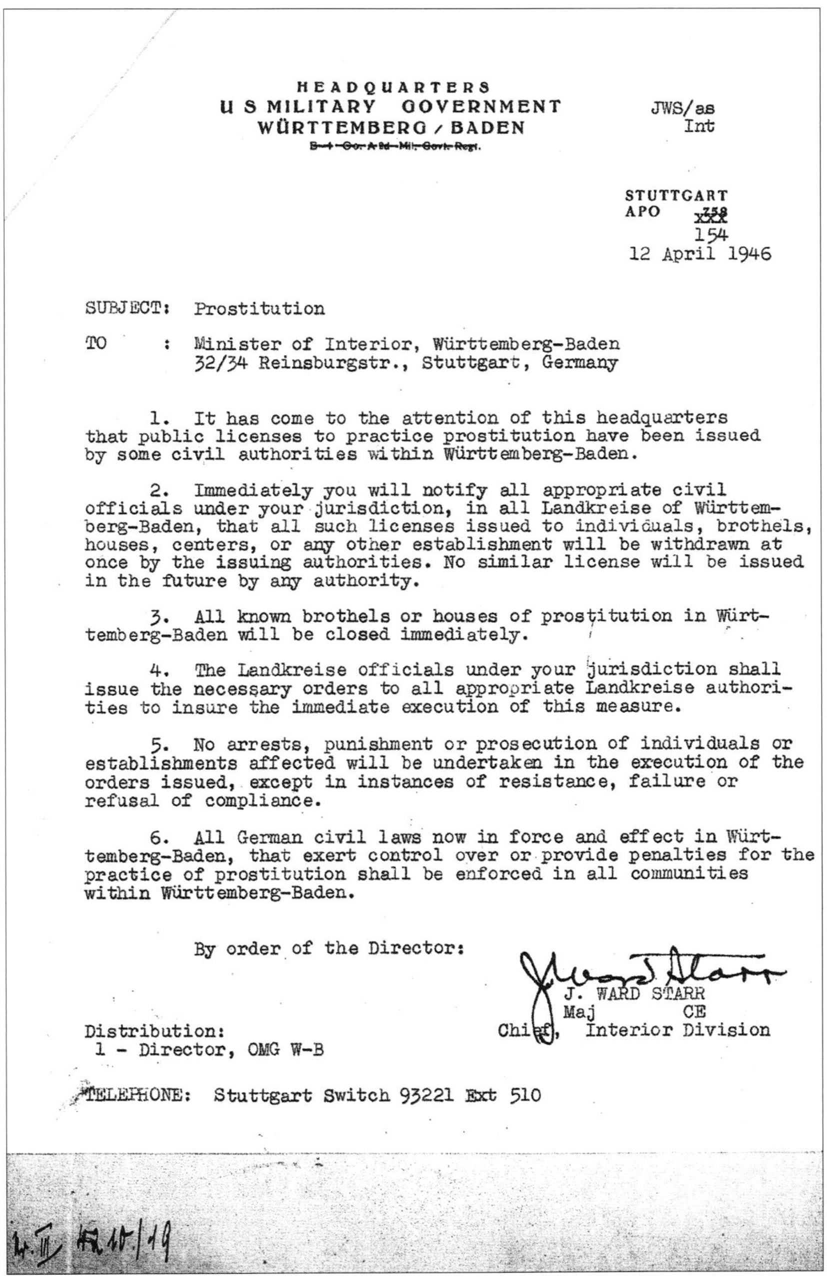

HEADQUARTERS
U S MILITARY GOVERNMENT
WÜRTTEMBERG / BADEN

JWS/as
Int

STUTTGART
APO ~~xxx~~ 154
12 April 1946

SUBJECT: Prostitution

TO : Minister of Interior, Württemberg-Baden
32/34 Reinsburgstr., Stuttgart, Germany

1. It has come to the attention of this headquarters that public licenses to practice prostitution have been issued by some civil authorities within Württemberg-Baden.

2. Immediately you will notify all appropriate civil officials under your jurisdiction, in all Landkreise of Württemberg-Baden, that all such licenses issued to individuals, brothels, houses, centers, or any other establishment will be withdrawn at once by the issuing authorities. No similar license will be issued in the future by any authority.

3. All known brothels or houses of prostitution in Württemberg-Baden will be closed immediately.

4. The Landkreise officials under your jurisdiction shall issue the necessary orders to all appropriate Landkreise authorities to insure the immediate execution of this measure.

5. No arrests, punishment or prosecution of individuals or establishments affected will be undertaken in the execution of the orders issued, except in instances of resistance, failure or refusal of compliance.

6. All German civil laws now in force and effect in Württemberg-Baden, that exert control over or provide penalties for the practice of prostitution shall be enforced in all communities within Württemberg-Baden.

By order of the Director:

J. WARD STARR
Maj CE
Chief, Interior Division

Distribution:
1 - Director, OMG W-B

TELEPHONE: Stuttgart Switch 93221 Ext 510

Abb. 4
Anordnung des US-Headquarters zur Schließung der Bordelle
12. April 1946
Hauptstaatsarchiv Stuttgart

Äußerungen, die eine Räumung der Straße von Dirnen forderten, gleichzeitig mit jenen, die deren Belassung anmahnten, aus derselben Behörde.[91]

Um eine politisch offenbar erneut nicht zu entscheidende Frage zu lösen, rief man nach der Justiz.[92] Die Staatsanwaltschaft kam zu dem Entschluss, dass es keine Möglichkeit gebe, die Häuser zu schließen, da es sich bei diesen nicht um Bordelle und auch nicht um bordellartige Betriebe handele. Die Gründe waren: ordentliche Mietverträge zwischen Personen über 18 Jahren, Vermieter, die sich nicht in die „Geschäfte" der Frauen einmischten und ein Mietpreis von 12 DM für ein Zimmer. Bei einer Zimmergröße von ca. 15 m² hätte dies im Monat eine Miete von 360 DM bedeutet.[93] Bis Ende der 1950er Jahren wurden in der Bundesrepublik für einfache Vorkriegswohnungen im „Vorderhaus 80 bis 90 Pfennig je Quadratmeter gezahlt, im Hinterhaus 50 bis 60 Pfennig". Für sehr vornehme Altbauten „etwa 1,40 Mark".[94] Diese Preise waren auf den Monat gerechnet. Während man auf dem übrigen Wohnungsmarkt also zwischen 6 DM und 16,80 DM im Monat für 15 m² zahlte, lag die Miete für die Pensionen mit 360 DM im Monat zwischen 2.143 und 6.000 Prozent über dem üblichen Preis. Findiger Weise verglich die Justiz die Mietpreise für Prostituierte nicht mit der ortsüblichen Miete, wie dies noch in der NS-Zeit gegolten hatte. Stattdessen stellte man fest, dass dieser Preis im „Vergleich mit den Pensionspreisen in anderen Städten" nicht überteuert sei. Die Mieterinnen wurden aus Sicht der Justiz daher weder ausgenutzt noch ausgebeutet.[95] Wer wollte sechs Jahre nach Ende der NS-Zeit einer Justiz widersprechen, die sich klar von im Nationalsozialismus geltenden Regelungen abwandte? Gleichzeitig setzte der NS-Nachfolgestaat so seine Diskriminierung der früher als „gemeinschaftsfremd" geltenden Personengruppe fort. Bis in die Mitte des Jahrzehnts hatten sich die Verhältnisse in verschiedener Hinsicht wieder stabilisiert, sodass nach Auffassung des Innenministeriums die Prostitution „im Zusammenhang mit den amerikanischen Truppen, merklich zurückgegangen" war.[96] Das schätzte die Melanchthonkirche ebenso ein.[97] Bemerkenswerterweise waren die zeitgenössischen Diskussionen in Mannheim nicht auf die Verabschiedung eines neuen Gesetzes zur Bekämpfung der Geschlechtskrankheiten fokussiert, das 1953 in Kraft getreten war.[98]

Leben und arbeiten in der Gutemannstraße. Die Situation nach Ende der Nachkriegsprostitution

1957 gab es in Baden-Württemberg 33 Unterkünfte für Prostituierte, wovon 15, also 45 Prozent, in Mannheim waren.[99] In Mannheim bestanden Plätze für 160 Prostituierte. Deren Lebensumstände wurden genauer untersucht. Regelmäßig wohnten 140 bis 150 Frauen in den Pensionen. Die jüngsten waren 21, die Älteste 52 Jahre alt. Die 24-Jährigen stellten mit 15 Personen die größte Gruppe. Das Durchschnittsalter lag bei 30 Jahren. Alle waren Deutsche. Ausländische Prostituierte wurden abgeschoben.[100] 19 Prozent der eingeschriebenen Prostituierten waren unehelich geboren, ca. 37 Prozent zuvor Hausangestellte, 25 Prozent Arbeiterinnen und 11 Prozent Kellnerinnen gewesen. Etwa 75 Prozent waren mehr als zweimal vorbestraft. Der Anteil Minderjähriger war „verhältnismäßig gering".[101] Zumindest grob betrachtet stimmten die Mannheimer Ergebnisse mit den übrigen überein.[102] Die in der Gutemannstraße lebenden „Vollprostituierten" wurden „auf freiwilliger Basis bei der Kriminalpolizei erfaßt". Von den sogenannten „wilden Dirnen" standen 1956 insgesamt 558 beim Gesundheitsamt unter Überwachung.[103] Man schätzte ein, dass der HwG-Personenkreis (HwG = Person mit häufig wechselndem Geschlechtspartner) das sechs- bis achtfache der Zahl der eingeschriebenen Prostituierten betrug.[104]

1957 führte Käthe Darius eine soziologische Untersuchung der Prostituierten in Mannheim durch.[105] Sie ermittelte, dass die Frauen für „regelmässiges Essen und ein sauberes Zimmer" am Tag zwischen 14 und 16 DM bezahlen mussten. Insgesamt benötigten die Frauen in den Pensionen „täglich durchschnittlich DM 30,- bis DM 40,-". Die Frauen verdienten nach eigenen Angaben etwa „DM 20,- bis DM 200,-" am Tag. Darius ging daher von einem monatlichen Verdienst von „DM 2.000,- bis DM 4.000,-" aus, was auf das Jahr gerechnet zwischen 475 und 951 Prozent des Durchschnittseinkommens waren.[106] Diese Angaben ließen „darauf schließen", dass „die Kohabitation" mit den Freiern „mindestens sechs- bis zehnmal am Tag" stattfand.[107] Als Preis wurde von Darius ein

Höchstsatz von DM 20 pro Kohabitation sowie eine untere Grenze von DM 5 angenommen, der sich nach der „Nachfrage" der Betreffenden richtete. Ursachen der Prostitution waren laut Darius: „1. schwere Störungen in den zwischenmenschlichen Beziehungen oder Fehlen der sozialen Einbettung 2. unbefriedigende berufliche Eingliederung. Folgen hieraus waren: 3. fehlende Disziplin und Haltlosigkeit, [und] 4. fehlende Daseinsfürsorge und wirtschaftliche Not". Auch konstatierte sie eine „relativ hohe Beteiligung von Flüchtlingsmädchen an der Prostitution".[108]

Grundsätzlich wurden die Frauen von den Behörden in „gesundheitsfürsorgerischer" Hinsicht erfasst und betreut. Man half bei einer Wohnungs- und Arbeitsvermittlung. Bei Minderjährigen wurde „die Rückführung in die Familie" und gegebenenfalls „die Einleitung von Erziehungsmaßnahmen" vorgenommen. Die karitativen Verbände betreuten die Frauen in Auffangstellen, Wohnheimen, Hautkliniken und Gefängnissen. Dabei kümmerten sie sich jedoch „nur um Jugendliche". Der „Erfolg" war „gering".[109] Die „soziale Wiedereingliederung von erwachsenen Prostituierten" kam „nur ganz selten vor".[110]

Alles, was Recht ist... Die Schließung der Gutemannstraße 1961. Prozesse und Prostitution

Die Stadtverwaltung erließ am 6. Dezember 1954 gegen die Eigentümer der Häuser Verfügungen.[111] Diese enthielten die Vorgabe zur Entfernung der Prostituierten sowie das Verbot, künftig an Prostituierte zu vermieten. Die Begründung war, dass die Gutemannstraße nach dem Wiederaufbau nun ganz von Wohngebäuden umgeben war.[112] Die Idee, gegen die Pensionen in der Gutemannstraße vorzugehen, stand im Kontext der auch in familien-, frauen- und sexualpolitischer Hinsicht sehr konservativen Nachkriegsjahre.[113] Gegen diese Verfügungen klagten die Eigentümer. Die Gerichtsverfahren dauerten bis 1960.[114] Dann durften die Häuser geräumt werden. Doch offenbar zögerte die Stadtverwaltung. In der Gemeinderatssitzung vom 24. Januar 1961 richtete „die CDU-Gemeinderatsfraktion an den Herrn Oberbürgermeister das Ersuchen", an der Räumung festzuhalten.[115] Der politische Druck führte wohl dazu, dass den Eigentümern mitgeteilt wurde, dass mit „Wirkung vom 30.4.61 die Dirnen aus den Pensionen zu entfernen waren". Dieser Sieg über „den städtischen Schandfleck" wurde „vor allem in lokalen CDU-Kreisen gebührend gefeiert".[116] Es war ein Pyrrhussieg, wie sich zeigen sollte.

Im April 1961 lebten noch 143 Frauen in den Häusern. Im März 1961 waren vor der Räumung 131 Prostituierte befragt worden, was diese im Falle einer Schließung der Straße unternehmen würden: „Bis auf zwei erklärten sämtliche Befragte, daß sie in Mannheim bleiben und der Prostitution nachgehen" würden. Jedoch erklärten sich „alle" damit einverstanden, bei einer „Verlegung der Pensionen in eine andere Gegend von Mannheim mitzuziehen und dort die Prostitution auszuüben". Unmissverständlich gaben 57 Frauen zu Protokoll, dass sie „bei einer vollständigen Schließung der Pensionen [...] in Mannheim als heimliche Prostituierte" weiterhin arbeiten würden.[117] Dies deckte sich mit einer bereits zehn Jahre zuvor gemachten Einschätzung zur Information des Stadtrats.[118] Die Polizei wusste also, was kommen würde. Doch ließ das Polizeipräsidium unter seinem damaligen Präsidenten und späterem CDU-Gemeinderat Leiber im Kontext der Diskussionen um die Schließung offenbar erklären, dass diese „keine sehr nachteiligen Folgen haben werde".[119] Warum? Politisch strebten CDU und Kirchen nach einer vollständigen Schließung. Von einer Ansiedelung an einem anderen Ort war nicht die Rede. Dass sich die bisher bereits im Hinblick auf eine völlige Schließung zögerlich zeigende Stadtverwaltung mit einer möglichen Umquartierung überhaupt befasste, wurde von konservativer Seite politisch als eine Unterstützung der Prostitution interpretiert und auf die Umsetzung der Urteile gedrungen. Mit Effekt: Die Prostituierten verließen die Gutemannstraße (Abb. 5). Sie wurde in

Abb. 5
Die neue Lupinenstraße, ehemals Gutemannstraße
Straßenschild
2016
Foto: Christian Könne

Lupinenstraße umbenannt. Es gab jedoch weitere, eigentlich bekannte, Effekte: Durch Schließung der Pensionen nahmen die Sittlichkeitsdelikte in Mannheim erheblich zu. Auch „Übergriffe und Belästigungen gegenüber Frauen und Mädchen" stiegen in allen Stadtteilen und fanden sogar „zur Tageszeit" statt. Darüber hinaus waren „schon kurz nach der Schließung" an anderen Stellen „sogenannte Strichplätze und Strichstraßen" entstanden.[120] Die Prostituierten kamen nun auch in die „besseren Gegenden", was zu großer Erregung auch bei den dort lebenden Männern führte. Es war ein Fehler mit absehbaren Folgen gewesen, die Gutemannstraße zu schließen. Die Prostituierten taten das, was sie angekündigt hatten. Die Stadt hatte einen Skandal. Und ein Wahlkampfthema. Es ging darum, den Schuldigen zu finden. Der CDU-Gemeinderatsvorsitzende Merkert sah sich zu einer öffentlichen Mitteilung an die Presse genötigt, in der er darauf verwies, dass die CDU lediglich gedrängt habe, geltendes Recht umzusetzen. Außerdem habe auch der Petitionsausschuss des Landtages das Vorliegen eines sittlichen Notstands gesehen. Es sei aber die Stadtverwaltung gewesen, die die Räumung am Ende tatsächlich vollzog. Die Presse, die (inzwischen?) von den intern kommunizierten Umfragen der Polizei Kenntnis erhalten hatte, übergoss auch angesichts dieser „Richtigstellung" die konservativen Kreise mit Häme.

War also die Polizei Schuld, weil sie ihre Informationen offenbar nicht allen Beteiligten kommuniziert hatte? Waren die CDU in Mannheim oder die Landtagsabgeordneten Schuld, weil sie die Stadtverwaltung gedrängt hatten? War die Stadtverwaltung Schuld, weil sie die Räumung durchgesetzt hatte? Die Schuld-Frage war diskutabel – und sie wurde lautstark und konsequent mit dem Finger auf andere zeigend öffentlich diskutiert. In den Archiven gibt es von den verschiedenen beteiligten Gruppen vor und nach diesem Skandal viel und eine recht exakte Überlieferung zur Mannheimer Prostitution. Zu diesem Skandal, der sogar ein Wahlkampfthema geworden war, fehlt sie. Fühlten sich insgeheim alle Akteure (mit-)schuldig? Jedenfalls begann erst jetzt die Suche nach einem Ort für die Prostitution. Doch wo sollte dieser sein?

Alles, was Recht ist... Die Suche nach einem Ort 1961-1968. Proteste und Prostitution

Zunächst wollte man die Frauen auf einem Gelände an der Autobahn in Friedrichsfeld ansiedeln. Doch dieser aus Mannheimer Sicht sehr geeignete Ort konnte nicht verwendet werden, weil das Landwirtschaftsamt in Ladenburg Einspruch erhob. Die Idee, die Friesenheimer Insel zur neuen Heimstatt der Prostituierten zu machen, wurde durch die Errichtung der Erdölraffinerie verhindert.[121] Der Plan der Pensionswirte, die Prostituierten in der Nähe des BBC-Geländes anzusiedeln, wurde mit dem Hinweis abgelehnt, dass es sich hier um ein Industriegebiet handele.[122] Auch die Idee, ein Eros-Center zu gründen, wurde besprochen und verworfen.[123]

Die Debatte waberte durch verschiedene Gremien und Orte der Stadt, vorzüglich solche mit Randlage. Die Diskussion manifestierte sich als Mittelpunkt des öffentlichen Interesses, als einige der bisherigen Pensionsbesitzer Fakten schufen, indem sie Häuser für Prostituierte errichten ließen. Der erste Gebäude- und Diskussionskomplex waren die Neckarauer Straße 15 und 15a (Abb. 6a und b). Ein früherer Pensionsbesitzer hatte dort 36 Appartments zu je 35 m^2 errichten lassen. Diese wollte er für 20 DM am Tag, etwa auf dem Niveau eines „mittleren Hotelzimmers", vermieten. Im Hinblick auf die Höhe des Preises wollte er sich noch bei der Staatsanwaltschaft erkundigen.[124] Als die künftige Verwendung der Gebäude ruchbar wurde, erhob sich ein Sturm der Entrüstung. Kirchengemeinden, Schulen und Schulelternschaften protestierten gemeinsam mit den übrigen Anwohnern gegen die geplante Ansiedlung. Dieser Protest fand sogar in überregionalen Medien seinen Niederschlag.[125] Seine Frau nahm in einem in der Zeitung abgedruckten Brief Stellung.[126] Den Protesten wurde nachgegeben. Nie zuvor und nie wieder danach sprachen die Betreiber der Pensionen in der Zeitung öffentlich mit der Mannheimer Bevölkerung zu den aktuellen Diskussionen um die Pensionen.

Mit dem Einzug der ersten Prostituierten bildete das Haus Werftstraße 37 im Jungbusch das nächste Zentrum der öffentlichen Erregung.[127] Angeführt von der CDU und unterstützt von

Abb. 6a und b
Die Häuser 15 und 15a in der Neckarauer Straße 2016
Foto: Christian Könne

den Pfarrern beider Konfessionen übergab man eine Liste mit 1.166 Unterschriften gegen die Ansiedlung.[128] Dieses Mal erklärte der neue Polizeipräsident Stümper der aufgebrachten Bevölkerung in der Tageszeitung, warum es nicht so einfach sei, eine Unterkunft für Prostituierte zu verhindern.[129] Die Debatten waren hitzig.[130] Niemals zuvor war so lange in einer derart breiten Öffentlichkeit über die Prostitution gesprochen worden. Ein Ende der Debatte wurde durch eine veränderte Sicht bei Kirche und CDU möglich. Stadtrat Merkert ließ sich wohl vom Polizeipräsidenten von der Notwendigkeit von Dirnenunterkünften überzeugen.[131] Was die Ansicht der Kirche änderte, ist nicht bekannt. Jedenfalls forderte die evangelische Kirche die Stadtverwaltung seit 1965 sogar offiziell dazu auf, aktiv ein Gelände für die Prostituierten zur Verfügung zu stellen. Bisher wollte die Stadtverwaltung die Errichtung einer Dirnenunterkunft nur dann tolerieren, wenn Grundstückserwerb und Gebäudeerrichtung in Regie einer Privatperson erfolgten. Doch die Kirche stellte klar: Mit einem solchen Grundstück leiste die Stadtverwaltung der Prostitution keinen Vorschub, wie dies bisher stets argumentiert worden war. Mit einem von der Stadt zur Verfügung gestellten Grundstück würde die Stadt „das Übel in den Schranken" halten.[132] Das war eine 180-Grad-Wende. Doch wohin sollten die Prostituierten?

Die Situation in der Lupinenstraße 1961 bis 1967. Zwischen Kommen und Gehen

Nach dem Auszug der Prostituierten aus der Gutemannstraße 1961 zogen „Gastarbeiter" in die Häuser. Niemand sonst wollte in diese Straße ziehen, auch wenn sie jetzt Lupinenstraße hieß. Viele der Männer kehrten „im Zuge der wirtschaftlichen Rezession" 1966/67 „in ihre Heimat zurück". Die Besitzer begannen daraufhin, „ohne daß es am Anfang besonders auffiel", wieder „an Prostituierte zu vermieten".[133] Als diese Rückwanderung dann „Anfang 1967" bemerkt wurde, wies die Polizei „alle Vermieter nochmals auf das bestehende Verwaltungsgerichtsurteil" hin. Angeblich ließ sich „die Entwicklung zur erneuten Dirnenwohnstraße" trotzdem nicht verhindern. Doch ist die Frage, ob dies 1967 angesichts der oben skizzierten Situation überhaupt noch gewollt war. Jedenfalls erfolgte die weitere Entwicklung erstaunlich zügig. Zu Beginn des Jahres 1967 wohnten etwa 30 Prostituierte dort, am Ende bereits ca. 100.[134] In Anbetracht

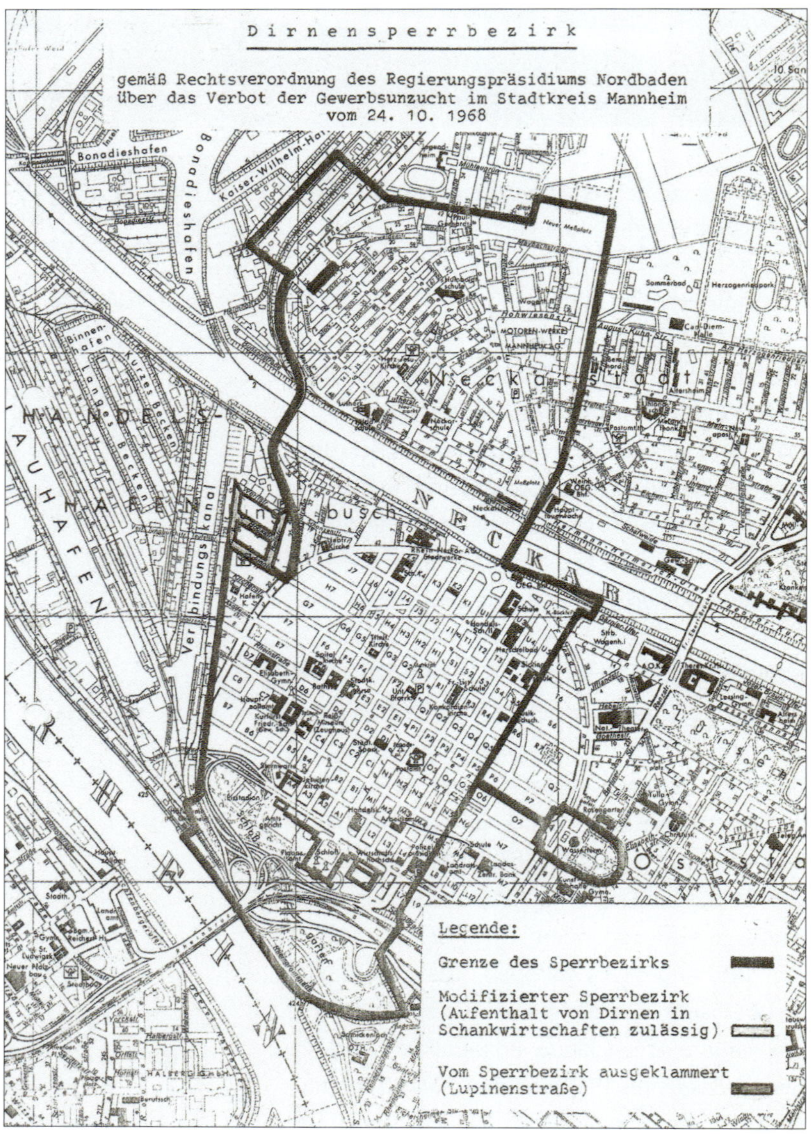

der gemachten Erfahrungen wurde aufseiten von Stadtverwaltung und Polizei nun „nichts mehr dagegen eingewendet, daß die Hausbesitzer Dirnen bei sich aufnahmen".[135] Mehr noch. Die Straße wurde gezielt in eine für Prostitution umgestaltet. Dafür wurden die dort noch lebenden Familien auf die Vogelstang umgesetzt.[136] Außerdem wurde die Lupinenstraße an ihren Aus- und Eingängen durch Tore verschlossen (Abb. 7). Damit wurde die Ruhestörung des durch die Freier und Schaulustigen verursachten PKW-Verkehrs bei Nacht beseitigt. Außerdem wurde verhindert, dass Kinder und Jugendliche in die Straße hineinsehen konnten. Zutritt war nur Personen über 18 Jahren gestattet. Um die Prostituierten in die Lupinenstraße zu bringen, wurde vom Regierungspräsidium Nordbaden eine erste Dirnensperrbezirksverordnung erlassen, welche die Innenstadt, Teile vom Jungbusch und die Neckarstadt zur Verbotszone erklärte (Abb. 8). Die Lupinenstraße wurde aus dieser Verbotszone herausgenommen. „Damit war die sogenannte Hausprostitution geregelt."[137]

Als Konsequenz der Verdrängung der Prostitution aus der Innenstadt durch die Errichtung des ersten Sperrbezirks hatte sich der Straßenstrich unter anderem rund um die Kunsthalle und den Wasserturm angesiedelt.[138] Im Jungbusch gab es das Bemühen der Hausbesitzer, weitere Dirnenhäuser zu etablieren, beispielsweise in der Hafenstraße 60.[139] Diese „Dirnenschwerpunkte" führten zu „erheblichen Störungen und Belästigungen".[140] Und diese zu geharnischten Protestbriefen, die die Bewohner nicht nur an die Mannheimer Stadtverwaltung und Polizei schickten. Die Anwohner beschwerten sich auch bei den übergeordneten Landesbehörden.[141] Offensichtlich erfolgreich, denn im Effekt „mußte" der Dirnensperrbezirk per 12. Dezember 1969 „um das Gebiet der Oststadt" erweitert werden.[142] Um bei der Erweiterung des Sperrbezirks „ein erneutes Ausweichen" der Prostituierten „zu verhindern", wollte die Stadtverwaltung „den Dirnen ein annehmbares Gelände, wo sich auch eine Schankwirtschaft befindet", zur

Abb. 7 (oben)
Die Tore vor der Lupinenstraße
2016
Foto: Christian Könne

Abb. 8 (unten)
Erster Dirnensperrbezirk in Mannheim
1968
MARCHIVUM

Verfügung stellen. Da die Stadtverwaltung „eine gewisse Übergangszeit zwecks Anpassung an die neue Regelung" als notwendig ansah, wurde 1969 für die Werft-, Hafen-, Böck-, Jungbusch- und Beilstraße zunächst festgelegt, dass auch hier der Straßenstrich verboten wurde. Das Verbot galt jedoch nicht für die dortigen „Schankwirtschaften". Der Werftstraße 37 wurde ein Jahr Zeit gegeben, um die dort wohnenden Prostituierten an einen anderen Ort zu bringen.[143] Durch diese allmähliche Ausdehnung des Sperrbezirks konnte man einerseits Vorschläge machen, wo man seitens der Stadt die Prostitution gerne ansiedeln würde. So konnte man aber auch abwarten, inwieweit diese Vorschläge angenommen wurden. Diese Methode hatte Erfolg. Auch später befand man, dass sich „die Einführung des Dirnensperrbezirks [...] bewährt" hatte.[144]

Auf der Suche nach einem Ort für den Straßenstrich

Bei der Suche nach einem Gelände für die Ansiedlung des Straßenstrichs war man zunächst von einem Gelände auf der Friesenheimer Insel ausgegangen. So wollte man Ruhestörungen vermeiden, die stark moniert wurden. Klar war auch, dass sich das Geschehen am leichtesten verlagern lassen würde, wenn man ein attraktives Gelände fand. Dies sprach gegen eine allzu weit vom Zentrum entfernte Straße. Peu à peu entschloss man sich, den Straßenstrich in der Helmholtzstraße anzusiedeln, weil es dort „keine Wohnungen" gab. Auch war das Gelände auf einer Seite „durch den hohen Bahndamm abgeschirmt".[145] Zudem lag es in der Nähe der Neckarstadt und der Lupinenstraße, wo viele Freier unverändert auf der Suche nach Prostituierten waren. Um die Szenerie ins notwendige Licht zu setzten, ließ die Stadtverwaltung in der Helmholtz- und Inselstraße zusätzliche und ausreichend starke Straßenlaternen (Abb. 9) anbringen.[146]

Um den Prostituierten den Umzug zu erleichtern, kam die Stadtverwaltung mit den Wirten, die bisher in der Werftstraße das Lokal „Bratröhre" (Abb. 10a und b) betrieben hatten, überein, dass diese ein Lokal unter dem Namen „Neue Bratröhre" an der Helmholtzstraße (Abb. 11) errichteten. Gleichzeitig mit diesen Maßnahmen wurde der Dirnensperrbezirk „erheblich erweitert" und zwar so, dass keine Gegend außerhalb des Sperrbezirks übrig blieb, in der der Straßenstrich „mit Aussicht auf ausreichende Geldeinnahmen ausgeübt werden konnte".[147]

Nachdem der Startschuss für den Straßenstrich in der Helmholtzstraße gefallen war, beschwerten sich einige Unternehmen darüber, „daß diese Dirnen auf ihrem Firmengelände [...] unter Hinterlassung eindeutiger Spuren" tätig wurden. Den Firmen wurde geraten, nachts ihre Betriebsgelände zu verschließen. Die Stadt sorgte dafür, dass an der Straße Mülltonnen angebracht und diese regelmäßig geleert wurden. Seitdem lief der Straßenstrich beschwerdefrei. Die „Neue Bratröhre" war „täglich nahezu 24 Stunden geöffnet". Sie war „als Speiselokal zur Nachtzeit ziemlich stark besucht".[148] Aus Sicht der Polizei hatte die Errichtung der Helmholtzstraße und der „Neuen Bratröhre" nicht nur finanziell „sehr guten Erfolg, weil sich das gesamte

Abb. 9
Die Straßenbeleuchtung für den Straßenstrich in der Inselstraße, 1968 installiert
2016
Foto: Christian Könne

Abb. 10a und b
Die Werftstraße mit der alten „Bratröhre", rechts ein Detail mit dem Eingang zur Bar
MARCHIVUM

Straßenstrichgebiet hierher verlagerte. Die Straßenprostitution konnte konzentriert und damit besser überwacht werden".[149] Die „Neue Bratröhre" bestand bis ca. zum Jahr 2000.[150] 2018 stand an dieser Stelle eine Autowaschanlage (Abb. 12).[151]

Leben und arbeiten in der Lupinenstraße

Mit der Errichtung des Sperrbezirks und der Re-Etablierung der Lupinenstraße einher gingen Vorgaben für die Verwalter der Pensionen und die Prostituierten. Die Vorgaben wurden aus Gründen der Zweckmäßigkeit für die Verwaltung „jedoch nicht [...] ausgehändigt, sondern in einer Zusammenkunft" im Polizeipräsidium „durchgesprochen und von diesem Personenkreis auch gebilligt".[152] Die Vorgaben regelten, wie das Mietverhältnis zu gestalten war, dass sich die Frauen binnen 24 Stunden beim Einwohnermeldeamt und auf dem Polizeipräsidium zu melden hatten und dass Rauschgiftkonsum, Alkoholsucht, Zuhälterumgang oder Randalieren als Kündigungsgründe galten. Frauen, die deshalb in einer Pension gekündigt worden waren, durften von keiner der anderen aufgenommen werden. Es wurde auch vorgeschrieben, dass nur Frauen als Verwalterinnen in den Pensionen arbeiten durften. Auch hatte „jegliche Gemeinschaftsorganisation zu unterbleiben". Gemeinschaftsräume, eine Kantine oder ein Telefonanschluss waren ebenso wie der Ausschank von Alkohol verboten. Jugendliche Freier wie Prostituierte unter 18 Jahren waren nicht zulässig.[153]

Die Regelungen waren teilweise strenger als die entsprechenden Urteile des Bundesgerichtshofes. Denn nach dessen Entscheidungen von 1955 und 1964 durfte es einen Gemeinschaftsraum für die Prostituierten geben, sofern dieser nicht von den Freiern betreten werden konnte. Die Verabreichung von drei Mahlzeiten am Tag war ebenfalls gestattet. Alkohol durfte von den Pensionsinhabern selbst dann an die Prostituierten verkauft werden, wenn diese wussten, dass dieser an die Freier weitergegeben wurde. Auch der Verkauf von Kondomen durch die Pensionsinhaber an die Prostituierten war durch Urteil des Bundesgerichtshofs gestattet.[154]

Der Preis für die Unterkunft scheint im üblichen Rahmen gelegen zu haben. Er wird zwar nicht benannt, aber die Dokumente weisen darauf hin, dass man förderhin darauf achten solle, dass „sich keine ‚Geldmacher' in der Lupinenstraße festsetzen".[155] Im Hinblick auf die „zu zahlenden festen

Abgaben" wusste die Polizei, dass diese in den verschiedenen Häusern kaum differierten und ein Abendessen zwischen 6 und 7 DM, eine Flasche Bier oder Cola 1,50, ein Kaffee eine und ein Piccolo 2 DM kosteten. Es werde in den Häusern „gern gesehen", wenn die Frauen „am Verzehr DM 20,- oder gar DM 40,-" umsetzen würden. Dieser Verdienst aus dem Umsatz falle an den Verwalter, nicht den Eigentümer der Häuser.[156] Nach den Richtlinien des Jahres 1968 wurde bis in die 1980er Jahre verfahren.[157] Bemerkenswerterweise finden die Strafrechtsänderungen zu Beginn der 1970er Jahre und die zuvor stattgefundenen juristischen Diskussionen in der Mannheimer Überlieferung keinen relevanten Niederschlag.[158]

POLIZEIPRÄSIDIUM
-31.0.1.2-

MANNHEIMER MORGEN
ALLGEMEINE ZEITUNG
RHEIN-NECKAR-ZEITUNG
FRANKFURTER ALLGEMEINE

vom 9.1. 1970 - Nr. 6

Mannheims Dirnen ziehen um:

Schluß mit City-Strich

Mannheim. (AZ/spec) Polizeipräsident Dr. Alfred Stümper zieht den Schlußstrich unter den Straßenstrich in der Innenstadt. Die neue Sperrbezirksverordnung – ab 1. Januar 1970 gültig – zwingt Dirnen raus aus der City und rein in die Helmholtzstraße. Hier und nur hier sollen sich – so hofft Dr. Stümper – Mannheims „Bordsteinschwalben" ihr neues Liebesnest bauen.

Den ersten Schritt aus den „total versauten" (Stümper) Mannheimer Prostitutions-Verhältnissen ging die Polizei am 2. Oktober 1968. An diesem Tag trat die erste Sperrbezirks-Verordnung in Kraft. Die Liebesdienerinnen wurden aus den Quadraten und der westlichen Neckarstadt vertrieben und siedelten sich — wie befürchtet — an den Randgebieten des Sperrbezirkes an. Es hagelte Proteste. Heftige Proteste aus dem völlig „überfüllten" Straßenstrich in der Werftstraße; geharnischte Proteste von den Anwohnern um Kunsthalle und Wasserturm. In der Roonstraße etwa verhandelten die Viertelstunden-Löhnerinnen lautstark mit Freiern und gingen ihrer Arbeit in den Hof-Einfahrten nach. Vgl. AZ-Bericht „Liebesspiele unter Kinderzimmern".) Die Polizei stand machtlos vis-à-vis. Gegen Dirnen und Freier konnte sie im besten Falle wegen Lärmbelästigung vorgehen; zu vertreiben waren die „Pärchen auf Zeit" nicht. (Fortsetzung im Lokalteil)

Grillrestaurant „Zur Bratröhre": Nur für Mädchen, die sich anständig benehmen können ... Foto: B & N

Abb. 11 (oben)
Bericht in der „Allgemeinen Zeitung" über die „Neue Bratröhre"
9. Januar 1970
MARCHIVUM

Straßenstrich und Lupinenstraße. Die Situation im Milieu

Die Zahl der Frauen, die „hauptberuflich" auf dem Straßenstrich zu finden waren, lag bei „etwa 250". Dazu kamen noch „200 bis 300 Gelegenheitsdirnen".[159] Der Straßenstrich in der Helmholtzstraße fand nur abends und nachts statt. Acht Frauen warteten dort auf die Freier und suchten mit diesen eine „möglichst nahegelegene Ecke auf, wo sie einigermaßen ungestört und ungesehen" waren. Diese Zahlen zeigen auch, wie viele Frauen offenbar an anderen Stellen Mannheims ihrem Gewerbe nachgingen. Über den Verdienst war nichts Genaues bekannt. Man wusste, dass die Frauen in der Helmholtzstraße mit den Männern „schon nach kurzer Zeit" fertig waren. Die Prostituierten auf dem Straßenstrich sahen im Gegensatz zu denen in der Lupinenstraße „z.T. arg vernachlässigt, verschmutzt und heruntergekommen aus".[160] Neue Frauen auf dem Straßenstrich wurden meist von den Prostituierten selbst der Polizei gemeldet, um „Konkurrenz auszuschalten". Die solchermaßen Auftauchenden waren „oft" Minderjährige oder „gesuchte Personen".[161] Von dieser Situation unterschied sich jene in der Lupinenstraße.

Abb. 12 (links)
Der ehemalige Standort der „Neuen Bratröhre"
2016
Foto: Christian Könne

1972 lebten und arbeiteten in der Lupinenstraße in 20 Häusern 215 bis 230 Prostituierte.[162] Auch in der Lupinenstraße war tagsüber nur wenig Betrieb. Abends und nachts waren die meisten Freier unterwegs (Abb. 13 bis 21). An den Wochenenden zählte man 200 bis 300 Männer am Abend. Mit Eintritt der Dunkelheit standen die Prostituierten „vor den Häusern", lagen „in den Fenstern" oder zeigten sich „knapp bekleidet" in den Räumen des Erdgeschosses, wo sie sich in den Farben Rot, Lila oder Blau „magisch anstrahlen" ließen. Die Prostituierten waren meist „junge Frauen" zwischen 18 und 30 Jahren, die sich wie „viele junge Mädchen" kleideten, sodass sie von der Aufmachung her, anders als früher, nicht mehr als Prostituierte zu erkennen waren. Die „geschlossene Unterbringung" stellte außerdem sowohl eine ärztliche wie eine polizeiliche Überwachung sicher. Die Geschlechtskrankheiten-Rate war „auf ein erträgliches Maß zurückgegangen", weil in der Lupinenstraße „in der Regel nur mit Schutzmitteln" gearbeitet wurde. Außerdem wusste die Polizei von Betrügereien, Unterschlagungen, Diebstählen bei den Freiern, aber auch, dass die Prostituierten „geschlagen, stranguliert und bis zur Bewußtlosigkeit gewürgt" worden waren.

Die Freier stammten „aus allen Bevölkerungsschichten und aus jedem Alter" sowie aus einem Einzugsgebiet im Radius bis zu 75 km um Mannheim. Sie wurden mit den Frauen „in der Regel ohne weiteres handelseinig" und das zu einem Preis „von 20,- DM an aufwärts". Es gab auch „Stammkunden", die zum Beispiel als Sadisten, Masochisten, Kotesser oder Urintrinker für diese speziellen Wünsche „ohne weiteres" auch „mehrere hundert DM" zahlten.[163] Das „ganze ‚Geschäft'" dauerte gewöhnlich vom „Verschwinden des Freiers mit der Dirne unter der Haustür bis zum Wiedererscheinen auf der Straße, höchstens acht Minuten."[164] Die Freier in der Lupinenstraße waren vor allem „fremde Besucher", wohingegen „der ‚Ansässige' mehr die billigere und diskretere Autoprostitution" der Helmholtzstraße in Anspruch nahm.[165]

Die Prostitution in den 1970er Jahren – Das Milieu verändert sich

Um mehr Geld einzunehmen, hatten die Hausbesitzer der Lupinenstraße die Zahl der Zimmer zu Beginn der 1970er Jahre auf 265 erhöht. Etwa 220 bis 240 waren tatsächlich belegt.[166] Die Polizei ging nach „langjährigen Erfahrungen" von einer Zahl von 200 Prostituierten aus, die sich mit ihrer Arbeit dort ein Auskommen finanzieren konnten. Bei einem Mehr an Prostituierten und dadurch sinkenden Einnahmen erhöhte sich die Kriminalität.[167]

Auch andere Aspekte änderten das Mannheimer Milieu. Die Prostituierten kamen „zunehmend aus mittleren Bevölkerungsschichten", sodass es seit Mitte der 1970er Jahre auch „kaufm. Angestellte oder Lehrerinnen" unter den Prostituierten gab. Die „Prostitution Jugendlicher" nahm vor allem am Hauptbahnhof zu. Kinderprostitution oder jugendliche Zuhälter waren zwar „sehr sel-

Abb. 13 und 14
Szenen aus einem Mannheimer Lokal
1960er Jahre
Pressebilder von Bohnert & Neusch
MARCHIVUM

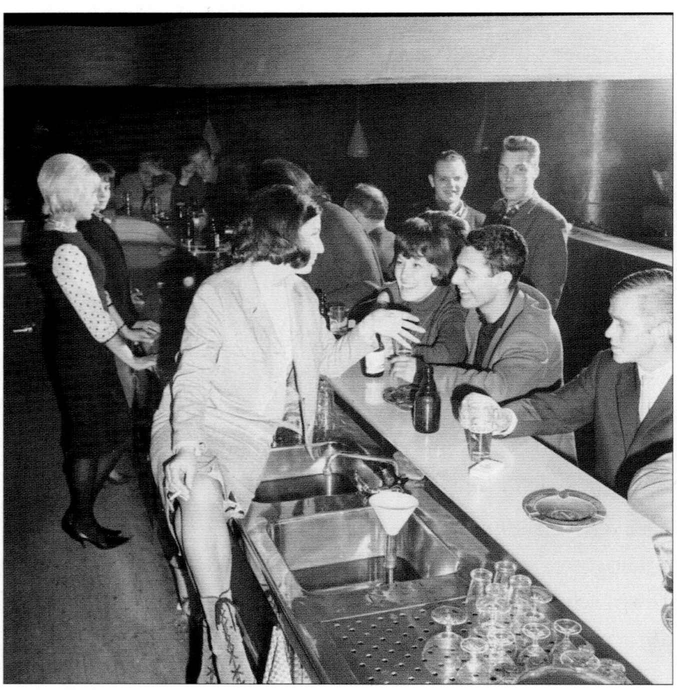

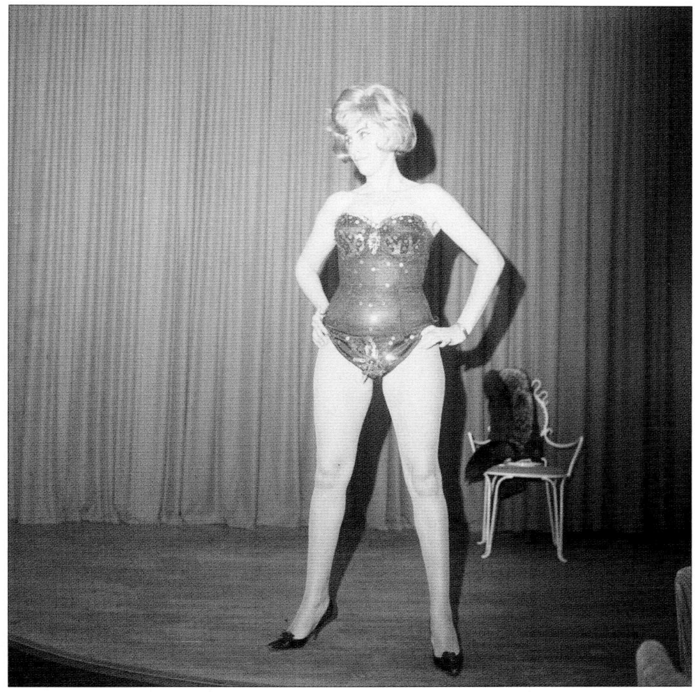

Abb. 15 und 16
Szenen aus einem Mannheimer Striptease-Lokal
1960er Jahre
Pressebilder von Bohnert & Neusch
MARCHIVUM

ten", aber offensichtlich auch ohne die Not der Nachkriegszeit vorhanden.[168] Jugendliche Freier waren bis Ende der 1970er Jahre nicht bekannt.[169] Ausländische Zuhälter fielen zahlenmäßig „kaum ins Gewicht".[170] Ausländische Prostituierte wurden unverändert nicht in die Dirnenheime aufgenommen, doch hatten sich inzwischen mit „Saunaclubs", „Massagesalons" oder in der sogenannten „Appartmentprostitution" neue Zweige der Prostitution etabliert, in denen vor allem ausländische Frauen zu finden waren.[171] Es bleibt offen, seit wann es diese Formen bzw. Orte der Prostitution gab. Sie traten aber in dieser und ähnlicher Form längere Zeit in Erscheinung.[172]

Die zunehmende Diversifikation hatte Auswirkungen. So bestanden Ende 1978 nur noch 18 Dirnenwohnheime in der Lupinenstraße, in denen 173 Prostituierte tätig waren, was eine Verminderung um fast 30 Prozent seit 1972 bedeutete. Die Frauen in diesen Häusern waren alle Deutsche. Die seit 1968 geltenden Vereinbarungen mit den Hausbesitzern wurden zwar „grundsätzlich eingehalten" und die „Vorschläge der Kripo-Sachbearbeiter [...] in bezug [sic!] auf die Betriebsführung [...] noch befolgt", doch gab es aufgrund der sinkenden Einnahmen vermehrt „Schwierigkeiten". Auch die „zunehmend bessere Kenntnis der rechtlichen Möglichkeiten" im Milieu führte zu einer Verringerung der Kooperation. Vor allem das Abgabeverbot von Alkohol an Freier und das Verbot, Männer als Verwalter in den Häusern zu beschäftigen, wurde häufig zum Problem.

Als zentrale Gefahren, die von der Prostitution ausgingen, sah man Ende der 1970er Jahre die sittliche Gefährdung von Kindern, Ruhestörung, Belästigung der Anwohner, das ungenügende Absichern der Zimmer gegen Einsicht, die körperliche Unversehrtheit von Passanten und Freiern sowie die Ausbeutung der Prostituierten durch die Betreiber der Häuser an. Auch Rauschgifte waren ein Problem. Als Rückzugsort für Kriminelle fiel die Lupinenstraße bis in die 1970er Jahre nicht auf.

Die Zahl der HwG-Personen Mannheims wurde auf „über 1000" geschätzt. Von diesen war „etwa ¼ Ausländerinnen" und hier „besonders Jugoslawinnen" oder „Engländerinnen". Auch „viele von Verwahrlosung bedrohte, oft auch vermißte Minderjährige", waren im HwG-Milieu zu finden. Anders als die Prostituierten waren die HwG-Personen „sehr oft krank" und galten als „Multiplikator" für Geschlechtskrankheiten.[173]

1975 kamen 37,4 Prozent aller Prostituierten und 38,4 Prozent aller HwG-Personen in Baden-Württemberg aus Mannheim. Diese Zahlen waren fast doppelt so hoch wie die in Karlsruhe oder Stuttgart.[174] Im Hinblick auf Prostitution stand

Abb. 17 und 18
Szenen aus einem Mannheimer Striptease-Lokal
1960er Jahre
Pressebilder von Bohnert & Neusch
MARCHIVUM

Mannheim inzwischen in einer Reihe mit Hamburg, Frankfurt oder München. Dies war noch in den 1980er Jahren der Fall.[175] Folgt man den späteren Berechnungen von Heinz-Trossen zum Verhältnis von Wohnbevölkerung zur Anzahl von Prostituierten (eine Prostituierte je 495 Einwohner in städtischen Gebieten), dann kommt man für Mannheim Ende der 1970er Jahre auf eine Anzahl von 612 Prostituierten.[176] Dieser Durchschnittswert wurde realiter klar überschritten.

Schlussbetrachtung

Im Untersuchungszeitraum kehrten manche Themen ebenso zyklisch wieder, wie auf die Eröffnung der Gutemannstraße 1903, 1933, 1949 und 1968 ihre Schließung 1927, 1945 und 1961 folgte. Auch die jeweiligen Argumente gleichen sich. Der Weg zur Erkenntnis, dass man Prostitution nicht verbieten konnte, wurde wiederholt beschritten. Die Kirchen und nach dem Zweiten Weltkrieg die CDU sowie die hinter ihnen stehende Stadtbevölkerung benötigten hierfür länger. Die in der Forschung konstatierte konservative Rückentwicklung im Hinblick auf Geschlechter- und Familienrollen in Gesellschaft, Politik und bei Wohlfahrtsverbänden nach dem Zweiten Weltkrieg, die die Gesellschaft deutlich hinter das in der Weimarer Republik erreichte Maß an Emanzipation, Offenheit und Diversität zurückfallen ließ, ist auch in Mannheim nachweisbar. Der stadtweit heiß diskutierte Skandal der 1960er Jahre scheint ein Aufbrechen dieser nahezu unverändert vorurteilsbeladenen NS- und Nachkriegsansichten darzustellen. Fast alle Beteiligten waren im Gespräch. Nur mit den Prostituierten und den Freiern redete öffentlich niemand.[177] Es wurde seither von allen akzeptiert, dass sich Prostitution nicht verbieten ließ. In dieser Hinsicht war eine öffentliche Diskussion um Sexualität in Mannheim früher vorhanden, als dies durch die 1968er Bewegung dann – wenngleich aus anderen Gründen – gesellschaftlich angestoßen wurde.

Eine Frage, die in jeder Diskussion Mannheims eine Rolle spielte, aber nie erforscht wurde, ist die, warum bei der Auflösung der Prostituiertenstraße mit etwa 150-220 Frauen darin anschließend die Prostitution in der gesamten Stadt mit einer solch hohen Anzahl an Frauen auftrat. Jedenfalls scheint die sogenannte Blitzableiter-These für Mannheim in dieser Hinsicht zuzutreffen.

Auch im Hinblick auf das Milieu selbst finden sich verschiedene Konstanten. Dass man in Mannheim in der Gutemann- und später Lupinenstraße 20 Häuser für die Prostituierten bereithielt, galt über lange Zeit hinweg. Im Hinblick auf die Anzahl der Prostituierten in der Straße ist ein Wachstum bis Mitte der 1970er Jahre kennzeichnend. Seither diversifizierte sich das Milieu zunehmend. Dass Frauen, die sich prostituierten, davon fast nicht abzubringen waren, ist ebenfalls eine Konstante.

Auch die Preise für sexuelle Dienstleistungen waren stabil. Von 1903 bis Ende der 1950er Jahre wurde bemerkenswerter Weise fast dasselbe Geld verlangt, wenngleich sich dessen Wert änderte. Ebenso blieb die zeitliche Dauer der sexuellen Dienstleistung über viele Jahre fast identisch. Die Frauen kamen „von weiter her" – wobei diese Definition mit der zunehmenden Mobilität der Menschen andere geographische Dimensionen abbildet. Die Freier kamen ursprünglich aus den wohlhabenden Gegenden Mannheims. Die Situation beider Weltkriege führte bei der Herkunft der Freier zu deutlichen Veränderungen. In beiden Kriegen waren es viele Soldaten. In der Zeit nach dem Zweiten Weltkrieg dehnte sich die Prostitution auf weitere Bevölkerungsgruppen aus. Das galt für die soziale und geographische Herkunft der Frauen ebenso wie für die geographische Herkunft und finanzielle Potenz der Freier. Auch die Hausbesitzer der Pensionen waren oft über Jahrzehnte die gleichen. Sie kamen teils aus Mannheims besseren Gegenden, teils aus Worms, Pirmasens oder Eppelheim. Nur eine Eigentümerfamilie lebte selbst in ihrem Haus in der Lupinenstraße.

Wann ein Bordell ein Bordell war, wann ein bordellartiger Betrieb vorlag und ob die Häuser in der Lupinenstraße das eine oder andere waren, war heftig umstritten. Neben den Debatten im Badischen Landtag gab es immer wieder Prozesse, um diese Frage zu klären. Die Diskussionen und die Entscheidungen des Bundesgerichtshofs zeigen, dass die Freiheiten, die man der Prostitution gewährte, allmählich größer wurden.

Die Mannheimer Prostitution fand schon früh und anhaltend ein Echo in Kunst und Literatur. Hier sei auf die Texte von Alexan, Fiedler, Fleming, Landin, Noé und Sinn verwiesen. Später kam die Soziologie, noch später die Geschichtswissenschaft hinzu. Was bis in die 1980er Jahre offenbar nicht gelang, ist, dass die Forschungsergebnisse einen schriftlich nachweisbaren Einfluss auf die Arbeit der Akteure hatten. 2009 wurden auf Initiative des AK Justiz Mannheim Stolpersteine für zwei im Nationalsozialismus hingerichtete Frauen verlegt. Es waren laut Auskunft des AK Justiz bis 2017 die einzigen, die in Deutschland für Prostituierte verlegt wurden.[178]

Prostitution von Männern hat es in Mannheim vermutlich ebenfalls immer gegeben. Sie taucht in den städtischen Debatten Mannheims im Kontext der Prostitution von Frauen lediglich einmal – symptomatischer Weise in der vergleichsweise

Abb. 19 und 20
Szenen aus einem Mannheimer Striptease-Lokal
1960er Jahre
Pressebilder von Bohnert & Neusch
MARCHIVUM

offenen Phase der Weimarer Republik – auf.[179] Die Geschichte der männliche Prostitution Mannheims zu erforschen, steht ebenso aus, wie die der weiblichen Prostitution seit den 1980er Jahren, wo mit Aids eine bisher unbekannte Komponente im Bereich der Sexualität ebenso wie im Bereich der öffentlichen Diskussion um und über Sexualität auftauchte.[180]

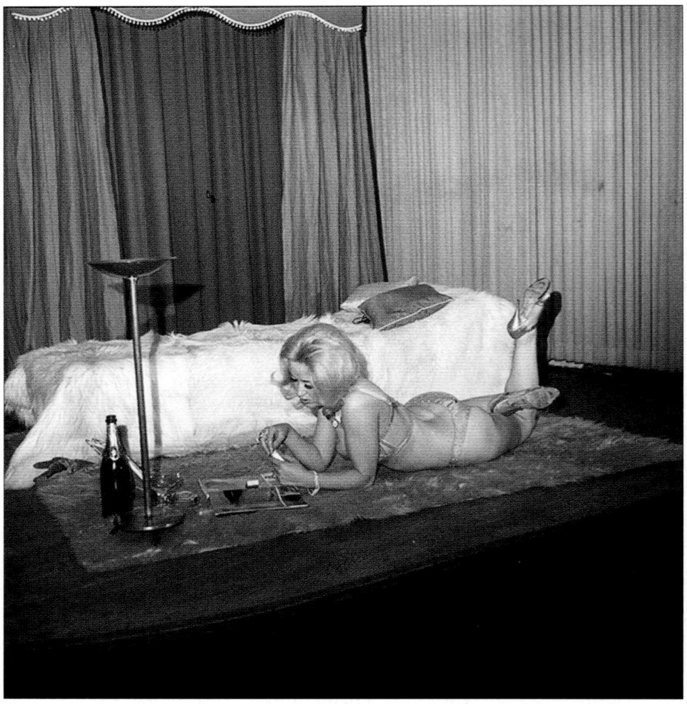

Abb. 21
Szene aus einem Mannheimer Striptease-Lokal
1960er Jahre
Pressebild von Bohnert & Neusch
MARCHIVUM

1 Badischer Landtag (im Folgenden: Bad. LT), 2. Kammer (im Folgenden: 2. Ka.), Beilage (im Folgenden: Beil.) 68 zur Sitzung am 14.07.1904, S. 8-9. Vgl. zu den Effekten in der zeitgenössischen Diskussion auch: Friedrich Scholz: Prostitution und Frauenbewegung, Leipzig 1897, S. 61ff.

2 Zu Reglementierung und Kasernierung der Prostitution vgl. Malte König: Der Staat als Zuhälter. Die Abschaffung der reglementierten Prostitution in Deutschland, Frankreich und Italien im 20. Jahrhundert, Berlin 2016, S. 15-53; 271-281.

3 Katrin Malkmus: Prostitution in Recht und Gesellschaft, Frankfurt/M. 2005, S. 44f.

4 Zu den mittelalterlichen Kleidervorschriften vgl. Peter Schuster: Das Frauenhaus. Städtische Bordelle in Deutschland (1350-1600), Paderborn 1992, S. 147ff.

5 Ortspolizeiliche Vorschrift über die Ausübung der gewerbsmäßigen Unzucht in der Stadt Mannheim, Mannheim 1878, S. 14, in: TECHNOSEUM – Landesmuseum für Technik und Arbeit in Mannheim. Inventarnr. AVZ-Nr. 91/146. Vgl. Wolfgang Kromer: Die öffentlichen Dirnen. Anmerkungen zur „Ortspolizeilichen Vorschrift über die Ausübung der gewerbsmäßigen Unzucht in der Stadt Mannheim" von 1878, in: Frauenbeauftragte der Stadt Mannheim (Hrsg.): Stadt ohne Frauen? Frauen in der Geschichte Mannheims, Mannheim 1993, S. 93-99.

6 Verwaltungsbericht der Großherzoglich Badischen Hauptstadt Mannheim für die Jahre 1903 und 1904. Im Auftrag des Stadtrats durch das Statistische Amt, Mannheim, 1905, S. 394.

7 Bad. LT, 2. Ka., Beil. 68 zur Sitzung 14.07.1904, S. 2.

8 Schuster: Das Frauenhaus, S. 143f. In seiner Arbeit erwähnt Schuster auch „Frauenhäuser" in Heidelberg, Neustadt/Wstr. und Speyer. Zur Situation der Isolierung der Prostituierten in Hamburg im Kaiserreich vgl. Michaela Freund-Widder: Frauen unter Kontrolle: Prostitution und ihre staatliche Bekämpfung in Hamburg vom Ende des Kaiserreichs bis zu den Anfängen der Bundesrepublik, Münster 2003, S. 27ff.

9 Bericht Petitionskommission 1. Kammer (im Folgenden: 1. Ka.) Bad. LT über Petition des Gemeinnützigen Vereins Neckarvorstadt, Betreff: Regelung der Prostitution, Beil. Nr. 119 zu Protokoll 7. Sitzung, 1. Ka., 15.04.1904, S. 3, in: Landesarchiv Baden-Württemberg. Generallandesarchiv Karlsruhe (im Folgenden: GLA), 231a Nr. 1561, o.p.

10 Polizeibehörde an Polizeipräsidenten, 07.12.1970, in: Stadtarchiv Mannheim (im Folgenden: StadtA), 1/1981, Nr. 30, o.p.

11 Verwaltungsbericht der Großherzoglich Badischen Hauptstadt Mannheim für die Jahre 1903 und 1904, S. 394.

12 Ebd.

13 Bad. LT, 2. Ka., Beil. 68 zur Sitzung 14.07.1904, S. 2.

14 Bericht Petitionskommission 1. Ka. Bad. LT über Petition des Gemeinnützigen, Betreff: Regelung der Prostitution, Beil. Nr. 119 zu Protokoll 7. Sitzung, 1. Ka., 15.04.1904, S. 3, in: GLA, Sig. 231a Nr. 1561, o.p. Die Kirche verkaufte erst nach dreimaliger Äußerung durch das badische Parlament, dass man an der Kasernierung in der Gutemannstraße festhalten würde, dort ihre Grundstücke. Bis 1911 sind die Grundstücke Nr. 11/19 in der Gutemannstraße als Kirchenbesitz ausgewiesen. Vgl. Mannheimer Adressbuch, Teil 2, Straßenverzeichnis, 1911, S. 674. und ebd. 1912, S. 702.

15 Bad. LT, 2. Ka., Beil. 68 Sitzung 14.07.1904, S. 2f.

16 Brief Dr. Behagel an Stadtpfarrer Ohler. Protest gegen die Haltung des Separatfonds, 17.04.1909, in: StadtA, 50/1999_00811.

17 Vgl. König: Der Staat als Zuhälter, S. 229-248.

18 Bad. LT, 2. Ka., Beil. 68 Sitzung 14.07.1904, S. 3.

19 Zu den verschiedenen zeitgenössischen Diskursen vgl. König: Der Staat als Zuhälter, S. 248-271.

20 Bericht Petitionskommission 1. Ka. Bad. LT über Petition des Gemeinnützigen, Betreff: Regelung der Prostitution, Beil. Nr. 119, Protokoll 7. Sitzung, 1. Ka., 15.04.1904, S. 4. In: GLA, 231a Nr. 1561, o.p.

21 Bad. LT, 2. Ka., Beil. 68 Sitzung 14.07.1904, S. 12.

22 Kommissionsvorsitzender von La Roche-Starkenfels, in: Diskussion in 1. Ka. Bad. LT 1904, in: GLA, 231a Nr. 1561, o.p.

23 Innenminister Schenkel, in: Protokoll der Diskussion in der 1. Ka. Bad. LT 1904, in: GLA, 231a Nr. 1561, o.p. In der Liste der deutschen Städte mit praktizierter Kasernierung fehlt Mannheim. Johannes Hippe: Die Bordellfrage vom Standpunkt des Juristen, in: Zeitschrift für die Bekämpfung der Geschlechtskrankheiten Bd. 4.2, (1905), S. 88-110, hier: S. 107.

24 Wolfgang Sorge: Geschichte der Prostitution, Berlin 1919, S. 380; 420.

25 Innenminister Schenkel, in: Protokoll Diskussion in der 1. Ka. Bad. LT 1904. In: GLA, 231a Nr. 1561, o.p.

26 Dies ist mit der Situation in Zürich vergleichbar: Anita Ulrich: Bordelle, Strassendirnen und bürgerliche Sittlichkeit in der Belle Epoque. Eine sozialgeschichtliche Studie der Prostitution am Beispiel der Stadt Zürich, Zürich 1985, S. 15f.

27 Bericht Petitionskommission 1. Ka. Bad. L-Tag über die Petition des Gemeinnützigen, Betreff: Regelung der Prostitution, Beil. Nr. 119, Protokoll der 7. Sitzung 1. Ka. 15. April 1904, S. 7, in: GLA, 231a Nr. 1561, o.p.

28 1904 wird auch für die Stadt Essen von zehn bis 15 Mark Pensionspreis am Tag berichtet und dieser als „unverhältnismäßig hoch" eingeschätzt. Der Mietzins habe sich mit dem Einzug der Prostituierten um das Vierfache erhöht. Vgl. Sorge: Geschichte der Prostitution, S. 419. Die hohen Verkaufspreise solcher Häuser wurden vor Gericht als Indiz dafür gewertet, dass es sich um Bordelle handeln müsse, da bei einer Wohnnutzung kein derartiger Verkaufspreis zu erzielen wäre. Zu den Jahresdurchschnittsverdiensten vgl. http://www.gesetze-im-internet.de/sgb_6/anlage_1.html (Zugriff: 19.07.2016). Die hohen Abgaben werden auch für Zürich angeführt: Ulrich: Bordelle, Strassendirnen und bürgerliche Sittlichkeit in der Belle Epoque, S. 21ff.

29 Bad. LT, 2. Ka., Beil. 68 Sitzung 14.07.1904, S. 11.

30 Vgl. Friedrich Alexan: Die Welt der kleinen Leute. Erinnerungen an eine Jugend im Ersten Weltkrieg, Mannheim 2008, S. 216. Vgl. zur ähnlichen Situationsbeschreibung im 16. Jahrhundert Schuster: Frauenhaus, S. 11f.

31 Präsident Bad. Innenministerium an Vorsitzenden Petitionskommission der 2. Ka., 16.07.1908, in: GLA, 231a, Nr. 1670, o.p.

32 Sorge: Geschichte der Prostitution, S. 387.

33 Verwaltungsbericht der Großherzoglich Badischen Hauptstadt Mannheim für 1905. Im Auftrag des Stadtrats durch das Statistische Amt, Mannheim, 1906, S. 133f.

34 Alexan: Die Welt der kleinen Leute, S. 164, S. 144f. Zur Einrichtung der Zimmer, S. 269f. Auch Sorge spricht für andere Städte von Preisen zwischen drei und zehn Mark. Vgl. Sorge: Geschichte der Prostitution, S. 416.

35 Zur Gesundheitspolitik vgl. König: Der Staat als Zuhälter, S. 109-202.

36 Hauser: Bekämpfung der Prostitution, 29.06.1908, in: GLA, 231a, Nr. 1670, o.p.

37 Von Goeler, Innere Mission tätig, Rigorist, in: Protokoll Diskussion der Vorlage in 1. Ka. Bad. LT 1904. In: GLA, 231a Nr. 1561, o.p.

38 Dass es medizinisch teilweise durchaus zweifelhafte Untersuchungen bzw. Ergebnisse waren, dazu vgl. Bernhard Bauer: Begutachtungen über Körper, Seele, Sexualleben und Erotik des Weibes. Mit einem Anhange: Die Prostitution, Wien 1925, S. 494ff.

39 Verwaltungsbericht der Großherzoglich Badischen Hauptstadt Mannheim für 1905. Im Auftrag des Stadtrats durch das Statistische

Amt, Mannheim, 1906, S. 133f.

40 Verwaltungsbericht der Großherzoglich Badischen Hauptstadt Mannheim für die Jahre 1903 und 1904, S. 395.

41 Wer sich ein „Leiden durch geschlechtliche Ausschweifungen zugezogen" hatte, war laut Krankenversicherungsgesetz 1882/83 nicht in jedem Fall abgesichert. Den Kassen stand es in diesen Fällen frei, Hilfe und Unterstützung zu gewähren. Erst durch die Seemannsordnung von 1902 und das Krankenversicherungsgesetz von 1903 wurden auch diese Erkrankungen Kassenleistung. War die Dirnenkrankenkasse Mannheims eine solche reguläre Leistung? Vgl. Siegfried Bettmann: Geschlechtsleben und Hygiene. Erziehung, Ehe. Geschlechtskrankheiten, Prostitution, persönliche Prophylaxe, Leipzig 1923, S. 69.

42 Verwaltungsbericht der Großherzoglich Badischen Hauptstadt Mannheim für die Jahre 1903 und 1904, S. 395.

43 Bericht Petitionskommission 1. Ka. Bad. L-Tag über die Petition des Gemeinnützigen V., Regelung der Prostitution, Beil. Nr. 119 zu Protokoll 7. Sitzung 1. Ka. 15.04.1904, S. 6, in: GLA, 231a Nr. 1561, o.p.

44 Beil. F: Auszug aus Bericht der Petitionskommission der 2. Ka. Bad. LT 1907/08 über die Petition gegen die Prostitution, Drucksache Nr. 101, S. 53. Auch: Bad. LT, 2. Ka., Beil. 76 zu 114. Sitzung 1910, S. 2.

45 Zur Diskussion um den Umgang mit den Prostituierten, den Freiern, den medizinischen Themen wie der Frage der Unterbringung in den 1920er Jahren vgl. Siegfried Bettmann: Geschlechtsleben und Hygiene. Erziehung, Ehe, Geschlechtskrankheiten, Prostitution, persönliche Prophylaxe, Leipzig 1923, S. 93ff.

46 Innenminister Wü-Ba an Landesmilitärregierung: Schließung Bordelle, 10.03.1949, in: Hauptstaatsarchiv Stuttgart (im Folgenden: HStA), EA2/303 Bü 917, Bl. 213.

47 König: Der Staat als Zuhälter, S. 64-66.

48 Malkmus: Prostitution in Recht und Gesellschaft, S. 50ff. Vgl. Alfons Heinz-Trossen: Prostitution und Gesundheitspolitik. Prostituiertenbetreuung als pädagogischer Auftrag des Gesetzgebers an die Gesundheitsämter, Frankfurt/M. 1993, S. 41ff. Zur Situation in Hamburg in der Weimarer Republik vgl. Freund-Widder: Frauen unter Kontrolle, S. 32ff.

49 Die rechtliche Umsetzbarkeit der Schließung von Bordellen scheint andernorts größere Probleme bereitet zu haben. Vgl. Carl-Egon Esser: Die Prostitution unter besonderer Berücksichtigung der neuesten Gesetzgebung, Zeulenroda 1934, S. 41f.

50 Polizeipräsidium Ma: Entwurf für Verwaltungs- und Finanzausschuss: Dirnenunterkünfte, 08.02.1966, in: StadtA, 1/1981, Nr. 29, o.p. Vgl. auch Allgemeine Zeitung: Zuschrift an die Mannheimer Presse. Merkert: Nicht verantwortlich. Die Räumung der Gutemannstraße aus Sicht der CDU-Gemeinderatsfraktion, 19.11.1968, o.p., in: StadtA, 1/1981 Nr. 32, o.p.

51 Kirchenvisitation Sprengel Konkordienkirche 1930, S. 12. Landeskirchliches Archiv Karlsruhe (im Folgenden LKA), Abt. SpA, Nr. 15160, o.p.

52 Bad. LT, 41. Sitzung, 13.7.1927, S. 1750. Ebd., 31. Sitzung, 12.6.1928, S. 1434. Ebd., S. 1426. In dieser Debatte findet sich das einzige Mal ein Beitrag zur männlichen Prostitution. Ebd., 27. Sitzung, 6.6.1928, S. 1206.

53 In den Protokollen des Bad. LT wird nur Karlsruhe als Beispiel genannt.

54 Bad. LT, 32. Sitzung, 20.02.1930, S. 1664.

55 Vgl. Gutachten des Deutschen Städtetages 1928/29, abgedruckt in: Esser: Die Prostitution, S. 42ff.

56 Polizeipräsidium Ma, Kriminalpolizei, 08.02.1966, Dirnenunterkünfte: Geschichtliche Entwicklung, in: StadtA, 39/1992 Nr. 53, o.p.

57 Es wurden die „Neue Mannheimer Zeitung", das „Hakenkreuzbanner" und „Der Führer" in den drei Tagen vor und nach dem 01.04.1933 auf Hinweise zu Prostituierten untersucht.

58 Mannheimer Straßenverzeichnis 1936/37, Bd. 2., S. 610. Auch in Hamburg ist diese zögerliche Reaktion belegt. Vgl. hierzu sowie zur NS-Zeit generell: Freund-Widder: Frauen unter Kontrolle, S. 106ff., speziell S. 124.

59 Zum veränderten juristischen Umgang und dem Ziel einer Un-Sichtbarkeit von Prostitution vgl. die zeitgenössische Argumentation Esser: Die Prostitution unter Berücksichtigung der neuesten Gesetzgebung, S. 42ff. Zur juristischen Verschärfung des Umgangs im Nationalsozialismus, vgl. in historischer Sicht Malkmus: Prostitution in Recht und Gesellschaft, S. 54ff.

60 Innenminister Wü-Ba an Landesmilitärregierung: Schließung der Bordelle, 10.03.1949, in: HStA, EA2/303 Bü 917, Bl. 213. Bauer gibt an, dass das Kasernierungsverbot bereits früher, nämlich am 16.3.1940, im ganzen Reichsgebiet aufgehoben wurde, indem man Prostitution unter bestimmten Umständen duldete. Willi Bauer: Geschichte und Wesen der Prostitution, Stuttgart 1956, S. 105. Vgl. auch Alfons Heinz-Trossen: Prostitution und Gesundheitspolitik. Prostituiertenbetreuung als pädagogischer Auftrag des Gesetzgebers an die Gesundheitsämter, Frankfurt/M. 1993, S. 48ff.

61 Mannheimer Straßenverzeichnis 1941/42, Bd. 2. S. 99. Hier werden die Hausnummern 6, 8a, 10a, 12 und 18 als Pensionen angegeben. Erst für 1949 gibt es wieder ein Straßenverzeichnis.

62 Reichsinnenminister vertraulich an Landesregierungen und Kriminalpolizeileitstellen: Polizeiliche Behandlung der Prostitution, 09.09.1939, HStA, E 151/54 Bü 156, Bl. 134/135.

63 Erlass Reichsinnenminister an die ärztlichen Begutachter der Ehestandsdarlehensbewerber, in: Reichsgesundheitsblatt 1939, Nr. 5, S. 70-71. Abgedruckt in Ayaß: Gemeinschaftsfremde 1998, S. 395-398, hier: S. 398.

64 Polizeipräsidium Ma: Dirnenunterkünfte, 08.02.1966, in: StadtA, Bestand: Sig. 1/1981, Nr. 29, o.p.

65 Wolfgang Ayaß: „Gemeinschaftsfremde". Quellen zur Verfolgung von „Asozialen" 1933-1945, in: Materialien aus dem Bundesarchiv Heft 5, Koblenz 1998, S. 27f.

66 Zur Situation in Hamburg vgl. Gaby Zürn: „A. ist Prostituiertentyp". Zur Ausgrenzung und Vernichtung von Prostituierten und moralisch nicht-angepaßten Frauen im nationalsozialistischen Hamburg, in: Projektgruppe für die vergessenen Opfer des NS-Regimes in Hamburg e.V. (Hrsg.): Verachtet, verfolgt, vernichtet. Zu den „vergessenen" Opfern des NS-Regimes, Hamburg 1986, S. 128-151. Vgl. auch Bauer: Geschichte und Wesen der Prostitution, S. 105.

67 Das Mannheimer Straßenverzeichnis weist Suntz, der seit 1937/38 in der Gutemannstraße wohnte, seit 1940/41 als Eigentümer von Haus Nr. 12 aus.

68 Die Zitate stammen aus den Gerichtsakten des Sondergerichts Mannheim. GLA, 507, Nr. 12317-9. Abgedruckt sind diese auf dem Flyer des Arbeitskreises Justiz und Geschichte des Nationalsozialismus in Mannheim e.V. für die Verlegung der Stolpersteine der beiden Frauen.

69 Übersicht des AK Justiz der Akten aus dem GLA. Für die Hinweise sowie die Überlassung des Materials bedanke ich mich bei Frau Ritter vom AK Justiz!

70 Zu den Bordellen der Wehrmacht in Polen während des Zweiten Weltkrieges mit Verweisen auf Verwendung von Prostituierten und Bordellen für deutsche Soldaten in vorangegangenen Kriegen vgl. Maren Röger: Kriegs Beziehungen. Intimität, Gewalt und Prostitution im besetzten Polen 1939 bis 1945, Frankfurt/M. 2015, S. 29ff. Vgl. auch: Birgit Beck: Wehrmacht und sexuelle Gewalt. Sexualverbrechen vor deutschen Militärgerichten 1939-1945, Paderborn 2004, S. 272ff.

71 Polizeipräsidium Ma an Innenministerium: Schließung Bordelle. Überwachung der wilden Prostitution, 26.08.1946, in: HStA, EA2/303 Bü 917, Bl. 36.

72 1952 sind unter den Hausnummern (5), 7, 8a, 10, 12, 15, 18, 20 Personen mit „Pension" eingetragen. Die Häuser Nummer 4, 6, 8, 10a, 16 hatten „zerstört" als Vermerk. Vgl. Mannheimer Adressbuch, Teil 2, Straßenverzeichnis, 1952, S. 80.

73 Eidesstattliche Erklärung in: Urteil Verwaltungsgerichtshof 3. Karlsruher Senat AZ: 3 K. 188/52, o.D., im Berufungsverfahren gegen das Urteil des Verwaltungsgerichts Karlsruhe, 05.06.1952, in: HStA, EA2/303 Bü 920, Bl. 182.

74 Polizeipräsidium, 08.02.1966, Dirnenunterkünfte: Geschichte, in: StadtA, 39/1992, Nr. 53, o.p.

75 Polizeipräsidium Ma an Innenministerium: Schließung Bordelle, 26.08.1946, in: HStA, EA2/303 Bü 917, Bl. 36. Vgl. auch Mannheimer Morgen, 10.12.1946, in: StadtA, Zeitungsausschnittssammlung.

76 Gesundheitsamt an Amt für öff. Ordnung Ma: Gesundheitspolizeiliche Maßnahmen bei Prostituierten, 23.08.1955, in: HStA, EA2/303 Bü 917, Bl. 292.

77 Polizeipräsidium Ma an Innenministerium: Schließung der Bordelle, 26.08.1946, in: HStA, EA2/303 Bü 917, Bl. 36. Vgl. auch Städtisches Wohlfahrtsamt Mannheim. Verwaltungsbericht für die Zeit 1.4.1945-31.3.1947, S. 27, in StadtA, 3/1981, Nr. 276.

78 Vgl. ebenso ausführlich wie erhellend: Maria Höhn: Amis, Cadillacs und Negerliebchen. GIs im Nachkriegsdeutschland, Berlin 2008. Vgl. Christian Könne: Anstöße, Akteure, Öffentlichkeiten. Die Diskussion um die Prostitution in den US-Garnisonsstädten Kaiserslautern und Mannheim, in: Frank Jacob (Hrsg.): Prostitution. Eine Begleiterin der Menschheit, Frankfurt/Main 2016, S. 291-315, hier: S. 312f. Ders.: Amerikaner, Atomrüstung, Amüsierdamen. Wie die Pfalz als wilder Westen dem Aufbau des Sozialismus in der DDR nützt, in: Kaiserslauterer Jahrbuch für pfälzische Geschichte und Volkskunde Nr. 13/15 = 50/52 (2013/2015), Kaiserslautern 2015, S. 453-484. Ders.: „Flugplatz, Mord und Prostitution". Wie die DDR-Medien die Amerikaner in der Pfalz inszenierten, in: Deutschlandarchiv Jahresausgabe 2016, Bonn 2017, S. 58-72.

79 Joy Fleming: Über alle Brücken. Erinnerungen, Bad Schussenried 2013, S. 14, 16.

80 Sitzung Sprengelrat Lutherkirche, 23.05.1952, S. 2, in: LKA, Abt. SpA, Nr. 15162, o.p.

81 Deutscher Bundestag, 232. Sitzung, 02.10.1952, S. 10663-10664.

82 Polizeipräsidium, 08.02.1966, Dirnenunterkünfte, Geschichte, in: StadtA, 39/1992, Nr. 53, o.p.

83 Innenminister Wü-Ba an Landesmilitärregierung Wü-Ba: Schließung Bordelle, 10.03.1949, in: HStA, EA2/303 Bü 917, Bl. 213.

84 Kripo Ma an die Abteilung II: Umfang und Bekämpfung der Prostitution, 18.08.1955, in: HStA, EA2/303 Bü 917, Bl. 291.

85 Regierungspräsidium Nordbaden an Innenministerium BW: Behandlung Prostitution, 04.08.1953, in: HStA, EA2/303 Bü 917, Bl. 258.

86 Amtsblatt der Hohen Alliierten Kommission in Deutschland, Nr. 1, 23.9.1949, S. 1f., 13ff.; Nr. 3, 3.11.1949, S. 1, 31f.

87 Landeskriminalamt BW an Innenministerium BW: Bekämpfung der Prostitution, in: HStA, EA2/303 Bü 917, o.p.

88 Amt f. öff. Ordnung Ma an OB: Überfälle von Besatzungsangehörigen, 18.01.1952, in: HStA, EA2/303 Bü 917 o.p.

89 Bauer: Geschichte und Wesen der Prostitution, S. 108. Zur Nachkriegssituation in Frankfurt vgl. Margot Kreuzer: Prostitution. Eine sozialgeschichtliche Untersuchung in Frankfurt/Main von der Syphilis bis Aids, Stuttgart 1988, S. 101ff. und 211ff.

90 Zeitungsbericht (ohne Titel, o.D., die Papierträger, auf denen er aufgeklebt ist, sind 1950-52 datiert), in: StadtA, 23/1985, Nr. 8, o.p.

91 Protokoll Jugendwohlfahrtsausschuss, 08.03.1950, StadtA, 13/1977, Nr. 873, o.p.

92 OB Heimerich an Innenminister, 19.01.1952, in: HStA, EA2/303 Bü 917, Bl. 219.

93 Diese ungefähre Zimmergröße ist für die Nummer 9, einen Vorkriegsbau, bekannt.

94 Wohnungswirtschaft. Die Dreiklassenmiete, in: Der Spiegel 5/1959, 28.1.1959, S. 14f.

95 Oberstaatsanwalt: Gutemannstraße, 01.11.1951, in: HStA, EA2/303 Bü 917, o.p. Vgl. Schreiben des Oberstaatsanwalts an den OB Ma, 03.11.1951, Gutemannstraße, in: HStA, EA2/303 Bü 917, o.p.

96 Innenministerium BW, 26.01.1956, in: HStA, EA2/303 Bü 917, Bl. 302.

97 Sprengelrat Melanchthonkirche, 04.05.1956, Kirchenvisitation, S. 7, in: LKA, Abt. SpA, Nr. 15159, o.p.

98 Heinz-Trossen: Prostitution und Gesundheitspolitik, S. 54ff.

99 Entwurf Innenministerium BW an Bundesinnenminister, 19.11.1957, Bekämpfung der Prostitution, in: HStA, EA2/303 Bü 918, Bl. 326.

100 Polizeipräsidium Ma zum Fragebogen der Vereinten Nationen über Bekämpfung der Prostitution, 31.07.1957, in: HStA, EA2/303 Bü 918, o.p.

101 Brief Innenministerium BW an Bundesinnenminister, 24.06.1957, in: HStA, EA2/303 Bü 918, Bl. 315.

102 William E. Simmat: Prostitution und Öffentlichkeit. Soziologische Betrachtungen zur Affäre Nitribitt, Schmiden 1959, S. 152f.

103 Polizeipräsidium Ma zum Fragebogen der Vereinten Nationen über Bekämpfung der Prostitution, 31.07.1957, in: HStA, EA2/303 Bü 918, o.p.

104 Entwurf Innenministerium BW an Bundesinnenminister, 19.11.1957, Bekämpfung der Prostitution, in: HStA, EA2/303 Bü 918, Bl. 326.

105 Käthe Darius: Die soziale und ökonomische Lage als Ursache der Prostitution. Eine soziologische Untersuchung Mannheimer Prostituierter, Diss. Uni Heidelberg 1957, S. 6-7.

106 Darius, S. 91, 92, 97, 92. Das Jahresdurchschnittseinkommen betrug 1957 insgesamt 5.043 DM. Bei monatlich 2.000 DM kam eine Prostituierte im Jahr ohne Abzüge auf 24.000 und bei 4.000 DM auf 48.000 DM. Vgl. Sozialgesetzbuch. Durchschnittsentgelt: http://www.gesetze-im-internet.de/sgb_6/anlage_1.html (Zugriff: 20.07.2016).

107 Dass 1960 im Durchschnitt „10 Gäste pro Tag" empfangen wurden, wird auch im Schreiben eines Pensionsbetreibers erwähnt. Clauss an Polizeipräsident, 23.05.1965, in: StadtA 1/1981, Nr. 28, o.p.

108 Darius: Die soziale und ökonomische Lage, S. 97, 106, 58.

109 Innenministerium BW an Bundesinnenminister, 24.06.1957, in: HStA-S, EA2/303 Bü 918, Bl. 315.

110 Polizeipräsidium Ma zum Fragebogen der Vereinten Nationen über Bekämpfung der Prostitution, 31.07.1957, in: HStA, EA2/303 Bü 918, o.p.

111 Ordnungsamt Ma an Bezirksregierung Ko: Baugenehmigung Dirnenwohnhäuser, 07.11.1972, in: StadtA, 1/1981, Nr. 33, o.p.

112 Allgemeine Zeitung: Zuschrift an die Mannheimer Presse. Merkert: Nicht verantwortlich. Die Räumung der Gutemannstraße aus Sicht der CDU-Gemeinderatsfraktion, 19.11.1968, o.p, in: StadtA, 1/1981 Nr. 32, o.p.

113 Die Emanzipation und Arbeitstätigkeit der Frauen ebenso wie die Umsetzung ihrer sexuellen Selbstbestimmtheit wurde beispielsweise in entsprechenden Publikationen des katholischen Volkswartbundes in Zusammenhang mit Prostitution gebracht wie man in anderen gegen Homosexualität zu Felde zog. Vgl. Heinrich Oestereich: Promiskuität und Prostitution. Wesen, Grundkräfte und Ursachen, Köln 1959. Zur historischen Einordnung vgl. u.a. Dagmar Herzog: „Sexy Sixties?" Die sexuelle Liberalisierung der Bundesrepublik zwischen Säkularisierung und Vergangenheitsbewältigung, in: Christina von Hodenberg u.a. (Hrsg.): Wo „1968" liegt. Reform und Revolte in der Geschichte der Bundesrepublik, Göttingen 2006, S. 79-112, hier: S. 90ff.

114 Ordnungsamt Ma an Bezirksregierung Ko: Baugenehmigung Dirnenwohnhäuser, 07.11.1972, in: StadtA, 1/1981, Nr. 33, o.p.

115 Allgemeine Zeitung: Zuschrift an die Mannheimer Presse. Merkert: Nicht verantwortlich. Die Räumung der Gutemannstraße aus Sicht der CDU-Gemeinderatsfraktion, 19.11.1968, o.p., in: StadtA, 1/1981, Nr. 32, o.p.

116 Rote Lampen und rote Zahlen. Wohin mit den leichten Mädchen von Neckarau?, in: Die Zeit, 18.06.1965, S. 13.

117 Polizeipräsidium Ma: Entwurf für Verwaltungs- und Finanzausschusses – Dirnenunterkünfte, 08.02.1966, in: StadtA, 1/1981, Nr. 29, o.p.

118 Schreiben Leiber für den Oberbürgermeister: Zur Stadtratssitzung 24.08.1951, 16.08.1951, in: StadtA, 23/1985, Nr. 8, o.p.

119 CDU-Gemeinderatsvorsitzender Merkert, in: Mannheimer Morgen, 21.11.1968, in: StadtA, 1/1981, Nr. 30. Auch: Merkert: Nicht verantwortlich, in: Allgemeine Zeitung, 19.11.1968, in: StadtA, 1/1981, Nr. 32.

120 Schreiben Polizeipräsidium Ma: Dirnenunterkünfte, 08.02.1966, in: StadtA, 1/1981, Nr. 29, o.p.

121 Bericht zur Lage. Dirnenunterkunft auf Reisen – Gutemannstraße bis Werftstraße, in: RNZ, 4./5.12.1965, o.p. Vgl. auch: Warum geht es in anderen Städten?, in: Mannheimer Morgen, 01.07.1965, S. 9. Vgl. auch: Der Jungbusch auf den Spuren Neckaraus, in: Mannheimer Morgen, 29.06.1965, o.p. In: StadtA, 39/1992, o.p.

122 „Ledigenwohnheim" in Neckarau: Feste Bleibe für leichte Mädchen. Interessengemeinschaft gegen geplante Dirnenunterkünfte, in: AZ-Allgemeine Zeitung, o.D., o.p., in: StadtA, 1/1981, Nr. 28 o.p.

123 Ordnungsamt an OB Ratzel: Dirnenproblem in Mannheim, 08.08.1973, in: StadtA, 1/1981, Nr. 29, o.p.

124 Polizei Aktenvermerk: Eröffnung sog. Ledigenheims in Neckarau, 25.05.1965, in: StadtA, 1/1981 Nr. 28, o.p.

125 Rote Lampen und rote Zahlen. Wohin mit den leichten Mädchen von Neckarau?, in: Die Zeit, 18.06.1965, S. 13.

126 Brief abgedruckt in: Keine feste Bleibe für leichte Mädchen. Neckaraus „brennendes Problem" gelöscht, in: AZ-Allgemeine Zeitung, 08.06.1965, o.p. Vgl. auch Brennendes Problem in Neckarau gelöscht. „Ledigenheim soll Quartier für 200 Gastarbeiter werden", in: Mannheimer Morgen, 09.06.1965, o.p., in: StadtA, 1/1981, Nr. 28, o.p.

127 Ein Gespenst geht durch die Stadt, in: AZ-Allgemeine Zeitung, 01.07.1965, o.p. Vgl. auch: Unter „Verschiedenes": Die Dirnenfrage. Mannheim „darf nicht zum Freudenviertel der Pfalz und des Odenwaldes werden, in: AZ-Allgemeine Zeitung, 02.07.1965, o.p. Vgl auch: Stadtratsqual um Freudenmädchen. Der „Herrscher" saß in Reihe eins. Neckarauer Straße 15 und Werftstraße 37 in der offiziellen Diskussion, in: AZ-Allgemeine Zeitung, 02.07.1965. Bericht zur Lage. Dirnenunterkunft auf Reisen – Gutemannstraße bis Werftstraße, in: RNZ, 4./5.12.1965, o.p., in: StadtA, 39/1992, o.p.

128 1166 Jungbusch-Unterschriften dem OB überreicht, in: Mannheimer Morgen, 15.12.1965, o.p., in: StadtA, 39/1992, o.p.

129 „... mehr als verständlich" Stümper zur Werftstraße, in: RNZ, 03.12.1965, in: StadtA, 39/1992, o.p.

130 Zwischenbilanz (Dezember 1965). Werftstraße. Wandert der „Schwarze Peter" nun nach Stuttgart?, in: RNZ, 30.12.1965, o.p., in: StadtA, 39/1992, o.p.

131 Stümper über Gespräch mit Merkert: Dirnenunterkünfte, 08.09.1965, in: StadtA, 1/1981, Nr. 29, o.p.

132 Bauplatz für Dirnenhaus fordert Kirchenzeitung, in: Mannheimer Morgen 21.07.1965, S. 5.

133 Ordnungsamt Ma an die Bezirksregierung Ko: Baugenehmigung Dirnenwohnhäuser, 07.11.1972, in: StadtA, 1/1981, Nr. 33, o.p.

134 Kripo Ma über die Situation in der Lupinenstraße, 31.05.1972, in: StadtA, 1/1981, Nr. 30, o.p.

135 Ordnungsamt Ma an die Bezirksregierung Ko: Baugenehmigung Dirnenwohnhäuser, 07.11.1972, in: StadtA, 1/1981, Nr. 33, o.p.

136 Polizeipräsidium: Protokoll Besprechung 12.11.1968 über die Vollzugsmaßnahmen anläßlich der Errichtung des Dirnensperrbezirks, 14.11.1968, in: StadtA1/1981, Nr. 32, o.p.

137 Ordnungsamt Ma an Bezirksregierung Ko: Baugenehmigung Dirnenwohnhäuser, 07.11.1972, in: StadtA, 1/1981 Nr. 33, o.p.

138 Allgemeine Zeitung: Mannheims Dirnen ziehen um: Schluß mit dem City-Strich, 09.01.1970, o.p., in: StadtA, 1/1981, Nr. 32, o.p.

139 Ordnungsamt Ma an OB: Grundstück Hafenstraße 60, 18.04.1974, in: StadtA, 1/1981, Nr. 33, o.p.

140 OB Ma an Regierungspräsidium: Erweiterung Dirnensperrbezirk, 08.10.1969, in: StadtA 1/1981, Nr. 32, o.p.

141 Anwohner an Innenminister, 05.05.1969, in: HStA, EA2/303 Bü 918, o.p.

142 Ordnungsamt Ma an die Geschäftsstelle dt. Städtetag, 25.05.1972, in: StadtA, 1/1981, Nr. 33, o.p.

143 OB Ma an Regierungspräsidium: Erweiterung Dirnensperrbezirk, 08.10.1969, in: StadtA, 1/1981, Nr. 32, o.p.

144 Kripo an Ordnungsamt Ma: Dirnenunwesen, 05.05.1972, in: StadtA, 1/1981, Nr. 33, o.p. Zu den Sperrbezirksverordnungen in Frankfurt vgl. Kreuzer: Prostitution, S. 137ff.

145 Polizeibehörde an Polizeipräsident: Dirnenprobleme, 14.03.1969, in: StadtA, 1/1981, Nr. 29, o.p.

146 Ordnungsamt an OB: Dirnenprobleme, 08.09.1973, in: StadtA, 1/1981, Nr. 29, o.p.

147 Ordnungsamt Ma an Bezirksreigerung Ko: Baugenehmigung Dirnenwohnhäuser, 07.11.1972, in: StadtA, 1/1981, Nr. 33, o.p.

148 Dirnenproblem aus Sicht der Schutzpolizei, 24.05.1970, in: StadtA, 1/1981, Nr. 34, o.p.

149 Kripo an Ordnungsamt Ma: Dirnenunwesen, 05.05.1972, in: StadtA, 1/1981, Nr. 33, o.p.

150 http://www.rhein-neckar-industriekultur.de/objekte/alte-neckarmProzentC3ProzentBCndung-und-die-verfProzentC3ProzentBCl-lung-des-bonadieshafens (Zugriff: 30.03.2017).

151 Ordnungsamt Ma an Bezirksregierung Ko: Baugenehmigung Dirnenwohnhäuser, 07.11.1972, in: StadtA, 1/1981 Nr. 33, o.p.

152 Polizeipräsidium an Ordnungsamt Ma, 06.12.1978, Prostitution. Neue Rechtsvorschriften, in: HStA, EA2/305 Bü 150/2, o.p.

153 Kripo Empfehlungen zur Vereinbarung mit Pensionshaltern, 01.10.1968, in: StadtA, 1/1981, Nr. 34, o.p.

154 Memo Polizeipräsident über juristische Bewertung von Prostitution seit 1876, 25.11.1968, in: StadtA, 1/1981, Nr. 34, o.p.

155 Polizeipräsidium: Besprechung 12.11.1968 über die Vollzugsmaßnahmen bei Errichtung des Sperrbezirks, 14.11.1968, in: StadtA, 1/1981 Nr. 32, o.p.

156 Bericht der Kripo Ma, 31.5.1972, in: StadtA, 1/1981, Nr. 30, o.p.

157 Polizeipräsidium an Ordnungsamt Ma, 06.12.1978, Prostitution. Neue Rechtsvorschriften, in: HStA, EA2/305 Bü 150/2, o.p.

158 Margarete von Galen: Überblick über die Rechtsentwicklung in der Bundesrepublik Deutschland im Bereich der Prostitution, in: Beate Leopold u.a.: Dokumentation zur rechtlichen und sozialen Situation von Prostituierten in der Bundesrepublik Deutschland, Stuttgart 1997, S. 37-63. Vgl. auch Malkmus: Prostitution in Recht und Gesellschaft, S. 71ff.

159 Kripo an Ordnungsamt Ma: Dirnenunwesen, 05.05.1972, in: StadtA, 1/1981, Nr. 33, o.p.

160 Dirnenproblem aus Sicht der Schutzpolizei, 24.05.1970, in: StadtA, 1/1981, Nr. 34, o.p.

161 Kripo an Ordnungsamt Ma: Dirnenunwesen, 05.05.1972, in: StadtA, 1/1981, Nr. 33, o.p.

162 Ordnungsamt Ma an Dt. Städtetag: Dirnenunwesen, 25.05.1972, in: StadtA, 1/1981, Nr. 33, o.p. Auch: Kripo an Ordnungsamt Ma: Dirnenunwesen, 05.05.1972, in: StadtA, 1/1981, Nr. 33, o.p.

163 Dirnenproblem aus Sicht der Schutzpolizei, 24.05.1970, in: StadtA, 1/1981, Nr. 34, o.p. Die für Hamburg zeitgenössisch überlieferten Preise bei homosexueller Prostitution Jugendlicher liegen bei 20 bis 30 Mark, wobei auch hier eine Abstufung nach Art der sexuellen Praktik und / oder nach dem Freier und seinen finanziellen Möglichkeiten ermittelt wurde. Vgl. Norbert Schmidt-Relenberg u.a.: Strichjungen-Gespräche. Zur Soziologie jugendlicher Homosexuellen-Prostitution, Neuwied 1975, S. 202.

164 Dirnenproblem aus Sicht der Schutzpolizei, 24.05.1970, in: StadtA, 1/1981, Nr. 34, o.p.

165 Ordnungsamt Ma an Dt. Städtetag: Dirnenunwesen, 25.05.1972, in: StadtA, 1/1981, Nr. 33, o.p.

166 Kripo Ma über die Situation in der Lupinenstraße, 31.05.1972, in: StadtA, 1/1981, Nr. 30, o.p.

167 Polizeipräsidium Ma an OB: Eröffnung eines „Erotel", 17.04.1974, in: StadtA, 1/1981, Nr. 33, o.p.

168 Schreiben an Min. Dir. Stümper, 04.03.1977, Prostitution und Zuhälterei in BW, in: HStA, EA2/305 Bü 150/1, 588/1; 588/2.

169 Polizeipräsidium Ma an Ordnungsamt, 06.12.1978, Prostitution. Neue Rechtsvorschriften, in: HStA, EA2/305 Bü 150/2, o.p.

170 Schreiben an Min. Dir. Stümper, 04.03.1977, Prostitution und Zuhälterei, in: HStA, EA2/305 Bü 150/1, 588/1; 588/2. Zur „Straßenschlacht in der Lupinenstraße" 1971 vgl. Könne: Anstöße, Akteure, Öffentlichkeiten, S. 312f.

171 Schreiben an Min. Dir. Stümper, 04.03.1977, Prostitution und Zuhälterei, in: HStA, EA2/305 Bü 150/1, 588/1; 588/2. Zu diesen Formen der Prostitution in Frankfurt vgl. Kreuzer: Prostitution, S. 270ff.

172 Beate Leopold u.a.: Dokumentation zur rechtlichen und sozialen Situation von Prostituierten in der Bundesrepublik Deutschland, Stuttgart 1997, S. 17ff. Heinz-Trossen: Prostitution und Gesundheitspolitik, S. 187ff.

173 Polizeipräsidium Ma an Ordnungsamt Ma, 06.12.1978, Prostitution. Neue Rechtsvorschriften, in: HStA, EA2/305 Bü 150/2, o.p.

174 Prostitution in BW, 25.06.1975, in: HStA, EA2/305 Bü 150/1, Bl. 588.

175 Schreiben, 09.01.1981, Werdegang der geplanten Polizeiverordnung, in: HStA, Sig. EA2/305 Bü 150/2, 636/8.

176 Beate Leopold u.a.: Dokumentation zur rechtlichen und sozialen Situation von Prostituierten, S. 9.

177 Die einzigen umfänglich aufgezeichneten Äußerungen von Mannheimer Prostituierten finden sich in: Dieter Sinn: Eine Woche im Puff. Dirnen geben Auskunft, Flensburg 1972. Hier wird von S. 201-206 über die „Straßenschlacht in der Lupinenstraße" von 1971 berichtet.

178 http://www.akjustiz-mannheim.de/va.html (Zugriff: 26.03.2017).

179 Vgl. mit weiterführenden Hinweisen u.a. Martin Lücke: Männlichkeit in Unordnung. Homosexualität und männliche Prostitution in Kaiserreich und Weimarer Republik, Frankfurt/m. 2008. Vgl. auch Andreas Pfister: Sexarbeiter und HIV/Aids. Karrierewege und HIV-Schutzverhalten im mann-männlichen Sexgewerbe, Marburg 2009. Vgl. auch Holger Schönnagel: Geteilte Gemeinschaft und mann-männliche Prostitution. Eine ethnografische Studie im Kontext einer Gaststätte, Wiesbaden 2016.

180 Vgl. mit weiteren Literaturangaben u.a. Beate Leopold u.a.: Dokumentation zur rechtlichen und sozialen Situation von Prostituierten. Heinz-Trossen: Prostitution und Gesundheitspolitik, S. 75ff.

Harald Stockert

Inventare, Sterbeanzeigen und Liebesbriefe

Die Mannheimer Verlassenschaftsakten mit Unterstützung der DFG digitalisiert

Am 26. April 1840 findet sich in der Karlsruher Zeitung eine ausführliche Anzeige (Abb. 1) über die in Mannheim stattfindende Versteigerung der Hinterlassenschaft des Grafen Klemens August von Waldkirch. Diese sollte über insgesamt zwei Wochen stattfinden, beginnend mit „Allerlei Hausrath" (28. April), über „japanisches, französisches und sächsisches Porzellan" (1. Mai), „Gold und Silber, worunter eine große Anzahl schön gearbeiteter Hirschfänger und Degen" (7. Mai) bis hin zu „Wein, Fässer und Bouteillen" (10. Mai). Die Annonce wurde mehrfach in der Karlsruher Zeitung und ebenso im Mannheimer Journal veröffentlicht.[1] Die adlige Haushaltsauflösung stieß auf großes Interesse, mit den erzielten Erträgen sollten zunächst die Schuldner des verstorbenen Grafen befriedigt und andererseits die Erbberechtigten ausbezahlt werden.

Dokumentiert findet sich dieser durchaus Aufsehen erregende Vorgang in gleich mehreren sogenannten „Verlassenschaftsakten", angelegt vom zuständigen Amtsrevisorat Mannheim. Die Waldkirch-Akten enthalten neben zahlreichen Inventaren, Schriftwechseln mit Erbberechtigten und Schuldnern, Testamenten des Verstorbenen sowie Zeitungsannoncen unter anderem auch die Bevollmächtigung für Dr. Friedrich Hecker, die Wohnung des Verstorbenen zu versiegeln und deren Bestand zu sichten. Der spätere badische Landtagsabgeordnete und Revolutionär ging in diesem Fall seiner Profession als Oberhofgerichtsadvokat nach und vertrat die Belange seiner Auftraggeber.

Diese Akten über die Hinterlassenschaft des Grafen Waldeck wurden jüngst im Rahmen eines von der Deutschen Forschungsgemeinschaft (DFG) geförderten Projekts „Digitalisierung des Bestands Ältere Verlassenschaftsakten des MARCHIVUM" eingescannt und werden demnächst online einsehbar sein.

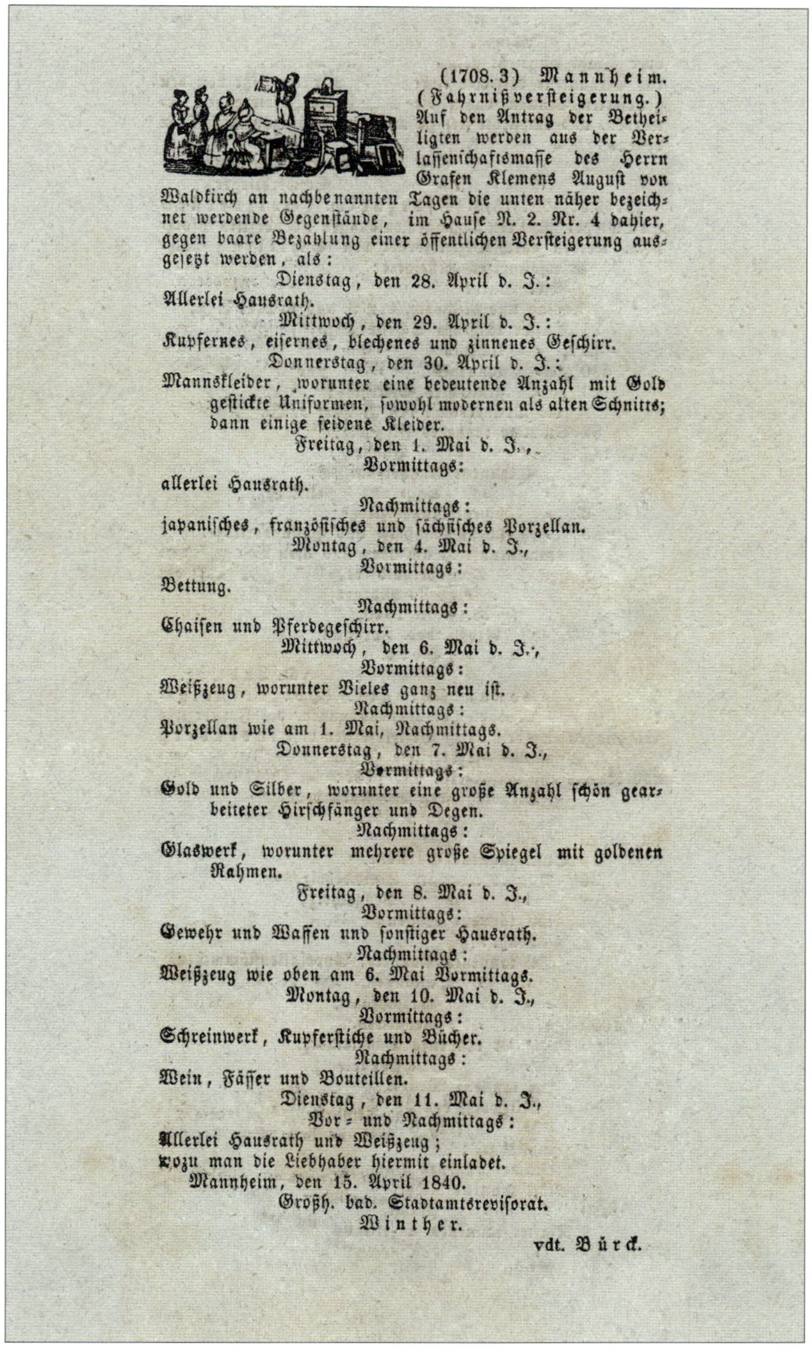

(1708. 3) Mannheim. (Fahrnißversteigerung.) Auf den Antrag der Betheiligten werden aus der Verlassenschaftsmasse des Herrn Grafen Klemens August von Waldkirch an nachbenannten Tagen die unten näher bezeichnet werdende Gegenstände, im Hause N. 2. Nr. 4 dahier, gegen baare Bezahlung einer öffentlichen Versteigerung ausgesetzt werden, als:

Dienstag, den 28. April d. J.:
Allerlei Hausrath.

Mittwoch, den 29. April d. J.:
Kupfernes, eisernes, blechenes und zinnenes Geschirr.

Donnerstag, den 30. April d. J.:
Mannskleider, worunter eine bedeutende Anzahl mit Gold gestickte Uniformen, sowohl modernen als alten Schnitts; dann einige seidene Kleider.

Freitag, den 1. Mai d. J.,
Vormittags:
allerlei Hausrath.
Nachmittags:
japanisches, französisches und sächsisches Porzellan.

Montag, den 4. Mai d. J.,
Vormittags:
Bettung.
Nachmittags:
Chaisen und Pferdegeschirr.

Mittwoch, den 6. Mai d. J.,
Vormittags:
Weißzeug, worunter Vieles ganz neu ist.
Nachmittags:
Porzellan wie am 1. Mai, Nachmittags.

Donnerstag, den 7. Mai d. J.,
Vormittags:
Gold und Silber, worunter eine große Anzahl schön gearbeiteter Hirschfänger und Degen.
Nachmittags:
Glaswerk, worunter mehrere große Spiegel mit goldenen Rahmen.

Freitag, den 8. Mai d. J.,
Vormittags:
Gewehr und Waffen und sonstiger Hausrath.
Nachmittags:
Weißzeug wie oben am 6. Mai Vormittags.

Montag, den 10. Mai d. J.,
Vormittags:
Schreinwerk, Kupferstiche und Bücher.
Nachmittags:
Wein, Fässer und Bouteillen.

Dienstag, den 11. Mai d. J.,
Vor- und Nachmittags:
Allerlei Hausrath und Weißzeug;
wozu man die Liebhaber hiermit einladet.

Mannheim, den 15. April 1840.
Großh. bad. Stadtamtsrevisorat.
Winther.
vdt. Bürck.

Abb. 1
Anzeige für die Versteigerung der Hinterlassenschaft von Graf Waldkirch 1840
MARCHIVUM

Die Mannheimer Verlassenschaftsakten

Die zwischen 1632 und 1941 entstandenen Mannheimer Erb- und Pflegschaftsakten, die sogenannten Verlassenschaftsakten, sind eine herausragende Quellengruppe. Sie geben Antworten auf eine Vielzahl an stadt- und regionalgeschichtlichen, aber auch sozial-, kultur- und rechtsgeschichtlichen Fragestellungen. Für die historische Forschung – und damit auch für die historische Bildungsarbeit – sind sie von hohem Wert: Eine ganze Stadt macht in ihnen gleichsam Inventur und gewährt Einblicke in die Vermögens- und Lebensverhältnisse aller sozialer Schichten, von der Armenunterstützung beziehenden Witwe bis zum reichen Kaufmann.[2]

So bieten die Archivalien eine reiche Fundgrube für prosopographische Studien etwa zur kurpfälzischen bzw. badischen Beamtenschaft oder zur Erforschung der Geschichte der Mannheimer Juden im 19. Jahrhundert. Darüber hinaus enthalten die Akten in unverhofftem Umfang Material zu einzelnen wichtigen Momenten der Stadt- und Landesgeschichte, so beispielsweise zur Pest von 1666 in der Kurpfalz oder zu Mannheimer Maimarktbelustigungen, zum Leiden der Stadt in den Koalitionskriegen sowie zur Geschichte des Nationaltheaters. Exemplarisch seien nur einige weitere ertragsverheißende Auswertungsmöglichkeiten der Verlassenschaftsakten genannt: Die in ihnen enthaltenen Inventare erlauben Aussagen über den Grundbesitz, aber auch über die Bibliotheksbestände der Mannheimer Oberschicht. Die in einem Umfang von über 1.200 Stück überlieferten Testamente dagegen geben Aufschluss über die religiöse Gebundenheit von Erblassern vor allem in der ersten Hälfte des 19. Jahrhunderts. Eine Fülle von den Akten beigehefteten Privatbriefen schließlich stellt eine einzigartige Quelle dar zum Alltag von Mannheimer Lehrlingen auf der Walz oder von Soldaten in den napoleonischen Kriegen.

Dabei sind die Unterlagen zunächst einmal Quellen aus der Arbeit der Gerichte. Der Aufgabenbereich „Vormundschaftswesen, Pflege, Mündel, Testamente und Eheverträge, Teilungen und Inventuren" war durch die Privilegien Kurfürst Karl Ludwigs 1652 dem Stadtrat überlassen worden. 1734 wurde ein eigenes Stadtgericht abgetrennt. Dieses war besetzt mit einem Stadtdirektor und sechs Assessoren. Ein separates Pupillaramt als Abteilung des Stadtrates war seit 1757 zuständig für das gesamte städtische Vormundschaftswesen einschließlich der Inventuren und Teilungen. Die Protokollierung der Testamente und Eheverträge lag nach wie vor beim Stadtrat bzw. Stadtgericht. Personell waren diese Gremien sowie das Pupillaramt weithin identisch, vermutlich besaßen sie auch eine gemeinsame Registratur. Rechtsgrundlage war das kurfürstlich-pfälzische Landrecht von 1582, erneuert 1611 mit verschiedenen Landes- und Polizeiordnungen.

Der Übergang Mannheims an Baden bedeutete das Ende dieser städtischen Gerichtsbarkeit. Zuständig für das Pupillarwesen wurde das am 25. Mai 1804 als staatliche Behörde eingerichtete Stadtvogteiamt, das 1810 „Amtsrevisorat" als neuen Namen erhielt. 1864 übernahm das Amtsgericht Mannheim die Funktion als Vormundschafts-, Nachlass- und Vollstreckungsgericht. Im Zuge einer neuen Behördenorganisation wurde das Amtsgericht Mannheim 1872 um das Amtsgericht Ladenburg erweitert und umfasste von da an auch die Orte Feudenheim, Ilvesheim, Käfertal, Ladenburg, Neckarhausen, Sandhofen, Schriesheim und Wallstadt. 1886 wurden Neckarau und 1900 Seckenheim mit Rheinau aus dem Amtsgerichtsbezirk Schwetzingen aus- und dem Amtsgericht Mannheim angegliedert. Somit umfasste der Bezirk zuletzt neben der Kernstadt Mannheim die meisten der 1890 bis 1930 eingemeindeten Vororte, darüber hinaus aber mit Ilvesheim, Ladenburg, Neckarhausen und Schriesheim mehrere Gemeinden, die selbständig sind und heute dem Rhein-Neckar-Kreis angehören.

Die Mannheimer Verlassenschaftsakten (Abb. 2) werden heute im Generallandesarchiv Karlsruhe sowie im MARCHIVUM, dem vormaligen Stadtarchiv Mannheim, aufbewahrt. Diese eigenartige Verteilung auf ein staatliches und ein kommunales Archiv liegt in der zeitweise unterschiedlichen Einschätzung des historischen Quellenwerts begründet und in der Bereitschaft, jenseits formaler Zuständigkeiten eine alternative Überlieferung zuzulassen. Vom Amtsgericht Mannheim gelangte Anfang des 20. Jahrhunderts eine erste Ablieferung an das Generallandesarchiv, das insbesondere an den älteren Akten des 17. Jahrhunderts bzw. der Hinterlassenschaft bedeutender, zumeist adliger Familien Interesse zeigte. Die restlichen Unterlagen wurden dem Stadtarchiv Mannheim angeboten, das sie vollständig übernahm und so vor der Papiermühle rettete. In den folgenden Jahrzehnten folgten weitere Aktenabgaben an das

Harald Stockert

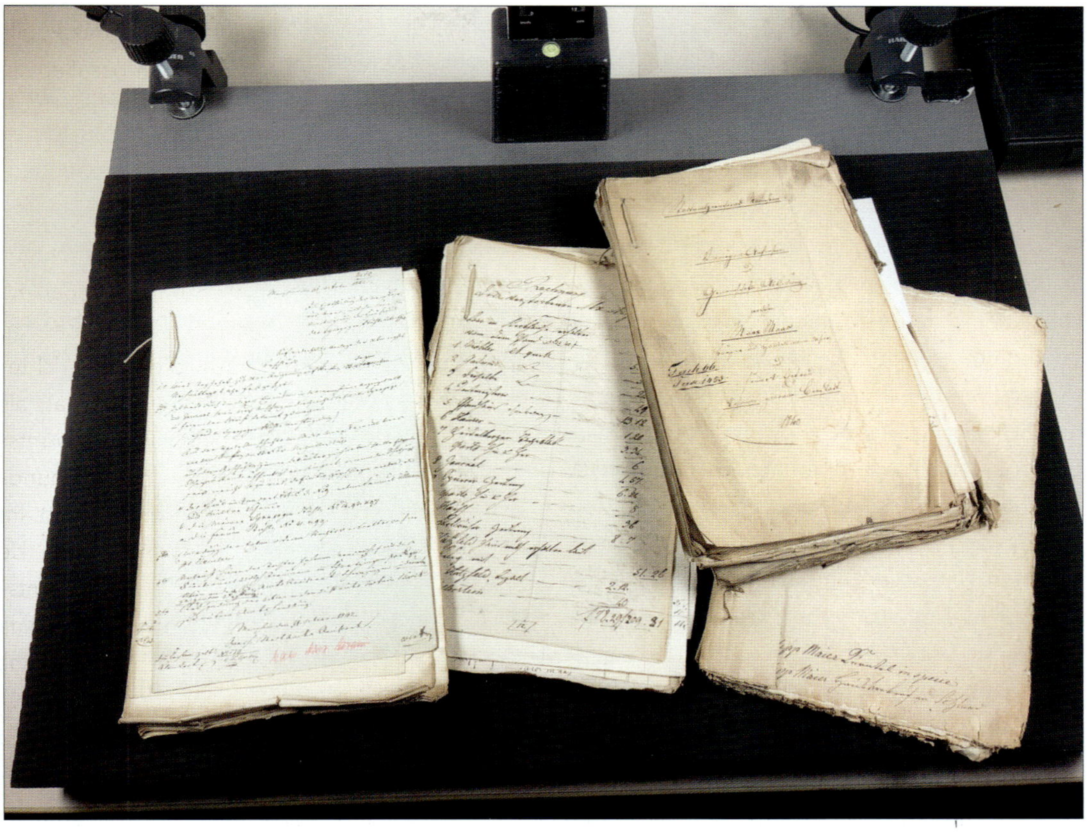

Abb. 2
Verlassenschaftsakten auf einem Scannertisch
2019
MARCHIVUM

Stadtarchiv. Allerdings fiel ein Teil der dort verwahrten Unterlagen dem Angriff vom 5. auf den 6. September 1943 zum Opfer.

Ein letzter Zugang an das Stadtarchiv Mannheim erfolgte 1952, bestehend aus 85 Bündeln voller Testamente und Ehekontrakte aus dem 17. bis 19. Jahrhundert, außerdem Akten der Amtsrevisorate von Schwetzingen und Ladenburg. Mit über 85 Prozent bilden Unterlagen aus der Zeit von 1790 bis 1860 den Schwerpunkt dieser älteren Überlieferung. Er umfasst somit die Zeit der Transformation des kurpfälzischen ins badische Verlassenschaftswesen, und dessen sukzessive Modernisierung und Verstaatlichung. Diese Älteren Verlassenschaftsakten befinden sich nahezu vollständig beim MARCHIVUM, dem vormaligen Stadtarchiv Mannheim; eine Ausnahme bildet lediglich ein etwa neun Prozent des Gesamtbestandes umfassendes Sample, das sich seinerzeit das Generallandesarchiv Karlsruhe vorbehielt.

Eine Serie jüngerer Verlassenschaftsakten setzt die Überlieferung ab 1860 fort. Sie zeichnet sich einerseits durch eine große Masse aus, was vor allem der Bevölkerungsentwicklung geschuldet war, aber auch durch eine zunehmende innere Gleichförmigkeit. Dies hat seine Ursache in der immer effizienter arbeitenden Gerichtsbürokratie, was ab der Gerichtsreform 1864 in den Akten zusehends sichtbar wird. Diese jüngere Serie ist heute im Generallandesarchiv Karlsruhe verwahrt.

Der Bestand „Ältere Verlassenschaftsakten Mannheim" wurde 2001 bis 2003 mit der finanziellen Unterstützung der Kulturgutstiftung Baden-Württemberg in einem gemeinsamen Projekt vom Stadtarchiv Mannheim mit dem Generallandesarchiv Karlsruhe verzeichnet. Der weitaus überwiegende Teil der älteren Serie der Mannheimer Erb- und Pflegschaftsakten liegt heute im MARCHIVUM als Zugang 32/2001 (7.281 Archivalieneinheiten); kleinere Partien in einem Gesamtumfang von 1.044 Einheiten verwahrt das Generallandesarchiv Karlsruhe, aufgeteilt auf verschiedene Bestände. Nachfolgend zu diesem gemeinsamen Projekt wurden in den Jahren 2008 bis 2012 die Verlassenschaftsakten der ehemals selbstständigen Dörfer und heutigen Mannheimer Stadtteile wie Neckarau, Käfertal, Wallstadt und Seckenheim verzeichnet. Die Metadaten sind heute im Archivverwaltungsprogramm des FindStar[2] über die Homepage des MARCHIVUM einsehbar.

Das Digitalisierungsprojekt

Ende 2016 veröffentlichte die DFG erstmals ihre Förderlinie „Digitalisierung von archivalischen Quellen". Ziel ist es, „eine deutliche Verbesserung der Zugänglichkeit zu archivalischen Quellen für die Forschung durch Digitalisierung und zentrale Zusammenführung im Archivportal-D und der Deutschen Digitalen Bibliothek (DDB) zu erreichen".[3] Gefördert wird dabei vorrangig die Digitalisierung kompletter Bestände, die hohen historischen Wert haben und vielfältige Auswertungsmöglichkeiten über den lokalen Bezug hinaus bieten. In seinem Antrag konnte das MARCHIVUM die Gutachter überzeugen, dass diese Kriterien auf den Bestand der „Älteren Verlassenschaftsakten" zutreffen. Und so erhielt das MARCHIVUM einen fast sechsstelligen Förderbetrag für die Digitalisierung dieser Unterlagen (Abb. 3).

Die entsprechenden Arbeiten haben Mitte 2018, nach dem Umzug ins neue Domizil, dem vormaligen Hochbunker Ochsenpferch, begonnen. Beauftragt ist ein externer Dienstleister, der nun portionsweise die Verlassenschaftsakten einscannt. Dieser Prozess ist alles andere als einfach. Die Akten weisen eine sehr heterogene Struktur auf. Dies gilt hinsichtlich der Größe der einzelnen Papiere, aber auch der Formierung der Akten. So stellt etwa die traditionsreiche badische Oberrandheftung (Abb. 4) eine enorme Herausforderung für einen einerseits materialschonenden, andererseits aber möglichst effektiven Scanprozess dar. Denn die Akten müssen im Vorfeld einzeln aufgebunden und nach dem Scannen wieder re-formiert, das heißt zusammengebunden werden. Mit Blick auf die sehr kleinen Stanzlöcher ist dies für die jeweiligen Bearbeiter nicht nur eine feinmotorische Schwerstaufgabe, sondern auch eine Geduldsprobe. Etwa zwei Drittel der Unterlagen sind auf diese Weise formiert, der Rest weist die rückseitige preußische Fadenheftung auf, die glücklicherweise einfacher zu bearbeiten ist. Doch auch die Materialität der Unterlagen kann das Einscannen erschweren. Das überwiegend verwendete Hadernpapier ist zumeist sehr störrisch, indem sich Falten nur schwer beseitigen lassen bzw. es enthält immer wieder auch Risse und Löcher. Nicht zuletzt stellen Fremdkörper eine besondere Herausforderung dar. Aufgedrückte Wachs-, Obladen- oder auch Papiersiegel erfreuen zumeist die Augen des Betrachters, jedoch weniger die der

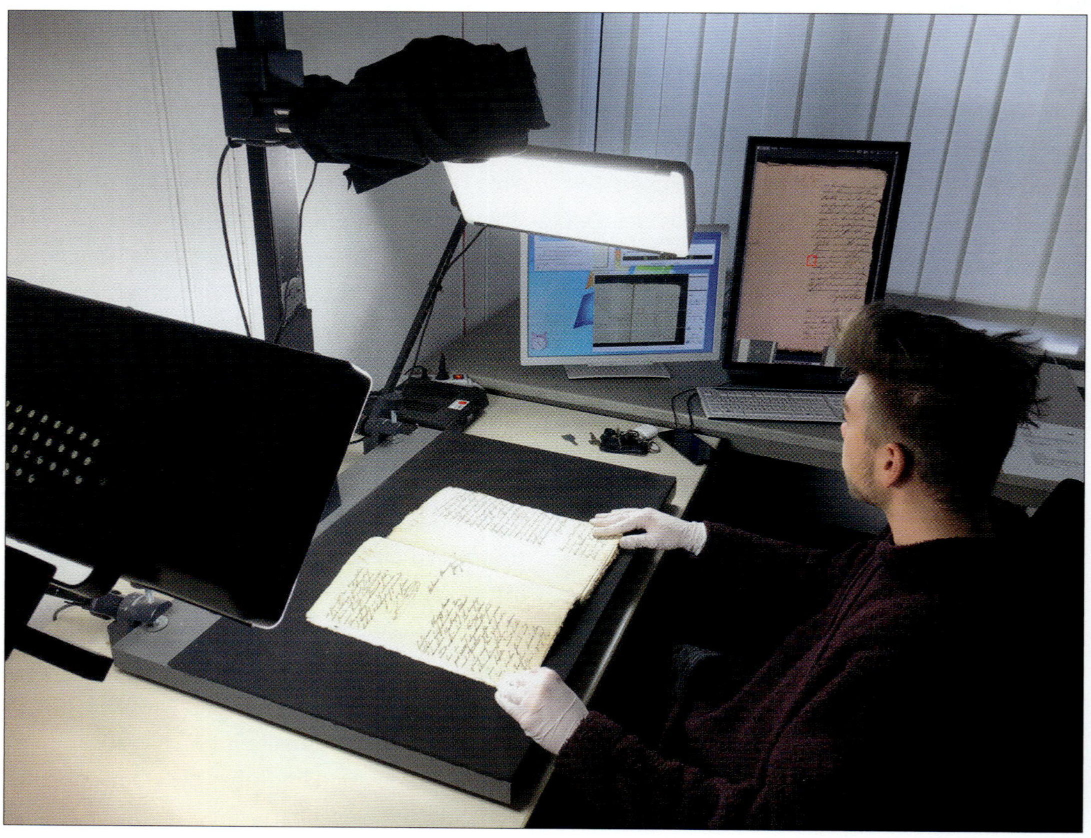

Abb. 3
Scannen einer Verlassenschaftsakte
2019
MARCHIVUM

Scankraft, die um die materielle Fragilität derartiger Objekte weiß und entsprechend vorsichtig vorgehen muss.

Somit erweist sich die Digitalisierung der Mannheimer Verlassenschaftsakten als eine sehr anspruchsvolle Aufgabe, die immer wieder neue Überraschungen und auch technische Herausforderungen in sich birgt. Umso größer wird jedoch der Ertrag dieses Projektes sein. Künftig wird es kaum noch notwendig sein, die fragilen Originale aus den gekühlten Magazinen zu holen, sie einem Benutzer zum Durchblättern und zur Lektüre vorzulegen und sie letztlich durch diesen Schritt in ihrem Erhaltungszustand noch mehr zu gefährden. Und andererseits profitiert der Benutzer von den vielfältigen Möglichkeiten der digitalen Darstellungsform – etwa durch Zoomen bei sehr klein geschriebenen Stellen oder Schärfung der Kontraste. Die Lesbarkeit wird sich dadurch auf jeden Fall erhöhen!

Es ist davon auszugehen, dass das Digitalisierungsprojekt im Laufe des Jahres 2019 abgeschlossen wird. Die Digitalisate werden zunächst im Lesesaal des MARCHIVUM und in einem zweiten Schritt auf der Internetseite www.marchivum.de einsehbar sein. Darüber hinaus ist vorgesehen, den kompletten Bestand in das Archivportal D sowie die Deutsche Digitale Bibliothek (DDB) hochzuladen. Dadurch wird die Recherchierbarkeit über das Internet noch besser und auch die Reichweite des Bestandes der Mannheimer Verlassenschaftsakten weiter erhöht.[4]

Auswertungsmöglichkeiten der Verlassenschaftsakten

„Eine Stadt macht Inventur" – so lautete die Überschrift des Abschlussberichts für das seinerzeitige Erschließungsprojekt der Älteren Verlassenschaftsakten. Die dichte Überlieferung für das letzte Viertel des 18. und das gesamte 19. Jahrhundert eröffnet die Möglichkeit, tief in die Stadt hineinzublicken und ihre Bevölkerung multiperspektivisch zu erforschen. Quer durch alle sozialen Schichten geben die Akten Einblicke in die persönlichen Verhältnisse zum Zeitpunkt des Todes, in denen sich immer auch das Leben der Protagonisten widerspiegelt. Und dieses fand keineswegs nur in Mannheim statt. Die Verlassenschaftsakten berichten von unterschiedlichsten Lebensläufen, die sich teilweise ausschließlich in der Quadratestadt abspielten, nicht selten jedoch auch andere Orte, Regionen und Länder berührten. So finden sich hier kurpfälzische und badische Karrierebeamte ebenso wie Revolutionäre der 1848er, Weltreisende oder rückgekehrte

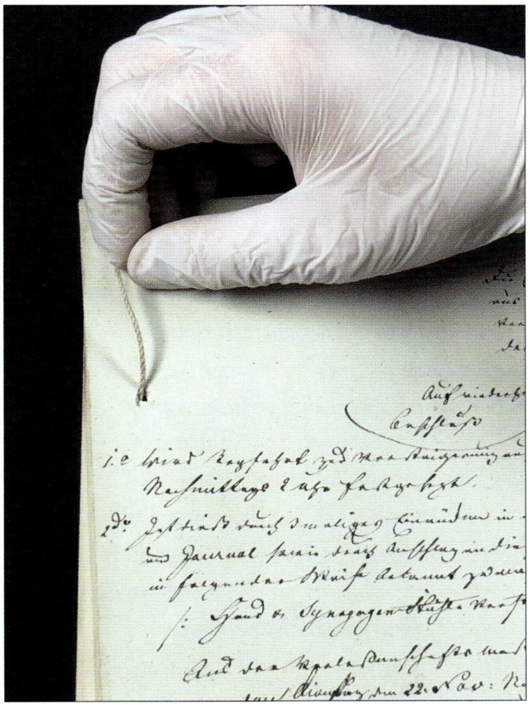

Abb. 4
Auffädeln der Badischen Oberrandheftung
2019
MARCHIVUM

Auswanderer ebenso wie ehemalige Soldaten, die eher unfreiwillig in fremde Lande ziehen mussten. Und nicht zuletzt geben die Akten einen Einblick in die familiären Verhältnisse; Testamente wie auch Stammbäume bieten einen einzigartigen Fundus für sozialgeschichtliche wie auch genealogische Analysen. Mit ihrem Fokus auf Personen sind die Akten einerseits sehr individualistisch, gleichzeitig aber auch sehr gleichförmig, da sie letztlich immer mit dem gleichen Fokus – die Regelung der Hinterlassenschaften – entstanden sind. Komparatistische Studien sind so möglich.

Ein Beispiel hierfür sind die Forschungen von Helmut Landerer, der die Sozial- und Wirtschaftsgeschichte der Mannheimer Küfer nachgezeichnet hat.[5] Im Kern seiner Betrachtungen standen dabei die Inventare, die Aufschluss geben über die Vermögensverhältnisse der Verstorbenen. Die Akten erlauben einen eindrucksvollen Blick in die Wohnungen der Küfer, in ihre Schränke und Nachttische. Nicht selten wird das hinterlassene Inventar vom Kanapee und Kinderbett über das Porzellan und den zuweilen durchaus vorhandenen Bücherschrank bis hin zum buchstäblich letzten Taschentuch und Löffel ausgebreitet. Landerer unterscheidet in seiner Analyse zwischen armen Handwerksmeistern und -gesellen auf der einen, aber auch reichen und hochangesehen Küferfamilien auf der anderen Seite. Bemerkenswert ist, dass sich in den Verlassenschaftsakten der materielle Abstieg dieser lange hoch angesehenen und sehr selbstbewussten Berufsgruppe bereits am Vorabend der Industriellen Revolution abzeichnet.[6] Neben dieser materiellen Seite eröffnen die Akten zuweilen auch einen Blick ins „echte Leben", wenn etwa eine Witwe mit der neuen Lage nach dem Ableben des Gatten psychisch überfordert ist, zum Trinken neigt und die Kinder vernachlässigt: „Uebrigens sei dieselbe jezt noch tag täglich betrunken, und führe eine so schlechte Haußhaltung, daß das wenige Vermögen der Kinder bald verschwendet sein würde wenn keine Einschreitung getroffen werde."[7] Angesichts dieser Situation sah sich der zuständige Richter dazu veranlasst, die Witwe für „mundtot" zu erklären und ihr, ebenso ihren Kindern einen neuen „Curator" (Vormund) zuzuweisen.

Neben der eher seriellen Analyse bieten die Akten nicht nur Beschreibungen über individuelle Werdegänge, sondern teilweise geradezu auch intime Einblick in die Köpfe der Menschen mit ihren Hoffnungen und Ängsten. So ist Carl-Jochen Müller der um 1800 verbreiteten Angst, lebendig begraben zu werden (Taphophobie), nachgegangen, zu der sich Anklänge und teilweise auch fixe Klauseln in manchen Testamenten finden.[8] Vom gleichen Autor thematisiert wurde in einem anderen Betrag die generationenübergreifende Kriegserfahrung der napoleonischen Kriege.[9] Sehr stark steht – der Charakter der Akten lässt nichts anderes erwarten – der Tod im Vordergrund. Müller zeigt, wie in den Dokumenten „fossiliengleich eingelagerte Momentaufnahmen von petits faits des Feldzugsgeschehens" zu finden sind.[10] Ein Beispiel ist ein Schreiben des bayerischen Majors Walter, der 1813 bezeugte, dass dem Mannheimer Kaufmannssohn Carl Joseph Becker 1812 bei der Schlacht von Borodino (Abb. 5) „das Pferd erschossen worden", er daraufhin „mit mehr andern Soldaten, welche ihre Pferde verloren hatten, zurückgeschickt worden, aber nicht wieder zurückgekommen sey, und daher unter die Vermißten gezählt werde"[11]. Auf dieses Schreiben hin wurde das zuständige Amtsrevisorat in Mannheim tätig, um die Nachlassangelegenheit Beckers zu regeln. Die Kürze dieses militärischen Berichts von der Front steht in völligem Kontrast zu mehrseitigen Augenzeugenberichten über das Sterben von Kameraden in anderen Fällen. Letztere zeigen eindrucksvoll nicht zuletzt die Ohnmacht und das Leid des Einzelnen im Sperrfeuer weltgeschichtlicher kriegerischer Eruptionen. Auch finden sich in den Akten Schreiben von eingezogenen Solda-

Abb. 5
Schlacht von Borodino
Gemälde von
Louis Lejeune
1812
Quelle: WikiCommons

ten an ihre Familien, zuweilen sogar Liebesbriefe (Abb. 6), wie etwa aus der Feder des Mannheimer Militärmusikers Johann Rieger an seine „hertzallerliebste Frau": „[...] Des Abends, wenn ich zu Bette mich lege, so ist mein Schlaaf im 3 Stund vorüber, dann lieg ich wagent bis der Taag kraut, im grösten Nachdencken an dich, wie du dich befindest oder wie dir es gehen mag. Engelliebes Weibge, wann wird sich denn unser elendi und betrübti Laage einmal wieder zu Freiden verwandeln."[12] Auch Rieger sollte den Krieg nicht überleben. Quellen dieser Art treten unmittelbar, ungeschönt und teilweise mit ungelenker Handschrift verfasst, dem Leser in voller Drastik entgegen.

Ungeachtet dieser vielen Auswertungsmöglichkeiten, die hier nur ansatzweise zur Sprache kommen, sind die Mannheimer Verlassenschaftsakten bislang noch wenig bekannt. Es existieren, von den zitierten Beispielen einmal abgesehen, bislang keine Editionen oder digitale Wiedergaben; und auch die Forschung hat bislang eher einen Bogen um die Unterlagen gemacht. Von der nun mit der Unterstützung der Deutschen Forschungsgemeinschaft stattfindenden Digitalisierung erhofft sich das MARCHIVUM eine größere Bekanntheit dieses bemerkenswerten Bestandes und damit einhergehend eine umfangreichere Nutzung. Und vielleicht werden so weitere spektakuläre Haushaltsauflösungen oder manch eindrucksvoller Liebesbrief wieder entdeckt werden.

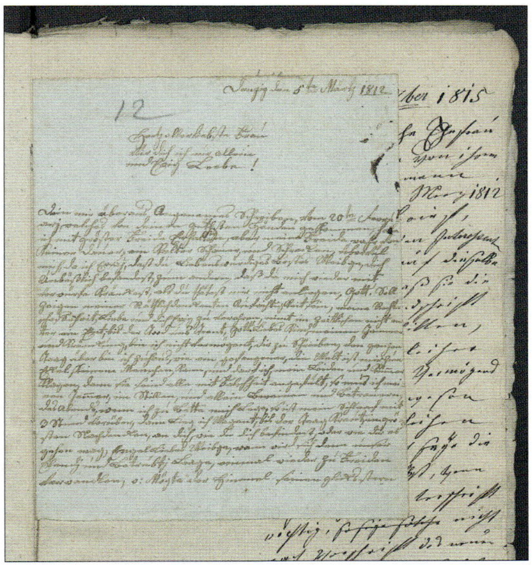

Abb. 6
Der Liebesbrief Riegers in der Verlassenschaftsakte
1812
MARCHIVUM

1 Anzeigen in MARCHIVUM, Verlassenschaftsakten Mannheim, Zug. 32/2001 Nr. 6421. Vgl. dazu: Harald Stockert: „... viele adeliche Häuser". Stadtsitze, Landschlösser und adlige Lebenswelten in Mannheim und der Kurpfalz, Mannheim 2011, S. 21f.

2 Die folgenden Ausführungen stützen sich teilweise in ganzen Passagen auf den nicht veröffentlichten Abschlussbericht des Verzeichnisprojekts von 2003 von Carl-Jochen Müller und Christoph Popp, zu finden im Vorgang MARCHIVUM, Az. 16.35.30/1/2006. Vgl. dazu: Christoph Popp: Das kurpfälzische und badische Vormundschaftswesen und die Mannheimer Verlassenschaftsakten. Von der Papiermühle zum archivübergreifenden Verzeichnungsprojekt des Generallandesarchivs Karlsruhe und des Stadtarchivs Mannheim, in: Archivalische Zeitschrift 86 (2004), S. 251-285; Helmut Landerer: „daß die Wittib oft besoffen sei". Eine Quellenstudie zu den Mannheimer Küfern anhand der Verlassenschaftsakten des 17. bis 19. Jahrhunderts, Mannheim 2011, S. 21-37.

3 https://www.dfg.de/foerderung/info_wissenschaft/2018/info_wissenschaft_18_02/index.html (Aufruf vom 17.1.2019).

4 Vgl.: Harald Stockert: Archivalien aus dem ISG in der Deutschen Digitalen Bibliothek (DDB), in: Mannheimer Geschichtsblätter 27 (2014), S. 94f.

5 Landerer, wie Anm. 2.

6 Landerer, wie Anm. 2, S. 104f.

7 Zeugenvernehmung vom 21. Juli 1821. Zitat bei Landerer, wie Anm. 2, S. 100. MARCHIVUM, Verlassenschaftsakten, Zug. 32/2001 Nr. 4071.

8 Carl-Jochen Müller: „das schrecklichste, was einem wiederfahren kann." Spuren der Furcht, im Grab zu erwachen, in: Caroline Y. Robertson-von Trotha (Hrsg.): Tod und Sterben in der Gegenwartsgesellschaft, Baden-Baden 2008, S. 235-252.

9 Carl-Jochen Müller: Napoleonische Hinterlassenschaften. Die rheinbündische Heeresfolge auf dem Russlandfeldzug von 1812 in nachlassgerichtlicher Retrospektive, in: Zeitschrift für die Geschichte des Oberrheins 161 (2013), S. 273-296. Vgl. vom selben Autor bearbeitet: Freunde des Stadtarchivs Mannheim e.V.: „Ich hatte mich so auf den Krieg gefreut..." Mannheimer ziehen mit Napoleon nach Russland. Ein Hörstück aus Originaldokumenten. CD, Mannheim 2011.

10 Müller, wie Anm. 9, S. 286.

11 Brief vom 1. Juli 1813 aus Augsburg. Ediert bei Müller, wie Anm. 9, S. 287. MARCHIVUM, Verlassenschaftsakten, Zug. 32/2001 Nr. 324.

12 Brief vom 5. März 1812 aus Danzig. Ediert bei Müller, wie Anm. 9, S. 278. MARCHIVUM, Verlassenschaftsakten, Zug. 32/2001 Nr. 3850.

BUGA 75. Ein Fest verändert die Stadt

Blick in Ausstellung „BUGA 75. Ein Fest verändert die Stadt"
Fotos: Kathrin Schwab MARCHIVUM

Andreas Mix und Andreas Schenk

BUGA 75. Ein Fest verändert die Stadt
Eine Ausstellung im MARCHIVUM, 24. März bis 18. August 2019

Am 23. März 2019 eröffnete das MARCHIVUM seine erste eigenproduzierte Sonderausstellung „BUGA 75. Ein Fest verändert die Stadt". Auf einer Fläche von 570 Quadratmetern zeigte sie im Erdgeschoss des ehemaligen Ochsenpferchbunkers, welche Bedeutung die Bundesgartenschau 1975 für Mannheim hatte und wie das Ereignis heute erinnert wird. Eröffnet wurde die Ausstellung von Oberbürgermeister Dr. Peter Kurz, der in seiner Rede nicht nur die Prägekraft des historischen Ereignisses hervorhob, sondern auch einen Blick in die Zukunft warf: 2023 wird Mannheim erneut eine Bundesgartenschau ausrichten, die der Stadtentwicklung abermals wichtige Impulse verleihen wird. Auf die Bundesgartenschau 2023, die auf dem etwa 60 Hektar großen Konversionsgelände Spinelli stattfindet, verweist die Ausstellung ebenso wie auf die erste große Gartenschau anlässlich des 300-jährigen Stadtjubiläums 1907 an der damals neu geschaffenen Augustaanlage.

Projektpartner

Realisiert werden konnte die Ausstellung, die von der Stuttgarter Agentur Space4 gestaltet wurde, dank der Unterstützung zahlreicher städtischer Dienststellen und weiterer Institutionen. Partner des MARCHIVUMS bei der Realisierung des Projekts waren das Dezernat IV der Stadt Mannheim mit Stabsstelle Baukultur und Fachbereich 61 Stadtplanung, die Stabsstelle Presse und Kommunikation des Oberbürgermeisters, die Bundesgartenschau Mannheim 2023 gGmbH, die Stadtpark Mannheim GmbH, das Südwestdeutsche Archiv für Architektur und Ingenieurbau Karlsruhe (saai) sowie Sharing Heritage – Europäisches Kulturerbejahr 2018.

Die Ausstellung präsentierte Dokumente, Fotos, Filme, Postkarten und Plakate aus dem Bestand des MARCHIVUMS. Außerdem konnten zahlreiche Leihgaben gezeigt werden, darunter auch eine Gondoletta aus dem Luisenpark. Aber nicht nur Museen wie die rem oder das saai stellten Objekte zur Verfügung. Im Rahmen eines Sammlungsaufrufs erhielt das MARCHIVUM aus der Mannheimer Stadtgesellschaft eine beeindruckende Menge an Erinnerungsstücken zur BUGA 75. Dazu gehörten Filme, Fotoalben, Eintrittskarten und eine Fülle an Souvenirartikeln, die zu dem Ereignis vertrieben wurden. Die privaten Leihgaben bereicherten die Ausstellung und belegten eindrucksvoll, dass die BUGA 75 den Mannheimerinnen und Mannheimern in guter Erinnerung geblieben ist.

Besucherzuspruch und Medienresonanz

Fast 5 700 Menschen besuchten die Ausstellung, davon mehr als 850 im Rahmen von Führungen. Ergänzt wurde die Ausstellung mit einem vielfältigen Begleitprogramm, das einzelne Themen vertiefte und ergänzte. Knapp 650 Gäste kamen zu den Vorträgen, Podiumsdiskussionen, Zeitzeugengesprächen, Themenführungen und Filmvorführungen. Sie beschäftigten sich mit der Jubiläumsausstellung von 1907, der BUGA 75 und der kommenden Bundesgartenschau 2023. Zur Ausstellung erschien ein reich bebilderter Katalog, der die zentralen Inhalte dokumentiert.

In den Medien fand die Ausstellung eine breite und sehr positive Resonanz. Die Lokalpresse berichtete ebenso wie die Hörfunk- und Fernsehanstalten ausführlich über die Eröffnung und das Begleitprogramm. Der Pressespiegel verzeichnet etwa 40 Beiträge.

Die BUGA 75.
Ein Ereignis mit Langzeitwirkung

Bundesgartenschauen sind eine feste Größe im bundesdeutschen Festkalender und fast so alt wie die Republik. Seit 1951 finden sie alle zwei Jahre an wechselnden Orten statt. Gemessen an den Besucherzahlen gehört die BUGA von 1975 bis heute zu den erfolgreichsten Leistungsschauen des Gartenbaus. In keiner anderen Stadt hinterließ ein solches Ereignis derart nachhaltig positive Erinnerungen wie in Mannheim. Die BUGA 75 versinnbildlicht den Aufbruch Mannheims in eine urbane Moderne, geprägt von großen stadtplanerischen Ambitionen und überschießender politischer Gestaltungszuversicht. Die Erlebnisgeneration verbindet mit der BUGA 75 Erinnerungen an ein sommerlanges Fest mit Blumenschauen, Konzerten, Operetten, Bällen, Feuerwerken, Fernsehshows und vielen anderen Veranstaltungen. Mannheim, das noch immer als wenig attraktive Industriestadt galt, erfuhr eine ungewohnte mediale Aufmerksamkeit und touristische Frequenz aus der gesamten Bundesrepublik und dem Ausland.

Mit der BUGA 75, ihrem umfangreichen Festprogramm und den begleitenden städtebaulichen Maßnahmen wagte Mannheim in mehrfacher Hinsicht Neues. Zugleich stand das „Ereignis der Superlative" (Pressesprecher Klaus E. R. Lindemann) in einer weit zurückreichenden Gartenschautradition. Einen besonderen Bezugspunkt für die BUGA 75 bildeten dabei die Feiern zum Stadtjubiläum von 1907, die in der Stadtgesellschaft noch lange nachhallten.

Wie die BUGA nach Mannheim kam

Es bedurfte mehrerer Anläufe, um die BUGA nach Mannheim zu holen. Die ersten Versuche scheiterten im Gemeinderat, weil der Wiederaufbau der Stadt und die Schaffung von Wohnraum Priorität besaßen. Nach dem überraschenden Rückzug von Karlsruhe als Ausrichter eröffnete sich 1969 kurzfristig die Möglichkeit, die BUGA 1975 auszurichten. Die Stadt ergriff die Chance und verknüpfte die Pläne für die Gartenschau mit einem groß angelegten Stadtentwicklungsvorhaben. „Für uns ist die Bundesgartenschau nicht nur eine Blumenschau", erklärte Oberbürgermeister Ludwig Ratzel (SPD) programmatisch. Den Anspruch, mehr als eine Leistungsschau des Gartenbaus zu realisieren, drückte auch das Motto der BUGA 75 aus: „Wohnen, Arbeiten, Bilden und Erholen in der Stadt".

Vorbehalte gab es gegenüber einer Gartenschau, die an zwei Orten im Stadtraum stattfinden sollte. Neben dem Luisenpark war ein weiterer Standort im Arbeiterviertel Neckarstadt vorgesehen. Der Herzogenriedpark galt dabei wegen seiner Lage in einem sozial schwachen Bezirk fern der Innenstadt und wegen seines Zustands als wenig attraktiv. Die beiden Standorte stellten die Verantwortlichen zudem vor logistische Herausforderungen: Wie sollten die erwarteten Besuchermengen von einem Park zum anderen gelangen, ohne den Stadtverkehr übermäßig zu belasten? Mit dem Aerobus, einer elektrobetriebenen Schwebebahn, fanden die Verkehrsplaner nicht nur eine umweltfreundliche Lösung. Das Verkehrsmittel selbst wurde zu einer der Hauptattraktionen der BUGA und ist ins kollektive Gedächtnis der Stadt eingegangen. Dabei fielen die Kosten für den kurzfristig realisierten Aerobus mit drei Millionen DM deutlich höher aus als erwartet.

„Für sechs Monate war die Welt zu Gast an Rhein und Neckar." Die BUGA als Event

Nicht weniger ambitioniert waren Öffentlichkeitsarbeit und Marketing. Ab 1973 warb die von der Stadt und der Stadtsparkasse gegründete Bundesgartenschau Mannheim GmbH mit Plakaten, Aufklebern, Broschüren, Filmen, Anzeigen, Vorträgen und anderen Formaten in der gesamten Bundesrepublik für das bevorstehende Ereignis. Mit dem von Reinhard Lorenz gestalteten grünen Baum als Signet und dem von Loriot gezeichneten Jäger aus Kurpfalz verfügte die BUGA 75 über starke visuelle Motive. Das breite Sortiment an Souvenir- und Werbeartikeln, versehen mit dem BUGA-Baum und Loriots knollennasiger Zeichenfigur, reichte von Kissen, T-Shirts, Badetaschen und Schürzen bis zu Kerzen, Spardosen und Servietten. Lizenzen für die Nutzung der beiden populären Logos vergab die Bundesgartenschau GmbH etwa an Winzer und Plattenfirmen, sodass Loriots Jäger auch Weinflaschen und Schallplatten zierte. Lokale Unternehmen wie John Deere, der Elektrokonzern BBC oder die Hamburg-Mannheimer Versicherung unterstützten die Werbemaßnahmen mit Sonderpublikationen, durch Sach- und Geldspenden.

Die Bundesgartenschau Mannheim GmbH mit ihren Geschäftsführern Karl Eisenhuth und Werner Haas organisierte in verschiedenen Arbeitsausschüssen das „Festival in grün". Mehr als 1.800 Veranstaltungen in den sechs Monaten machten die BUGA zu einer wahren „Monsterschau" (Klaus E. R. Lindemann). Sport, Musik, Tanz, Ausstellungen und natürlich zahlreiche Blumenschauen sollten die Interessen unterschiedlicher Besuchergruppen abdecken. Lokale Trachtenvereine und Chöre traten ebenso auf wie internationale Folkloregruppen und Schlagerstars. Herbert von Karajan und Pierre Boulez dirigierten anlässlich des Großereignisses Konzerte im Rosengarten, auf der Seebühne wurden Operetten wie die „Blume von Hawaii" oder das „Schwarzwaldmädel" gezeigt. Boxkämpfe, Fußballspiele und Tennismeisterschaften standen auf dem Programm neben Ballettaufführungen und festlichen Bällen. Große Resonanz erzielte die BUGA mit Unterhaltungssendungen in Hörfunk und Fernsehen. Rudi Carrell, Karel Gott, Marika Rökk und Hans Rosenthal produzierten ihre Fernsehshows von der BUGA aus und trugen so das Ereignis in die bundesdeutschen Wohnzimmer. Allein die in der Multihalle aufgezeichnete Sendung „Zum Blauen Bock" am 7. Juni, bei der Mannheimer Prominente wie Sepp Herberger und Heinz Haber zu Gast waren, hatte fast 20 Millionen Zuschauer.

Zahlreich und positiv fiel die Berichterstattung in den Medien aus. Der SDR-Hörfunk sendete regelmäßig in Frühmagazinen von der BUGA, und der Mannheimer Morgen brachte tägliche BUGA-Kolumnen. Aber nicht nur die lokalen und regionalen Rundfunkanstalten und Zeitungen, sondern alle großen überregionalen Presseverlage und Sendeanstalten berichteten ausführlich über das Ereignis. „Noch nie wurde die Stadt Mannheim so nachhaltig positiv und so breit und umfangreich in Presse, Hörfunk und Fernsehen des In- und Auslandes gewürdigt, wie in den sechs Bundesgartenschau-Monaten", verkündete der Pressechef der Bundesgartenschau Mannheim GmbH stolz. Mehr als 17 000 Beiträge verzeichnete der Pressedienst zur BUGA.

Der überwältigende Besucherzuspruch, der die angestrebten 6 Millionen Gäste um mehr als ein Drittel übertraf, ließ die Bilanz trotz der beträchtlichen Mehrkosten positiv ausfallen. Zweidrittel der Mannheimerinnen und Mannheimer hatten eine Dauerkarte gekauft – ein beeindruckendes Votum der Stadtgesellschaft für die BUGA. Bereits vor dem Ende der Schau diskutierte die Öffentlichkeit über die Zukunft der Parkanlagen. Bei einer vom Mannheimer Morgen initiierten Umfrage sprachen sich mehr als 83 Prozent der 16.000 Teilnehmerinnen und Teilnehmer dafür aus, die Gelände als gebührenpflichtige Parks zu betreiben, was schließlich zur Gründung der Stadtpark Mannheim GmbH führte. Auch wenn zahlreiche Attraktionen der BUGA wie der Aerobus, die Kleinbahn oder das Riesenrad im Herzogenriedpark, nach der Gartenschau wieder abgebaut wurden, so gilt doch, was die Organisatoren nach dem Ende des Events prophezeiten: „Noch lange wird man von der Bundesgartenschau 1975 sprechen und ihre Anlagen genießen können."

Zeitenwende. Die BUGA 75 zwischen Wirtschaftskrise und Wertewandel

Die erste Hälfte der 1970er Jahre markiert in der Bundesrepublik eine Zäsur, die geprägt war von Währungs- und Wirtschaftskrisen, dem Aufkommen neuer sozialer Bewegungen und einem fundamentalen kulturellen Wertewandel. Diese Prozesse, die sich vielfach überlagerten, prägten mit unterschiedlichem Verlauf letztlich alle westlichen Gesellschaften.

Besonders einschneidend waren dabei die ökonomischen Verwerfungen. Der Zusammenbruch des Währungssystems von Bretton Woods, das auf festen Wechselkursen und dem US-Dollar als Weltleitwährung basierte, und die Ölpreiskrise 1973 beendeten ein fast 25 Jahre ununterbrochenes Wirtschaftswachstum und die Wohlstandsmehrung. Die Bundesrepublik erlebte ihre erste tiefe Rezession, die den „Traum immerwährender Prosperität" (Burkhart Lutz) zerstörte. In dem Jahr, als Mannheim die BUGA ausrichtete, schrumpfte die Wirtschaftsleistung um 1,1 Prozent. Der Strukturwandel, der in den 1960ern eingesetzt hatte,

Blick in Ausstellung „BUGA 75. Ein Fest verändert die Stadt"
Foto: Kathrin Schwab
MARCHIVUM

beschleunigte sich in der Textil- und Schwerindustrie, im Berg- und Schiffbau zum Strukturbruch, der das Ende zahlreicher Produktionsstandorte in der Bundesrepublik bedeutete.

Damit verbunden war ein sprunghafter Anstieg der Arbeitslosenzahl, die sich 1975 innerhalb eines Jahres auf mehr als eine Million verdoppelte. Die Zeit der Vollbeschäftigung war vorbei. Der Dienstleistungsbereich und öffentliche Dienst konnten die Arbeitsplatzverluste im produzierenden Gewerbe längst nicht kompensieren, doch verschob sich die Gewichtung zwischen dem industriellen und dem Dienstleistungssektor signifikant. Mitte der 1970er Jahre arbeiteten in der Bundesrepublik erstmals mehr Menschen im tertiären als im sekundären Wirtschaftssektor. Der Angestellte löste den Arbeiter endgültig als soziale Leitfigur ab. Die industrielle Gesellschaft entwickelte sich immer mehr zu einer postindustriellen, geprägt von Dienstleistung, Konsum und Informationstechnologien.

Unter dem „Pleitenjahr 75" (Der SPIEGEL) litt auch die Industriestadt Mannheim. Mit dem Puppenhersteller Schildkröt AG ging ein Betrieb mit großer Tradition in Konkurs. Bereits ein Jahr zuvor hatte das Strebelwerk Mannheim, eines der größten bundesdeutschen Heizungsbauunternehmen, Insolvenz anmelden müssen. Dabei verloren allein 2.500 Beschäftigte ihren Arbeitsplatz. Unter ihnen war auch Fred Reibold, der 22 Jahre für die Strebelwerke tätig gewesen war. Als Jäger aus Kurpfalz fand er eine neue Beschäftigung. Die befristete Tätigkeit als Markenbotschafter der BUGA wurde für ihn sogar zu einer neuen Lebensaufgabe. Auch nach der BUGA 75 verkörperte er die Rolle des Jägers aus Kurpfalz mit Leidenschaft und großem Erfolg.

Ausstellungsplakat „BUGA 75. Ein Fest verändert die Stadt"
MARCHIVUM

Rezession, Massenarbeitslosigkeit und anhaltend hohe Inflationsraten von mehr als fünf Prozent stellten die Politik vor neue Herausforderungen. Mit den Ende der 1960er Jahre von der Großen Koalition entwickelten Maßnahmen zur ökonomischen „Globalsteuerung", die gleichermaßen konstantes Wirtschaftswachstum, Vollbeschäftigung und Geldwertstabilität anstrebte, konnte die Krise nicht bewältigt werden. Investitionen durch die nachfrageorientierte Wirtschaftspolitik und steigende Sozialausgaben ließen die Staatsverschuldung rapide ansteigen. Von 1970 bis 1975 verdoppelte sich der Schuldenstand von Bund, Ländern und Kommunen nahezu. Obgleich der Keynesianismus für die bundesdeutsche Finanz- und Wirtschaftspolitik noch immer handlungsleitend war, wuchsen Zweifel und Kritik an kostenintensiven Großprojekten wie der BUGA. Der Investitionsetat, den der Mannheimer Gemeinderat 1971 mit 32,5 Millionen DM veranschlagt hatte, stieg um fast 40 Prozent. Hinzu kamen 11,5 Millionen DM Betriebskosten, sodass die Gesamtkosten der BUGA 75 schließlich bei 65,3 Millionen DM lagen. Zu bewältigen war dies für die Stadt nur dank eines Beitrags des Landes Baden-Württemberg in Höhe von 12,5 Millionen DM. „Er ist hier auf das Beste angelegt", verkündete Ministerpräsident Hans Filbinger (CDU), selbst ein gebürtiger Mannheimer, stolz zur Eröffnung am 18. April 1975. Der Zuschuss kann aber auch als Kompensation für die aus Mannheimer Sicht enttäuschend verlaufende Kreis- und Gemeindereform Anfang der 1970er Jahre gedeutet werden. Sie bescherte der Stadt keine Eingemeindungen und den Verlust des Verwaltungssitzes im neuen Landkreis an Heidelberg.

Die ambitionierte Mannheimer Stadtentwicklung mit ihren Großbauprojekten im Kontext der BUGA 75 war Ausdruck des in den ersten beiden Nachkriegsjahrzehnten verbreiteten Planungsdenkens. Ökonomische und gesellschaftliche Prozesse erschienen Wissenschaftlern und Politikern gleichermaßen als plan- und steuerbar. Expertenwissen und Technik waren Instrumente, um sachgerechte Entscheidungen zu fällen und umzusetzen. Diese Planungseuphorie und die damit verbundene Vorstellung von der Programmierbarkeit der Zukunft wurden Anfang der 1970er erschüttert. Das Bewusstsein für die Kosten des Fortschritts wuchs, und die Lebensweise der westlichen Industrienationen galt zunehmend als problematisch. Landschaftsverbrauch und Schadstoffausstoß wurden nicht mehr als unvermeidliche Folge von Fortschritt und Wohlstandsmehrung akzeptiert, sondern vielmehr als globale Existenzbedrohung wahrgenommen. „Die Grenzen des Wachstums" schienen erreicht. Der Titel der 1972 vom Club of Rome, einem internationalen Expertengremium, veröffentlichten Studie gab dem veränderten Zeitgeist Ausdruck. „Ein Planet wird geplündert", warnte der CDU-Politiker und spätere Mitbegründer der Grünen, Herbert Gruhl, 1975 in einer vielgelesenen Streitschrift. Kritik an Fortschrittsoptimismus und Planungseuphorie artikulierte besonders das alternative Milieu. Aus den Zerfallsprodukten der Studentenbewegung entwickelten sich neue Formen des Protestes, der bunt und kreativ, bisweilen aber auch provozierend und gewalttätig war und nicht auf die Großstädte beschränkt blieb. Bürgerinitiativen und Aktionsbündnisse agierten anlassbezogen im Lokalen und Regionalen: gegen Autobahnbau und Flughafenerweiterungen, gegen die Zerstörung historischer Gebäude und megalomane Bauvorhaben. Im Widerstand gegen politische Entscheidungen und in den Forderungen nach neuen Partizipationsmodellen sahen Vertreter von Parteien, Kirchen und Gewerkschaften oftmals eine Bedrohung der repräsentativen Demokratie.

Im südbadischen Wyhl am Kaiserstuhl kristallisierte sich der Protest Anfang 1975 gegen den Bau eines Atomkraftwerks. Bauern, Winzer und Studenten aus der nahen Universitätsstadt Freiburg engagierten sich gemeinsam gegen die von der Landesregierung vehement forcierten Pläne für zwei Druckwasserreaktoren am Rhein. Die Proteste, die auch nach dem Bürgerentscheid für den Bau des Atomkraftwerks anhielten, warfen ihre Schatten auf die BUGA in Mannheim. Oberbürgermeister Ludwig Ratzel geißelte in seiner Eröffnungsrede „Anti-Veranstaltungen" und pries das „Gespräch im kleinen, aber sachkundigen Kreis" zur Lösung der drängenden wirtschaftlichen, sozialen und ökologischen Probleme – eine für Zeitgenossen kaum verschlüsselte Kritik an der aufkeimenden Antiatomkraftbewegung.

Protest gegen den mit überwältigender Mehrheit gefassten Beschluss des Gemeinderates für die BUGA 75 hatte es auch in Mannheim gegeben. Bürgerinnen und Bürger wandten gegen die Gartenschau unter anderem ein, dass für die Aerobusstrecke die Allee in der Max-Joseph-Straße gefällt werden sollte: „Da werden Bäume abgesägt / da werden Bürger reingelegt / was gilt dem Planer 'ne Allee", reimten die BUGA-Gegner. Die Gartenschau stellte aus Sicht der Kritikerinnen und Kritiker eine Gefahr für den grünen Stadtraum dar. Entsprechend führten die verantwortlichen Kommunalpolitiker nicht nur sozialpolitische Argumente für das Großereignis an. Für den Ersten Bürgermeister Wilhelm Varnholt (SPD) legitimierte sich die BUGA maßgeblich aus Umweltschutzgründen: „Es war eine schwere kommunalpolitische Entscheidung, die begrenzten Mittel der Stadt in jene Bereiche zu lenken, die früher in der Prioritätenskala nicht oben zu finden waren. Unter einem ausgeprägten Umweltbewußtsein rangieren heute jedoch Grünanlagen nicht mehr unterhalb von Kindergärten und Schulbauten, nicht mehr unterhalb von gesundheitlichen und sozialen Einrichtungen, sondern gleichwertig neben ihnen."

Aufbruch und Ernüchterung. Mannheimer Stadtplanung in den 1970er Jahren

Politik und Verwaltung nutzten die BUGA 75 für eine grundlegende Stadterneuerung. Neubaukomplexe sollten die Stadt aufwerten, Wohnraum im Grünen schaffen und die anhaltende Abwanderung stoppen. Von 1966 bis 1974 hatte Mannheim fast zehn Prozent seiner Einwohnerinnen und Einwohner verloren. Besonders junge Familien zogen in das Umland. So wurden neben dem Ausbau der beiden Stadtparks weitere bedeutende Bauprojekte auf den Weg gebracht. Allein drei dienten dem Wohnungsbau.

Nach der verheerenden Zerstörung der Stadt im Zweiten Weltkrieg war es vordringliche Aufgabe der Kommunalpolitik, für die ausgebombte Bevölkerung Wohnungen zu schaffen. Mit Hilfe des öffentlich geförderten Wohnungsbaus wurden in den 1950er und 1960er Jahren in großer Zahl mehrgeschossige Reihenhäuser, teilweise auch erste Hochhäuser errichtet, die aber infolge des kontinuierlichen Bevölkerungswachstums als Ergebnis der Zuwanderung und von Familiengründungen bei weitem nicht den Bedarf deckten. Deshalb wurden erstmals um 1960 Großprojekte initiiert, wie die Neubausiedlung in Waldhof-Ost mit 2.500 Wohnungen für 8.000 Menschen und der Stadtteil Vogelstang, in dem bis 1966 mehr als 5.200 Wohnungen für etwa 20.000 Menschen entstanden.

Dennoch bestand nach wie vor Bedarf an kostengünstigem Wohnraum. Dies galt vor allem für den weiteren Innenstadtbereich, in den 1971 rund 43 Prozent der Wohnungssuchenden in Mannheim ziehen wollten. Doch betraf die Nachfrage nicht nur den sozialen Wohnungsbau; infolge gestiegenen Wohlstands waren auch Eigentumswohnungen gefragt. Beides fand bei den Stadtentwicklungsprojekten der 1970er Jahre Berücksichtigung, die ihren Anstoß durch die Entscheidung erhielten, die Bundesgartenschau nach Mannheim zu holen. Mit dem Collini-Center, der Neckarufer-Bebauung Nord und der Siedlung Herzogenried entstanden zusammen mehr als 3.600 Wohneinheiten, darunter rund 2.300 im Rahmen des sozialen Wohnungsbaus und 1.300 als Eigentumswohnungen.

Spardose mit Loriots „Jäger aus Kurpfalz" zur BUGA 75
Foto: Kathrin Schwab
MARCHIVUM

Ausgangspunkt dieser Pläne bildeten die Gutachten von Reinhard Grebe und Robert Mürb für die Mannheimer BUGA. Beide schlugen unabhängig voneinander vor, die Uferbereiche zwischen Kurpfalzbrücke und Friedrich-Ebert-Brücke als Bindeglied zwischen Luisen- und Herzogenriedpark zu gestalten und an einer der beiden Anlagen eine Mustersiedlung als Beitrag zum Thema „Wohnen im Grün" zu errichten. Die Stadt griff diese Vorschläge auf und verknüpfte sie nicht nur mit dem Ziel, neue Wohnungen zu schaffen, sondern auch mit dem Wunsch, Mannheim insgesamt moderner, lebenswerter und attraktiver zu gestalten. Zukunftsweisende Neubauten sollten ein im wahrsten Sinne neues Bild von der Stadt vermitteln, die nach wie vor unter ihrem Image als Arbeiter- und Industriemetropole litt. Ehrgeizige Architekten unterstützten die Ambitionen zugunsten eines modernen Stadtbilds, die sich schon in früheren Jahren unübersehbar Geltung verschafften. Beim Wiederaufbau Mannheims nach der Zerstörung im Zweiten Weltkrieg setzte sich die Moderne vielfach gegen die Rekonstruktion historischer Gebäude durch. Zahlreiche Kriegsruinen wurden abgebrochen, um Neuem Platz zu schaffen, wie zum Beispiel das Alte Kaufhaus in N 1, dessen Reste 1965 weichen mussten, als der Rathausneubau in Form eines Hochhauses anstand. Die Realisierung scheiterte schließlich, weil die BUGA größere finanzielle Mittel beanspruchte als geplant.

Einen Höhepunkt erreichte diese Entwicklung in den 1970er Jahren mit dem Collini-Center und der Neckarufer-Bebauung Nord. Bauten, die mit ihrer groß dimensionierten, modernistischen Architektur gegen die gewachsene Bausubstanz geradezu auftrumpften. Damit entsprachen sie ausgerechnet jener Entwicklung im Städtebau der Nachkriegszeit, gegen die sich inzwischen bereits Kritik breit machte, so etwa in Alexander Mitscherlichs 1965 erschienenem Buch über „Die Unwirtlichkeit der Städte". Von der Forderung nach einem menschlichen Maßstab in der Architektur blieben die Planungen für die beiden Hochhausgruppen gänzlich unberührt. Zwar wurde die Höhe des Collini-Centers von 130 auf 95 Meter reduziert, dies hing aber ausschließlich mit dem problematischen Baugrund im Bereich des Neckars zusammen. Doch als der Neubau nicht alle hoch gesteckten Erwartungen erfüllte, stellte sich Ernüchterung ein. Die Eigentumswohnungen waren begehrt, boten sie doch hohen Wohnkomfort, der durch die Fernsicht über Mannheim noch gesteigert wurde. Das Konzept, Wohnen, Leben und Arbeiten in einer „Stadt in der Stadt" zu verbinden, scheiterte jedoch. Die Büroflächen des Collini-Centers fanden keine Mieter, sodass sie schließlich von der Stadt Mannheim für die Ämter des Technischen Rathauses übernommen wurden. Außerdem blieben in der Ladenpassage und im Hallenbad, die 1975 noch als Attraktion gefeiert wurden, die Kunden aus. Bald nach der Eröffnung wurden Geschäfte und Bad wieder geschlossen.

Infolge steigender Baukosten stellte sich auch bei der Neckarufer-Bebauung Nord Ernüchterung ein. Innerhalb der Stadtgesellschaft regte sich Widerstand gegen das geplante vierte Hochhaus, dem ein Wahrzeichen der Neckarstadt, die Alte Feuerwache, geopfert werden sollte. Eine 1974 gegründete Bürgerinitiative setzte sich für den Erhalt des historischen Bauwerks ein. Da die Neue Heimat als Investor in finanzielle Schwierigkeiten geriet, wurde schließlich auf den Hochhausgiganten verzichtet. In den drei realisierten Wohntürmen zeigten sich schon bald die Nachteile des Massenwohnungsbaus auf engem Raum. Soziale Probleme blieben nicht aus, so auch in der Mustersiedlung Herzogenried, die zudem in Kritik geriet, weil die standardisierten Betonbauten nur bedingt die Idee des „Wohnens im Grün" einlösten.

Der von allen drei Wohnprojekten symbolisierte Aufbruch in eine urbane Zukunft folgte einem Ideal, das nicht mehr zeitgemäß war. Denn die 1970er Jahre waren eine Zeit des Umbruchs, in der der Denkmalschutzgedanke und das Bewusstsein für den Wert der gewachsenen Stadt an Bedeutung gewannen. Dazu passte eher die Multihalle, die als Veranstaltungsort im Herzogenriedpark errichtet wurde. Mit ihrer organischen Form und der weit gespannten filigranen Gitterschalenkonstruktion des Dachs war sie ein architektonisches Experiment, ersonnen von zwei Freigeistern, Frei Otto und Carlfried Mutschler, das zunächst nur für die BUGA vorgesehen war, dann aber erhalten blieb. Dabei war die Multihalle von Anfang an ein Sorgenkind der Stadtpolitik, weil die Baukosten mit 12 Millionen DM deutlicher höher als veranschlagt ausfielen und die Nutzung mit etlichen Schwierigkeiten verbunden war. Der Abbruch stand immer wieder zur Diskussion; neuerdings aber zeichnen sich durch die Bundesförderung aus dem Programm „Nationale Projekte des Städtebaus" und einem Gemeinderatsbeschluss Perspektiven für den Erhalt des Gebäudes ab.

Fazit

Aus heutiger Perspektive sind es neben dem Ausbau des Luisen- und Herzogenriedparks nur zwei weitere Baumaßnahmen aus der Zeit der BUGA, die sich vor allem bewährt haben: die Fußgängerzone in den Planken und der Fernmeldeturm. Dabei musste sich die Fußgängerzone zunächst einmal gegen die Bedenken des Einzelhandels durchsetzen, der Umsatzeinbußen befürchtete. Nach ihrer Eröffnung zeigte sich jedoch, dass die Fußgängerzone ein Erfolgsmodell war, das allgemein zu einer Aufwertung der City führte. Auch der Fernmeldeturm mit seiner eleganten Silhouette, dem Aussichtsgeschoss und Drehrestaurant wurde für Mannheim zu einer Bereicherung. Bis heute beeindruckt er durch die Aussicht, die er aus luftiger Höhe bietet, aber auch, weil er zu einem modernen Wahrzeichen wurde, das weit sichtbar in das Stadtbild hineinwirkt. Dabei tritt er mit den Hochhäusern der Neckarufer-Bebauung Nord und dem Collini-Center in reizvolle Korrespondenz, sodass die drei Bauwerke ein städtebauliches Ensemble bilden, das letztlich doch als ein gelungenes Ergebnis der damaligen Stadtplanung gelten kann. Mit ihren Impulsen für den Städtebau und für die Gestaltung der Grünanlagen hat die BUGA 75 das Wohnen, Arbeiten und Erholen in der Stadt Mannheim bis in unsere Tage nachhaltig geprägt.

Literatur

Anselm Doering-Manteuffel, Lutz Raphael: Nach dem Boom. Perspektiven auf die Zeitgeschichte seit 1970, Göttingen 2012 (3. Auflage)

Klaus E.R. Lindemann: Ein Fest verändert eine Stadt. Eine Chronik der 185 grünen Mannheim-Tage, Mannheim 1975

Klaus E.R. Lindemann (Hg.): Auf, auf zum Jäger aus Kurpfalz, Karlsruhe 1976

Andreas Mix, Andreas Schenk (Hg.): BUGA 75. Ein Fest verändert die Stadt, Stuttgart 2019

Andreas Schenk: Mannheim und seine Bauten 1907–2007, 6 Bde., Mannheim 2000 bis 2008

Gaston Paris – Die unersättliche Kamera

Abb. 1
Kiki de Montparnasse (1901-1953), Sängerin, Schauspielerin und Modell berühmter Maler

Abb. 2
Gefängnis von Fresnes, 1947

Abb. 7
Titelbild des Magazins „VU" von Gaston Paris, 1935
© musée Nicéphore Niépce, ville de Chalon-sur-Saône

Abb. 6
Edith Piaf (1915-1963) bei einer Schallplattenaufnahme
Paris, 1937-1938

Abb. 3
Hinter den Kulissen der Folies Bergère, Paris, um 1935

Abb. 5
Operntanzschule, Klasse Albert Aveline, Paris, um 1937

Abb. 4
Blick vom Eiffelturm, 1937

Claude W. Sui

Gaston Paris – Die unersättliche Kamera

Das Centre Pompidou Paris zu Gast in den Reiss-Engelhorn-Museen 23. März bis 30. Juni 2019 im Forum Internationale Photographie

Gemeinsam heben die Reiss-Engelhorn-Museen und das Centre Pompidou einen Schatz der Fotografiegeschichte, denn erstmals widmet sich eine Ausstellung dem facettenreichen Werk des Fotografen Gaston Paris (1903-1964). Er gehört zu den großen Figuren in der Geschichte der Fotoreportage. Als äußerst talentierter, fleißiger und viel publizierter Fotograf war er einer der populärsten Reporter im Paris der 1930er Jahre. Er war eine bekannte Größe in seiner Zeit, ein Virtuose, der die Klaviatur seines Metiers bravourös beherrschte.

In unterschiedlichen Genres war er ein Meister, zum Beispiel bei Porträts: Er fotografierte die junge Edith Piaf bei einer Schallplattenaufnahme (Abb. 6) und Charles Trenets ersten Auftritt in Paris. Gleichsam mit Röntgenblick schaute er in die Abgründe der Seele von Kiki de Montparnasse (Abb. 1), eindrucksvoll hielt er den amerikanischen Trapez- und Travestiekünstler Barbette fest, der Jean Cocteau große Bewunderung abnötigte.

Paris beherrschte das Laute wie das Leise: Zirkus, Manege, Spektakel, Varietés, Einblicke in das Nachtleben und hinter die Kulissen der Folies Bergère (Abb. 3) sowie das Casino de Paris hat er genauso in Szene gesetzt wie die Kinderarmut in den Vorstädten, Insassen von Strafvollzugsanstalten (Abb. 2) und demente alte Frauen auf einer Kirmes.

Bilder von Architektur und Technik wurden bei ihm zu einer Hommage an das „Neue Sehen" (la Nouvelle Vision), eine Stilrichtung in der Fotografie, die sich in den 1920er Jahren entwickelt hatte, neue Raumkompositionen zertrümmerten dabei die Ordnung alter Sehgewohnheiten. Die Eisenkonstruktionen einer Schwebefähre in Marseille oder Details des Eiffelturms zeigte Paris in extremen Auf- und Untersichten (Abb. 4).

Ende der 1920er und besonders in den 1930er Jahren verlagerte sich die künstlerische Avantgarde von Berlin und Moskau nach Paris. Es wurde dank eines fruchtbaren künstlerischen Austauschs zu einem Schmelztiegel kreativer Positionen der Moderne.

Der „neue Fotograf" Gaston Paris erforschte die Welt experimentierfreudig mit der Kamera, immer auf der Jagd nach guten Bildern, um die die hungrigen Magazine und Illustrierten zu füttern. Was heute das Internet, war damals die Boulevardpresse, die gierig nach Fotos war, allen voran das legendäre und stilbildende Magazin „VU" (Abb. 7), bei dem Gaston Paris als einziger Fotograf einen festen Vertrag hatte. Die Reizüberflutung in der Großstadt und die Schnelligkeit neuer Fortbewegungsmittel kennzeichneten den Fortschritt jener Jahre. Alles stand im Zeichen des Neuen. Mit seinen zahlreichen Reportagen in französischen illustrierten Zeitungen schuf Gaston Paris ein schillerndes Bild von Paris und der französischen Gesellschaft vor dem Zweiten Weltkrieg. Er erzählte mit seinen Bildern Geschichten, er war ein Fotograf des Spektakels, immer auf der Suche nach Sensationen, die am Kiosk das Interesse des potentiellen Lesers wecken konnten.

Der Surrealismus brachte in den 1930er Jahren eine Faszination für Zeichen, Puppen, Automaten und Figurinen mit sich. Die Welt war im Umbruch. Die Menschen lebten zwischen Trauma und Rausch. Das moderne Umfeld erschien plötzlich geheimnisvoll, unheimlich und bedrohlich. Sig-

Abb. 8
Prof. Dr. Claude W. Sui bei der Eröffnung der Ausstellung
Foto: rem, Maria Schumann

Abb. 9
Besucherin vor einem der Wachsfiguren-Porträts in der Ausstellung
Foto: rem, Maria Schumann

Gaston Paris – Die unersättliche Kamera

mund Freud erklärte „Das Unheimliche" 1919 als das Gegenteil von heimisch oder vertraut. Es tritt ein, wenn scheinbar Belebtes unbelebt erscheint und umgekehrt, wie bei Wachsfiguren, Puppen, Automaten oder Robotern. Gaston Paris hat im Wachsfigurenmuseum in Paris die Figuren eindrucksvoll festgehalten (Abb. 9). Auf den Spuren Freuds entwickelte der Schriftsteller Pierre Mac Orlan (1882-1970) die Kategorie des "fantastique social", die beunruhigende Aspekte der Moderne umschreibt. Verschiedene ästhetische Strömungen berührten sich hier, wie Expressionismus, Surrealismus oder poetischer und magischer Realismus, sie fanden Eingang in die fotografische Ästhetik des Gaston Paris. Wie ein Schwamm sog der Autodidakt die Stilrichtungen seiner Zeit auf, spielte als Hommage auf das „Neue Sehen" mit extremen Perspektiven und lichtete mit seiner Mittelformatkamera immer wieder surrealistisch anmutende Motive ab.

Er war auch ein Dokumentarist historisch bedeutender Momente, so hielt er den Flüchtlingsstrom während des Spanischen Bürgerkriegs in eindrucksvollen Aufnahmen fest, zeitgleich mit Robert Capa. Gaston Paris verlieh den Opfern mit seiner Kamera etwas Überzeitliches, als ob die Menschen in ihrem Umfeld dauerhaft festgehalten seien.

Auch dokumentierte er das befreite Paris, den Sieg über die Naziherrschaft. Oder 1947 das zerbombte Berlin: Inmitten der Trümmerlandschaft posierten Zigaretten rauchende Kinder vor seiner Kamera. Solche Aufnahmen wurden zum Symbol für Nachkriegsdeutschland, geprägt von Hunger, Schwarzmarkt und Überlebenskampf.

Abb. 10
Die Kuratoren der Ausstellung (von links): Florian Ebner, Claude W. Sui und der Fotohistoriker Michel Frizot vom Centre Pompidou in Paris bei der Eröffnung der Ausstellung in Mannheim
Foto: rem, Maria Schumann

Seine Arbeitsweise hat Gaston Paris selbst beschrieben: Die Waffen des perfekten Reporters, so Paris in einem Zeitungsartikel, seien ethisches Bewusstsein, Esprit und Witz. Zu den Aufgaben eines Reporters sagte er: „Von allen Arten der Reportage oder Interviews sind die am kostbarsten, die weitergehen bis zu dem, was wir im Englischen „human interest" nennen, die es also vermögen, Emotionen im Leser hervorzurufen, egal welche Mentalität dieser hat oder aus welchem Land er kommt.[...] Der Beruf des Journalisten ist nun einer Moral verpflichtet, welche die Wahrheit ist, er ist fasziniert von der Wahrheit, und vor allem hat er das große Vergnügen, stets vor neuen Ereignissen zu stehen und dabei zu improvisieren."

Gaston Paris war ein Fotoreporter, der im Grunde zu den Fotografen der humanistischen Fotografie gehört, er kann es durchaus mit der Liga der legendären Magnumfotografen wie Henri Cartier Bresson, Robert Capa oder Robert Doisneau aufnehmen. Doch Lebensumstände und Schicksalsschläge ließen ihn in Vergessenheit geraten. Aber dank des grand maître, des international renommierten Michel Frizot (Abb. 10) und seiner passionierten, unermüdlichen Suche können wir nun zuerst in Mannheim und dann in Paris das Werk von Gaston Paris wieder auferstehen sehen. Einem Kaleidoskop gleich nähert sich die Ausstellung dem Fotografen, über dessen Lebensgeschichte kaum etwas bekannt ist. Vintage-Prints, Pressebilder, Veröffentlichungen in der „VU" und Projektionen verbinden sich Facette um Facette zu einem Bild vom eindrucksvollen Schaffen eines der Großen in der Fotografiegeschichte, das mit dem Projekt von Centre Pompidou und Reiss-Engelhorn-Museen der Vergessenheit entrissen und wiederentdeckt werden kann. Denn die Schau ist der Auftakt einer Kooperation der beiden Institutionen. Erstmals wird eine Ausstellung des weltweit renommierten Museums zuerst an einem anderen Ort gezeigt, bevor sie in Paris selbst zu bewundern ist. Die Ausstellung steht unter der Schirmherrschaft Ihrer Exzellenz, Madame Anne-Maria Descôtes, Botschafterin der Französischen Republik.

Hans-Otto Brinkkötter

„Heil Dir im Siegerkranz" – Motivvorlage für das Treppengeländer im Wohnhaus des kurfürstlichen Leibchirurgen Heiligenstein in Mannheim C 4, 6?

Vor allem der Spürnase und Hartnäckigkeit von Friedrich Teutsch, dem ehemaligen Mannheimer Archivoberrat i.R., sowie der engagierten Feder der Journalistin Susanne Räuchle ist es zu verdanken, dass ein spätbarockes Kleinod in Mannheim erkannt wurde und mit neuem Leben in alter Pracht wiedererstand.[1] Im Oktober 2015 fand die offizielle Eröffnungsfeier für das aufwendig restaurierte Gebäude in C 4, 6 statt. Und die TEXTILEREI, ein Gründungs- und Kompetenzzentrum für die Mode- und Textilbranche, konnte in einem „herausragend kulturhistorischen Bürgergebäude" ihr Domizil beziehen, das beispielhaft für das ehemals typische Mannheimer Haus mit Hofgalerie und Laubengangerschließung ist und eine bemerkenswerte architektonische Rarität darstellt (Abb. 1).[2] Alle vergleichbaren Mannheimer Wohnstätten sind vor allem durch die Zerstörungen im Zweiten Weltkrieg unwiederbringlich verloren.

In den Begrüßungsreden vom Mannheimer Oberbürgermeister Dr. Peter Kurz sowie vom Ministerialdirektor im Ministerium für Finanzen und Wirtschaft Baden-Württemberg Rolf Schumacher wurde insbesondere die Zusammenarbeit mehrerer Sponsoren für den qualitätsvollen Erhalt des Gebäudes und speziell des einzigartigen Treppengeländers lobend hervorgehoben. Erst durch deren Engagement konnte das im Hause seit Jahrzehnten (1948?) mit Beton ummantelte und somit versteckte Treppengeländer wiederentdeckt und anschließend kunstvoll restauriert werden. Die Sensation war perfekt, als sich herausstellte, dass das quasi aus dem Dornröschenschlaf herausgemeißelte Geländer ein Meisterwerk in „lupenreinem Empire" darstellte.[3] Vergleichbare in situ original erhaltene Kunstschmiedearbeiten aus dieser Epoche sind nirgends in der Region zu finden. Daher stellte Frau Dr. Melanie Mertens vom Referat Denkmalpflege im Regierungspräsidium Karlsruhe in ihrer gutachterlichen Stellungnahme zusammenfassend fest, dass die Treppe nebst Geländer „für die weitere Erforschung der Mannheimer Wohnkultur und ihrer teils höfischen Prägung im ausgehenden 18. Jahrhundert von großer Bedeutung (ist)".[4]

Gerade die Restaurierung dieses faszinierenden Meisterwerks erforderte besondere finanzielle Anstrengungen; denn viele Teile des Geländers waren während der jahrzehntelangen Betonummantelung durch eingedrungene Feuchtigkeit, Lochfraß, fortschreitendes Umkristallisieren der beteiligten Mineralphasen etc. etc. in arge Mitleidenschaft gezogen.[5] So viele Teile wie möglich mussten in Absprache mit den beteiligten Stellen des Denkmalschutzes behutsam konservatorisch erhalten werden; völlig unbrauchbare, verrostete oder korrodierte Teile mussten originalgetreu nachgeschaffen werden. In einer Pressemitteilung der Stadt Mannheim hieß es schließlich prägnant: „Sternstunde Mannheimer Baukultur: Louis-Seize-Treppe in C 4, 6 restauriert".[6]

Der Verein Stadtbild Mannheim e.V. hat nun eine 48-seitige Broschüre mit dem Titel „Restau-

Abb. 1
Das Treppenhaus in C 4, 6

„Heil Dir im Siegerkranz" – Motivvorlage für das Treppengeländer im Wohnhaus C 4, 6?

rierung der Treppenanlage im ehemaligen Wohnhaus von Friedrich Engelhorn, Mannheim C 4, 6" herausgebracht, die mit zahlreichen anschaulichen Abbildungen im Verlag Waldkirch KG Mannheim erschienen ist.[7] In dieser verdienstvollen Broschüre wird zunächst das Zusammenwirken der verschiedenen Sponsoren geschildert, das der damalige Vereinsvorsitzende Dr. L. Stöckbauer einleitend zusammenfasst: „Mannheim kann stolz auf den Bürgersinn sein, der in diesem Projekt zum Ausdruck gekommen ist."

Danach beschreibt Dr. H.-O. Brinkkötter im Beitrag „Entscheidende Jahre für Friedrich Engelhorn" das Haus als genius loci und skizziert die wichtigen Jahre, die Engelhorn dort von 1847 bis 1851 verbrachte.[8] Erwähnung findet insbesondere auch – da in der Stadtpunktetafel am Landgericht in A 1, 2-3 unerwähnt[9] –, dass Engelhorn 1849 während der Badischen Revolution gemäß Ratsprotokoll mit einer „List und energischen Maßregeln" die Stadt Mannheim vor einer „blutigen Katastrophe" rettete, was im ersten Teil der vom Friedrich Engelhorn-Archiv e.V. herausgegebenen Biographie detailliert publiziert wurde.[10]

Auf von F. Teutsch ermittelte Daten folgt dann in einer tabellarischen Übersicht die „Chronologie des

Abb. 2
Der Siegerkranz aus Lorbeerblättern

Hauses" von 1709/13 bis 2015. Dabei wird darauf hingewiesen, dass das Haus 1767 von Franz Anton Heiligenstein, dem Leibchirurgen der Kurfürstin, erworben und dass dieser 1792 geadelt wurde.[11]

Daran schließt sich ein von V. Keller betreuter umfangreicher Bilderteil an, zu dem auch aufschlussreiche Detailfotos gehören. Sie stellen die einzelnen Schritte zur Renovierung der Treppenanlage dar, wobei die beteiligten Meister ihres jeweiligen Faches berücksichtigt sind: Chr. Traubel und M. Wilperath aus Altrip für die Kunstschmiedearbeiten am Geländer, R. Eschelbach und M. Müller aus Plankstadt für die Steinmetzarbeiten beim Treppenaufbau sowie St. Weiß aus Kappeln für den Holzhandlauf.

Nach den offiziellen Begrüßungsworten im Oktober 2015 folgte zweifelsohne der Höhepunkt der Eröffnungsfeier, ein vielbeachteter Vortrag von Herrn Dr. Martin Wenz, Gebietskonservator, Landesamt für Denkmalpflege im Regierungspräsidium Stuttgart, Karlsruhe. Er präsentierte den geladenen und zunehmend staunend lauschenden Gästen die Ergebnisse seiner bisherigen Ermittlungen. Zunächst stellte er in durchaus amüsanter Weise detailliert die Geschichte und schier endlose Verbreitung der europaweit bekannten Melodie der Hymne „Heil Dir im Siegerkranz" dar, die gerade zur Wende vom 18. zum 19. Jahrhundert sehr populär wurde. Die erste deutsche Fassung des Liedes sei 1793 in Berlin publiziert und König Friedrich Wilhelm II. von Preußen gewidmet worden. Und zur großen Verbreitung hätten auch die von Beethoven 1804 arrangierten Variationen beigetragen.[12]

Das Staunen der Zuhörerschaft wuchs weiter, als Martin Wenz anschließend die einzelnen Schmuckelemente des Treppengeländers interpretierte und diese mit dem Text der Hymne unmittelbar in Verbindung brachte. Hier Beispiele seiner – dem Text der einzelnen Strophen folgend – vorgetragenen Interpretationen.

1. Strophe: „Heil Dir im Siegerkranz ..."

Das Titelthema werde durch die Siegerkränze dargestellt. Sie kehren wiederholt wieder und prägen sowohl durch ihre Größe wie auch filigrane Gestaltung insgesamt das prunkvolle Geländer (Abb. 2).

2. Strophe: „Nicht Ross', nicht Reisige, sichern die steile Höh' ..."

Die segmentierten Hauptfelder des Geländers sind durch Unter- und Obergurte eingerahmt, die mit den Treppenstufen in die Höhe aufsteigen; sie sind fortlaufend bestückt mit Ketten aus vierblättrigen Rosenblüten, die auch die Nietstellen an den senkrechten Pfostenstangen kaschieren (Abb. 3). „Liebe des Vaterlands, Liebe des freien Manns ..."

Die wiederholt zu Schleifen gebundenen Bänder seien als Sinnbild für Freundschaft und Liebe zu verstehen, wie es auch heute noch zum Beispiel anklingt im Werbespruch „Band der Sympathie" (Abb. 4).

3. Strophe: „Heilige Flamme glüh', glüh' und erlösche nie ..."

Im Mittelpunkt der einzelnen großen Geländerfelder befinden sich Öllampen als Amphoren mit stilisiert lodernder Flamme (Abb. 5).

4. Strophe: „...finden ihr Lorbeerblatt treu aufgehoben dort..."

Zahllose, einzeln geschmiedete Lorbeerblätter sind eng zusammengefügt und bilden Kränze und lange Schmuckgirlanden (Abb. 6).

Soweit die wichtigsten Beispiele aus dem Vortrag von Martin Wenz. Unter den lebhaft applaudierenden Zuhörern bestand Einigkeit: „Se non é vero, é molto ben trovato".[13]

Berücksichtigt man einerseits, dass alle einzelnen der kunstvoll geschmiedeten Schmuckelemente konkret ausgeformt und somit deren Bedeutungen jeweils eindeutig erkennbar sind, und berücksichtigt man andererseits, dass alle Elemente des gesamten Geländers sich zwanglos mit einem Begriff aus dem Lied verbinden lassen, also ein enger Bezug zum Text der Hymne interpretierbar ist, dann liegt die Vermutung für eine Patenschaft des Liedes für die Motive des Geländers tatsächlich sehr nahe. Jedenfalls erscheint die von Wenz insinuierte Quintessenz plausibel, dass nämlich das Lied „Heil Dir im Siegerkranz" als eine historische Vorlage mittelbar oder unmittelbar für die von Heiligenstein in Auftrag gegebene künstlerische Ausgestaltung des Geländers gedient haben dürfte.

Abb. 3
Rosenblüten

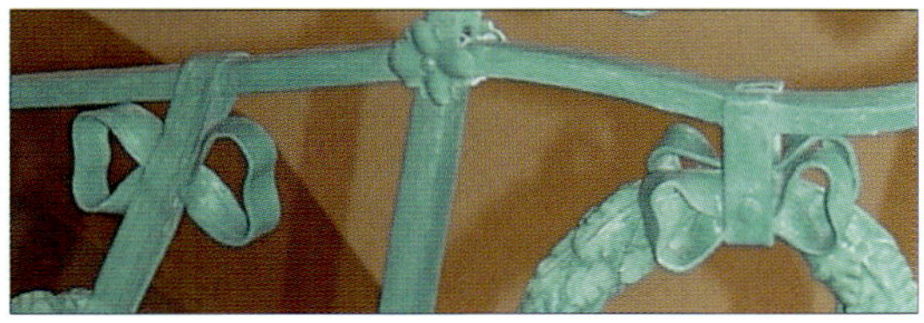

Abb. 4
Schleifen der Freundschaft

Abb. 5 (links)
Amphore mit lodernder Flamme

Kritisch anzumerken bleibt zunächst wenig: Die Umdeutung der „Rosse" in „Rose" ist nicht unzulässig, da sie durch den Wortlaut hinreichend abgedeckt und somit gut vertretbar ist. Dabei kann dahingestellt bleiben, ob und wann „Rose" zu „Rosse" umgedichtet wurde, weil „Rosse" zu den mittelalterlichen „Reisigen", das sind Söldner, besser passten.

Fraglicher erscheint eher, dass einige konkrete Begriffe aus dem Lied, wie zum Beispiel Thron, Fels und Meer ebenso wie Handel und Wissenschaft im Geländer keinerlei Darstellung erfuhren. Das hätte trotz aller feierlichen Strenge dem dekorativen Stil des Klassizismus durchaus entsprochen. Aber auch dies ist kein zwingendes Gegenargument, wenn auch beispielsweise die Berücksichtigung von Merkur oder eines medizinischen Instrumentes als Hinweis auf Handel oder Wissenschaft durchaus noch gepasst und ebenfalls insgesamt gut dem Stil der Epoche entsprochen hätte. Dennoch kann

Abb. 6
Girlande aus Lorbeerblättern

„Heil Dir im Siegerkranz" – Motivvorlage für das Treppengeländer im Wohnhaus C 4, 6?

nicht zweifelsfrei behauptet werden, dass weitere oder gar alle Begriffe aus dem Lied hätten berücksichtigt werden müssen, selbst wenn die Hymne als klar nachgewiesene Grundlage unterstellt wird. Denn auch ohne weitere Elemente ist durch den mehrgliedrigen Aufbau des auf Maß eingepassten Geländers mit den dargestellten wichtigsten Schmuckelementen bereits ein wahrlich üppig ausgestaltetes, dekoratives Prachtgeländer entstanden, das mit „höchstwertigen Applikationen" in unterschiedlich breiten Feldern eine „rhythmische Abfolge" bildet (Abb. 7).[14]

Abb. 7
Der mehrgliedrige Aufbau des Geländers

Zudem wird durch die Reduzierung der Anzahl verschiedenartiger Einzelteile die Bedeutung der drei besonders prägenden Elemente – Kranz, Flamme und Lorbeer – stark hervorgehoben, was sicherlich im Sinne von Künstler und Auftraggeber lag. Die Betonung gerade dieser drei Symbole wurde zudem noch farblich verstärkt. Im Unterschied zu den übrigen in einem grünen Farbton gehaltenen Teilen des Geländers waren sie nämlich ursprünglich vergoldet. Dies konnte mit mikroskopisch durchgeführten Farbanalysen nachgewiesen werden (Abb. 8).

Ein nicht realisierter Vergoldungsplan lässt die ganze ursprüngliche Pracht jedoch klar erahnen (Abb. 9).[15] Diese Prachtentfaltung ist ein typisches klassizistisches Zeugnis und entsprach gewiss den hohen repräsentativen Ansprüchen des Hauseigentümers.

Und damit wird die Zeit der Entstehung des Geländers enger mit der persönlichen Geschichte des Leibchirurgen Franz Anton Heiligenstein (1738-1821) selbst verknüpft, die bisher nur in groben Umrissen bekannt ist.[16] Er wird häufig auch als „Leibarzt" der Kurfürstin bezeichnet, was terminologisch jedoch nicht korrekt ist. Denn ein „Leibarzt" war im Range höher als der „Leibchirurg". Und der Unterschied war deutlich, wie noch zu zeigen sein wird. Nach seiner Berufung – als 29-jähriger aus Sachsen kommend[17] – erwarb Heiligenstein das Gebäude 1767 und somit zu einer Zeit, als die Kurfürstin begann, oft für längere Zeit zurückgezogen in ihrem Schloss in Oggersheim zu residieren.[18] Da lag es zwar nahe, dass Heiligenstein sein Haus alsbald nach Erwerb repräsentativer ausbaute und insbesondere die bisherige Holztreppe zwischen Vorderhaus und Hinterhaus durch eine elegante Sandsteintreppe ersetzen ließ, die zu den herrschaftlicheren Räumen im Obergeschoss führte.

Falls Heiligenstein in die einladend offene Treppenanlage zusätzlich auch sofort das aufwendige Geländer einfügen ließ, dann wäre es – schon bzw. noch zu Zeiten, als der kurfürstliche Hof in Mannheim residierte – jedem Besucher, Gast oder Patienten sofort aufgefallen. Denn gleich nach Durchschreiten des überbauten Hofeingangs wird der Blick unmittelbar auf das Geländer mit seiner vollen Prachtentfaltung gelenkt (Abb. 10). Die besondere Wirkung wird durch die Plastizität der beidseitigen Verzierung erzielt, das heißt, alle Schmuckelemente befinden sich spiegelbildlich auf den Vor- und Rückseiten des Geländers. Insgesamt lässt der Umbau einen auf „gesellschaftliche Anerkennung gerichteten Anspruch" erkennen, mit dem nachdrücklich die Nähe zum Hof visualisiert wird.[19]

Dabei müsste allerdings unterstellt werden, dass bald nach dem Tode des bisherigen Leibarztes Franz Joseph von Oberkamp, der über ein Jahrzehnt das Fürstenpaar – also Kurfürst und Kurfürstin gemeinsam – betreut hatte, dem gerade erst und nur noch für die Kurfürstin und nur als Leibchirurg bestallten jungen Heiligenstein bereits die

Abb. 8
Blattgoldbefund durch Farbanalysen

dafür erforderlichen Mittel zur Verfügung gestanden hätten, sei es durch eigenes – gegebenenfalls ererbtes – Vermögen, sei es durch Heirat einer mit hoher Mitgift ausgestatteten Braut. Dies ist allerdings nicht bekannt und daher jedenfalls kritisch zu hinterfragen. Denn zunächst musste Heiligenstein allein für den Erwerb des Hauses den Preis von 4.160 Gulden zahlen;[20] und für den Einbau des neuen Treppenhauses mit einer freischwingenden Sandsteintreppe und solch einem prächtigen, zum Teil vergoldeten Geländer dürfte gewiss ein weiterer hoher Betrag notwendig gewesen sein. Die Summe insgesamt konnte er nur mit der fürstlichen Entlohnung – im wahren Sinne des Wortes – kaum bestreiten. Allein der Kaufpreis entsprach schon mehr als vier Jahresgehältern im Dienste der Kurfürstin.

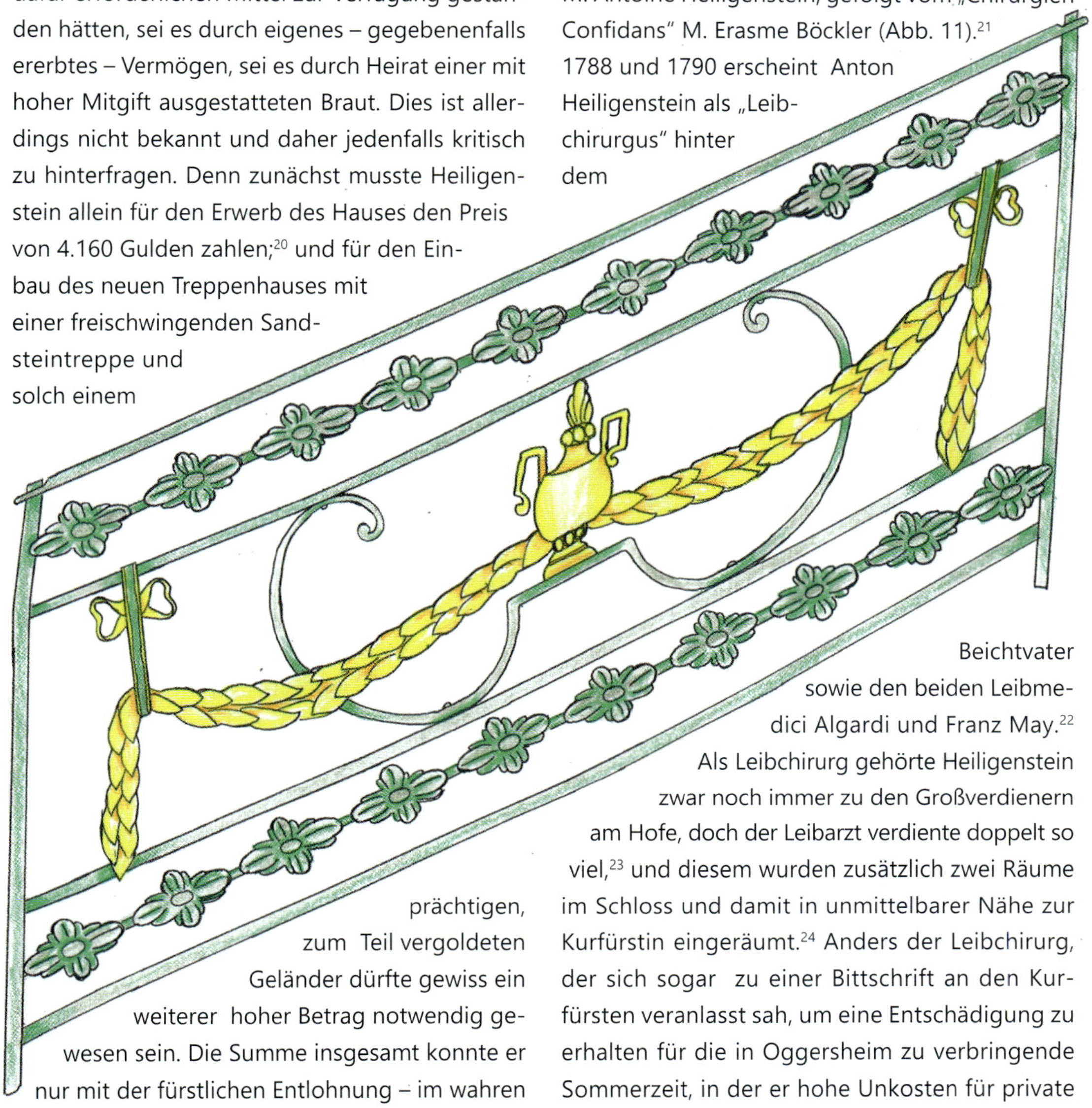

Abb. 9
Der Vergoldungsplan für das Geländer von der Kunstschmiede Traubel-Wilperath, Altrip

Dass Elisabeth Augusta ihm nennenswerte zusätzliche Gelder zur Verfügung stellte, ist bei der allgemein angespannten Finanzsituation in Anbetracht des ohnehin kostspieligen Hofstaates der Kurfürstin nicht anzunehmen. Denn sie hatte neben Heiligenstein weitere Mediziner an ihrer Seite, die im Range sogar deutlich höher standen. So wird im jährlich erscheinenden kurpfälzischen Hof- und Staatskalender, der jeweils das Personal namentlich vollständig erfasste, zum Beispiel für 1769 in der Auflistung des Hofstaates der Kurfürstin zunächst Francois Algardi unter anderem als „Docteur en Philosophie & Médecine, Conseiller intime" angeführt und danach erst als „Chyrurgien" M. Antoine Heiligenstein, gefolgt vom „Chirurgien Confidans" M. Erasme Böckler (Abb. 11).[21] 1788 und 1790 erscheint Anton Heiligenstein als „Leibchirurgus" hinter dem Beichtvater sowie den beiden Leibmedici Algardi und Franz May.[22] Als Leibchirurg gehörte Heiligenstein zwar noch immer zu den Großverdienern am Hofe, doch der Leibarzt verdiente doppelt so viel,[23] und diesem wurden zusätzlich zwei Räume im Schloss und damit in unmittelbarer Nähe zur Kurfürstin eingeräumt.[24] Anders der Leibchirurg, der sich sogar zu einer Bittschrift an den Kurfürsten veranlasst sah, um eine Entschädigung zu erhalten für die in Oggersheim zu verbringende Sommerzeit, in der er hohe Unkosten für private Einquartierung zu tragen habe.[25] Zusätzlich dürfte er wegen der Zeiten in Oggersheim auch einen Verdienstausfall in Mannheim erlitten haben, da er seine dortige Praxis nicht oder nur sehr begrenzt ausüben konnte. Von einer Kompensation ist nichts bekannt. Im Falle des Leibarztes May dagegen bemühte sich die Kurfürstin um einen Ausgleich.[26] Auch aus dem Testament von 1778 ist der deutliche Abstand zu erkennen. Für Algardi sah die Kurfürstin eine einmalige Zahlung von 4.000 Gulden vor; Heiligenstein fand keine Erwähnung.[27] Daraus folgt, dass Heiligenstein zumindest im ersten Jahrzehnt seiner Tätigkeit als Leibchirurg keine besonders privilegierte und finanziell hoch honorierte Stellung bekleidete. Die Bittschrift legt für die ersten Jahre eher das Gegenteil nahe.

„Heil Dir im Siegerkranz" – Motivvorlage für das Treppengeländer im Wohnhaus C 4, 6?

Abb. 10
Die offene Treppenanlage in C 4, 6

Daher ist es – wie auch von dritter Seite angenommen wird[28] – nicht auszuschließen, dass Heiligenstein den Umbau bzw. den Einbau des Geländers erst später realisierte, zum Beispiel im Zusammenhang mit seiner persönlichen Erhebung in den Adelsstand. Das wäre somit zu einem Zeitpunkt gewesen, als der kurfürstliche Hof mit einem erheblichen Teil seiner Bediensteten und potenziellen höfischen Klientel längst Mannheim in Richtung München verlassen hatte. Es hätte dann vielleicht dem Bestreben Heiligensteins entsprochen, an einem nicht mehr ganz so prunkvollen Standort zumindest im privaten Bereich mit einem prächtigen Wohnsitz aufzuwarten. War Mannheim doch noch immer eine relativ große Stadt, die 1792 fast 30.000 Einwohner zählte.[29] In Mannheim waren die kurpfälzischen Zentralbehörden mit ihrem zahlreichen Personal geblieben, sodass immer noch ein „reges gesellschaftliches Leben herrschte".[30]

Eine enge zeitliche Nähe zur Erhebung in den Adelsstand, die der Kurfürst am 27. Juni 1792 vollzog, könnte sich jedoch aus der Tatsache ergeben, dass im April 1791 Conrad Stengel, der Schwiegervater des Leibchirurgen, starb. Dieser war nämlich ein wohlhabender Ratsherr in Mannheim und unter anderem Eigentümer des „Prinz Friedrich" (früher in B 2, 8), eines damals sehr repräsentativen zweistöckigen Gasthauses mit ausgebautem Mansardendach.[31] Und Heiligenstein war in erster Ehe mit dessen Tochter Klara Stengel und nach deren Tod in zweiter Ehe mit deren Schwester Eva Rosina verheiratet. Es ist zwar nicht bekannt, wie viele Personen erbberechtigt waren, es kann jedenfalls davon ausgegangen werden, dass Eva Rosina zumindest einen beachtlichen Anteil des Erbes erhielt, das wenige Wochen nach Stengels Tod meistbietend versteigert wurde. Dazu gehörte, wie aus den Zeitungsinseraten zu entnehmen ist, unter anderem das Anwesen mit dem gesamten Inventar inkl. 60 Fuder verschiedener Jahrgänge Pfälzer Weine.[32] Mit diesen Mitteln wäre es dem Ehepaar Heiligenstein gewiss möglich gewesen, alsbald den Umbau nebst vergoldetem Geländer für ihr Wohnhaus zu finanzieren, in dem inzwischen sechs Kinder wohnten und 1791 gerade auch ein zweiter Stammhalter geboren worden war.[33]

Ein späteres Datum für die Auftragserteilung des Geländers als die Nobilitierung erscheint unwahrscheinlich, insbesondere wenn das Wappen näher betrachtet wird, das Heiligenstein mit der Erhebung in den Adelsstand verliehen wurde (Abb. 12).[34] Denn im Wappen sind zwei Symbole dargestellt, die nicht im Geländer auftauchen, was

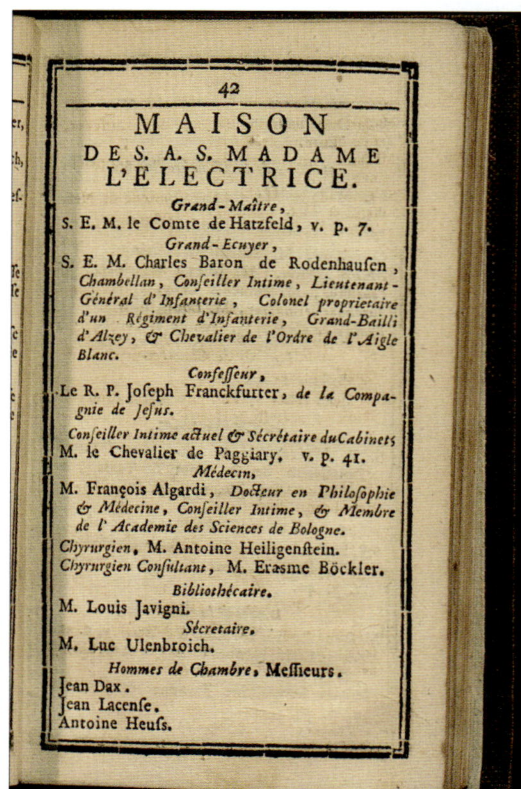

42

MAISON
DE S. A. S. MADAME
L'ELECTRICE.

Grand-Maître,
S. E. M. le Comte de Hatzfeld, v. p. 7.
Grand-Ecuyer,
S. E. M. Charles Baron de Rodenhauſen, *Chambellan, Conſeiller Intime, Lieutenant-Général d'Infanterie, Colonel proprietaire d'un Régiment d'Infanterie, Grand-Bailli d'Alzey, & Chevalier de l'Ordre de l'Aigle Blanc.*
Confeſſeur,
Le R. P. Joſeph Franckfurter, *de la Compagnie de Jeſus.*
Conſeiller Intime actuel & Sécrétaire du Cabinets
M. le Chevalier de Paggiary, v. p. 41.
Médecin,
M. François Algardi, *Docteur en Philoſophie & Médecine, Conſeiller Intime, & Membre de l'Academie des Sciences de Bologne.*
Chyrurgien, M. Antoine Heiligenſtein.
Chyrurgien Conſultant, M. Erasme Böckler.
Bibliothécaire.
M. Louis Javigni.
Sécretaire.
M. Luc Ulenbroich.
Hommes de Chambre, Meſſieurs.
Jean Dax.
Jean Lacenſe.
Antoine Heuſs.

Abb. 11
Auszug aus dem Almanach von 1769

sonst doch sehr naheliegend gewesen wäre. Das gilt zunächst für die mit der Spitze nach oben weisende Muschel auf dem heraldischen Schild – von vorn betrachtet – rechts oben. Dieses leicht darzustellende Symbol taucht überhaupt nicht im Geländer auf. Dies gilt ferner auch für den links unten auf dem Schild dargestellten gedeckelten Pokal, der auf einem hohen Fuß steht und an beiden Seiten je eine herzförmige Hälfte als Henkel hat. Dieser Pokal hat mit der bauchigen Amphore und den eckigen Henkeln sowie der lodernden Flamme nur sehr wenig gemein und scheidet somit als Vorlage aus. Dies gilt ebenso für den als Helmzier wiederholten Pokal zwischen offenem Fluge. Daher erscheint es bei Berücksichtigung des erst mit der Erhebung in den Adelsstand erworbenen Familienwappens insgesamt wahrscheinlicher, dass das Geländer vor der Nobilitierung zu datieren ist.

Colorandi causa bleibt anzumerken, dass sich aus der Standeserhöhung selbst keinerlei Anhaltspunkte ergeben, da bisher keine näheren Begründungen für die Nobilitierung von Anton Heiligenstein gefunden werden konnten.[35] Bekannt ist lediglich, dass sie im Rahmen einer größeren Nobilitierungsserie erfolgte, als Carl Theodor intensiv das kurze Zeitfenster der kaiserlichen Vakanz – vom 1. März bis zum 14. Juli 1792 – als Reichsvikar nutzte.[36] In Anbetracht des angespannten Verhältnisses zwischen Carl Theodor und seiner Frau Elisabeth Augusta ist die dennoch erfolgte Adelung ihres Leibchirurgen in jedem Fall bemerkenswert.[37] Da die Erhebung in den Adelsstand für Carl Theodor selbst jedoch nicht mit Kosten verbunden war, könnte sie – auf Fürsprache der Kurfürstin – vielleicht als eine Kompensation gedacht gewesen sein für die insgesamt niedrige Entlohnung, die unter anderem zur oben erwähnten Bittschrift an ihn geführt hatte.

Eine nähere Betrachtung des Geländers unter rein kunsthistorischen Aspekten erlaubt hinsichtlich der Datierung ebenfalls keine eindeutige Feststellung, die über den relativ großen Zeitraum des Klassizismus hinausgeht; denn die Schmiedearbeit ist mit guten Gründen sowohl der Epoche des Louis Seize als auch der des Empire zuzuordnen.[38] Von einer relativ späten Datierung geht das im Internet von der Deutschen Stiftung Denkmalschutz veröffentliche Programm zum Tag des offenen Denkmals

Abb. 12
Wappen der Familie von Heiligenstein

2018 aus. Dort heißt es zum Barockhaus C 4, 6 unter anderem „Funde historischer Wohnausstattung mit schmiedeeisernem Treppengeländer der Zeit um 1800".[39] Irgendeine Begründung oder Quelle für dieses Datum wird allerdings nicht angeboten. Im Bericht des RNF wird die Vermutung geäußert, dass die Treppe um 1790 eingebaut wurde. Als Begründung werden die Motive im Geländer genannt, die als „Lorbeerblätter und Feuerurne" gedeutet werden. Beide Motive wären „Zeichen der damaligen Medizin" gewesen und hätten für die „Unsterblichkeit" gestanden.[40] Trotz dieser Begründung bleibt die konkrete Datierung letztlich weiterhin eine bloße Vermutung.

So bleibt es zur besseren Abstützung oder Ablehnung der von Martin Wenz vorgetragenen Hypothese wünschenswert, den Zeitraum der Entstehung des Geländers bzw. dessen Einbaus in das Gebäude C 4, 6 präziser zu ermitteln. Gab der junge Leibchirurg schon früh nach seinem Einzug den Auftrag zu dem Geländer oder erst später, zum Beispiel im Zusammenhang mit seiner Nobilitierung? Je später das Datum liegt, desto wahrscheinlicher ist eine geistige Patenschaft des Liedes, und die thematische Vorlage für das Geländer wäre entschlüsselt. Ungeklärt bleibt daneben jedoch die Vaterschaft. Wer war der Kunstschmied, woher stammte er, welche weiteren Kunstwerke hat er geschaffen usw.? Vielleicht gelingt es Martin Wenz oder Forschern anderer Fachrichtungen, auch dazu noch nähere fundierte Hinweise zu entdecken, sodass den vielen, zugegebenermaßen teilweise auch spekulativen Überlegungen der Boden entzogen wird, und es am Ende dann heißt: Heureka, ich hab es gefunden!

Aber auch ohne Antworten auf diese Fragen ist dieses so kunstvolle und ebenso geheimnisvolle Kleinod ein großartiges Schmuckstück in Mannheim und vorbildhaft für den Bürgersinn Mann-

Alle Abbildungen stammen vom Friedrich Engelhorn-Archiv beziehungsweise wurden ihm zur Verwendung zur Verfügung gestellt.

„Heil Dir im Siegerkranz" – Motivvorlage für das Treppengeländer im Wohnhaus C 4, 6?

heims, der ja auch schon Friedrich Engelhorn auszeichnete, als er dort wohnte. Wenn auch die im Rahmen der Restaurierung im Hause gefundenen beiden Zahnbürsten ihm nicht zugeordnet werden konnten,[41] so kann jedenfalls sicher angenommen werden, dass dieses kostbare Juwel den jungverheirateten Goldschmied Engelhorn in seinem ersten eigenen Hause über einige Jahre hoch erfreute.[42] Nicht zuletzt dürfte sein prachtvoll ausgestattetes Heim ihn auch motiviert haben, sich in den letzten Tagen der Badischen Revolution als Kommandant der Bürgerwehr mit „energischen Maßregeln" besonders engagiert für seine Heimatstadt einzusetzen.[43] Galt es doch gleichermaßen, in Mannheim Verwüstungen durch marodierende Revolutionäre zu vermeiden wie auch drohende Zerstörungen durch am Stadtrand bereitstehende preußische Kanonen zu verhindern.[44]

1 Dazu wiederholt Susanne Räuchle im Mannheimer Morgen, zum Beispiel vom 13.04.2010, vom 01.09.2014 und vom 15.01.2015.

2 Wilfried Maag im ausführlichen Gutachten „Mannheim, C 4, 6, Haupttreppenhaus" vom 20.06.2014; Susanne Räuchle, wie Anm. 1, vom 15.10.2015.

3 So Susanne Räuchle, Mannheimer Morgen vom 02.04.2014.

4 Melanie Mertens, Regierungspräsidium Karlsruhe, Referat 26 Denkmalpflege, Aktenzeichen 26b8 vom 18.06.2014. Ähnlich auch Maag, wie Anm. 2: „... besonders das kunsthandwerklich höchstwertige Geländer (ist) für das hauptstädtische Mannheim und über die Region hinaus von überragender Bedeutung".

5 Dazu eingehend W. Maag, wie Anm. 2.

6 So in der Pressemitteilung vom 27.08.2015, offensichtlich im Anschluss an M. Mertens, wie Anm. 4.

7 Dazu Susanne Räuchle „Schritt für Schritt die Treppe hinauf" im Mannheimer Morgen vom 04.01.2019, S. 10.

8 Eingehend zu Friedrich Engelhorn Sebastian Parzer: Die frühen Jahre von Friedrich Engelhorn (1821-1864), Schüler, Goldschmied, Kommandant der Bürgerwehr und Gasfabrikant, hrsg. vom Friedrich Engelhorn-Archiv e.V. Mannheim, Worms 2012.

9 Dazu Brinkkötter: Ein Standpunkt zur „STADTPUNKTE"-Tafel in Mannheim A 1, 2-3, in: Badische Heimat, Freiburg 2018, Heft 4, S. 584-589.

10 Parzer, wie Anm. 8, S. 45-65. Auf der homepage unter www.engelhorn-archiv.de sind die weiteren Aktivitäten und Publikationen nebst Inhaltsverzeichnissen des gemeinnützigen Vereins dargestellt.

11 Marie Elisabeth Augusta von Pfalz-Sulzbach (1721-1794) wurde durch ihre Heirat mit ihrem Vetter Carl Theodor 1742 Kurfürstin von der Pfalz und 1777 auch Kurfürstin von Bayern. Nach dem frühen Tod des ersehnten Stammhalters 1761 lebte sie ab 1768 weitgehend zurückgezogen in Oggersheim und weigerte sich, ihrem Mann nach München zu folgen. Eingehend Stefan Mörz: Die letzte Kurfürstin: Elisabeth Augusta von der Pfalz, die Gemahlin Karl Theodors, Stuttgart Berlin Köln 1997.

12 Eine Veröffentlichung des Vortrags nebst fundierter Darstellung des historischen Hintergrunds ist ein Desiderat; sie wird von Martin Wenz hoffentlich in naher Zukunft erstellt.

13 Giordano Bruno (1548-1600).

14 Maag, wie Anm. 2. – Auf Abb. 7 ist der strukturierte Aufbau gut zu erkennen: Unter dem Holzhandlauf wird das Geländer von je zwei parallel ansteigenden viereckigen Eisenstangen eingerahmt mit einem jeweils in der Mitte freischwebenden, nur an den Eckpfosten befestigten Blütenband aus Blech. Im dazwischen gebildeten breiten Feld befinden sich die ebenfalls aus Blech geschmiedeten Verzierungen, die Amphoren sowie die an kleinen Schleifen hängenden Lorbeerfestons und Lorbeerkränze.

15 Der Vergoldungsplan wurde nicht realisiert, einerseits aus Kostengründen, andererseits aber auch wegen des dortigen öffentlichen Publikumsverkehrs.

16 Verfasser dankt Sebastian Parzer für die freundlichen Hinweise auf „Mannheimer Familien, mitgeteilt von Ernst Bassermann M.d.R., Familie Heiligenstein" in Mannheimer Geschichtsblätter 11 (1910), Sp. 257f. Zum Sohn Anton von Heiligenstein (1790-1857) und dessen Militärkarriere Ernst Bassermann in Mannheimer Geschichtsblätter 7 (1906), Sp. 175f.

17 Er war kurfürstlich sächsischer Hofrat, als er in die Pfalz kam. Mannheimer Geschichtsblätter 11 (1910) Sp. 257.

18 Als ihre Ehe längst gescheitert war, erwarb der Kurfürst 1767 das Schloss Oggersheim und schenkte es ihr als Sommersitz. Mörz, wie Anm. 11, S. 26.

19 Mertens, wie Anm. 4.

20 Friedrich Teutsch: Restaurierung der Treppenanlage im ehemaligen Wohnhaus von Friedrich Engelhorn, Mannheim C 4, 6, S. 9, hrsg. vom Stadtbild Mannheim e.V.

21 Im Kapitel „Maison de S.A.S. Madame l' Electrice" in : Almanach electoral palatin: pour l'année 1769, S. 42 Mannheim; ebenso zum Beispiel 1773 (S. 48) und 1777 (S. 67).

Hans-Otto Brinkkötter

22 Hof- und Staatskalender für das Schalt-Jahr 1788, München S. 90, ebenso im Kalender 1790, wo Franz May – neben vier weiteren Medizinern – auch noch unter den „Kurfl. Hofmedici in Mannheim" angeführt ist. Im „Intelligenzblatt der Neuen allgemeinen deutschen Bibliothek" No. 21 wird unter „Beförderungen 1793" mitgeteilt, dass Prof. Franz May (1742-1814), der bisher stellvertretender der Leibarzt der Kurfürstin war, „nach dem Ableben des Alters halber vor einigen Jahren zur Ruhe gesetzten geheimen Raths Algardi zum wirklichen Leibarzt derselben, mit dem Prädikat eines geheimen Raths, ernannt worden sei".

23 Mörz, wie Anm. 11, S. 138.

24 Mörz, wie Anm. 11, S. 127.

25 Mörz, wie Anm. 11, S. 139.

26 Mörz, wie Anm. 11, S. 135.

27 Mörz, wie Anm. 11, S. 114.

28 Dazu unten Anm. 36 und 37.

29 Davon gehörte rund ein Drittel zum Militär sowie zur in Mannheim verbliebenen Kurfürstlichen Verwaltung und weiterhin ein beachtlicher Rest des Hofes, der sich auf 3.800 Personen addierte; dazu Friedrich Teutsch: Mannheim im 18. Jahrhundert – Grundriß, Aufriß und Bevölkerung, in: Lebenslust und Frömmigkeit – Kurfürst Carl Theodor (1724-1799) zwischen Barock und Aufklärung, Handbuch und Ausstellungskatalog (2 Bände), hrsg. von A. Wieczorek, H. Probst, W. König, Regensburg 1999, S. 207. Dort auch Wolfgang von Hippel: Die Kurpfalz zur Zeit Carl Theodors – wirtschaftliche Aspekte, S. 184, mit Vergleichszahlen für 1777 zur Bevölkerung in Heidelberg (10.000) sowie in Karlsruhe (3.500).

30 Mörz, wie Anm. 11, S. 111.

31 Abgebildet in: Mannheim in Vergangenheit und Gegenwart, Bd. 1 Geschichte Mannheims von den ersten Anfängen bis zum Übergang an Baden (1802), bearbeitet von Friedrich Walter, S. 568, Mannheim 1907.

32 Vgl. zum Beispiel im „Mannheimer Intelligenzblatt" vom 19. April 1791, worauf Sebastian Parzer freundlicherweise aufmerksam machte.

33 Aus der ersten Ehe der Sohn Franz Konrad (geb. 8. Sep. 1774), der kurfürstlich badischer Justizrat am Hofgericht der Pfalzgraf-schaft in Mannheim sowie – worauf Mörz mich hinwies – 1794 als Oberschultheiß von Oggersheim tätig war; aus der zweiten Ehe vier Töchter und der Sohn Franz Anton (geb. 23. Sep. 1790), der in der bayerischen Armee zum Rittmeister avancierte. Vgl. Mann-heimer Geschichtsblätter 11 (1910) Sp. 257 sowie 7 (1906) Sp. 175.

34 Das Wappen findet sich im „Wappenbuch des gesammten Adels des Königreichs Baiern – Aus der Adelsmatrikel gezogen", hrsg. von K. Tyroff, Band 6, Nürnberg 1823, dort auf S. 2, wie S. Parzer dankenswerterweise ermittelte.

35 Im Schriftsatz vom 27. Juni 1792 zur Nobilitierungsakte im Generallandesarchiv Karlsruhe heißt es nur ganz allgemein, dass Durchlaucht mit „Rücksicht auf die Verdienste" bei der Kurfürstin den „Leib Chirurgi" Franz Anton Heiligenstein in den Adelsstand erhoben hat (GLA KA 72, Nr. 855).

36 Freundlicher Hinweis von Harald Stockert.

37 Vgl. dazu Mörz, wie Anm. 11, exemplarisch S. 117, wo der Fall dargelegt wird, dass der Kurfürst wenige Jahre vorher den Wunsch seiner Frau um eine Gehaltserhöhung von 1.000 Gulden für ihren Leibarzt Franz May in höchst abschätziger Weise ablehnte, obschon dieser sich im Winter 1786 besonders um ihre Gesundheit verdient gemacht hatte.

38 Schon Mertens, wie Anm. 4, wies darauf hin, dass das Geländer Motive des Louis-Seize-Klassizismus zeigt, der ab 1765 am französischen Hof entwickelt und über Peter Anton von Verschaffelt sowie Nicolas de Pigage nach Mannheim vermittelt wurde.

39 Stand des PDF: 29.09.2018, Stichwort „Besucher, Mannheim, Barockhaus" im info@tag-des-offenen-denkmals.de.

40 Der Bericht des Rhein-Neckar-Fernsehen vom 27.08.2015 findet sich unter: https:/www.rnf.de/mediathek/video/louis-seize-treppe-in-mannheim-renoviert/.

41 Jutta Neuhaus: Kleiner Fund mit großer Geschichte: Die Zahnbürsten von C 4, 6 in Mannheim, in: Mannheimer Geschichtsblätter, Band 34/2017, S. 143-159.

42 Zu seinem weiteren im Stil der (Neo-)Renaissance prachtvoll ausgestatteten Wohnsitz in Mannheim A1, 2-3, den er in den Jahren 1873-1875 bauen sowie 1882-1885 unter anderem mit einem maurischen Saal erweitern ließ, eingehend Tobias Möllmer: Das Palais Engelhorn in Mannheim, Worms 2010.

43 Ratsprotokoll 1849, zwischen Nr. 755 und 756; dazu eingehend Sebastian Parzer, wie Anm. 8, S. 60-65.

44 Oberstleutnant Daniel Staroste berichtet als Zeitzeuge in seinem „Tagebuch über die Ereignisse in der Pfalz und Baden im Jahr 1849", Potsdam 1852, besonders S. 322 detailliert über Ausrüstung, Mannschaftsstärke und Vorgehen der Preußen sowie über die „höchste Furcht", in der die Bürger Mannheims wegen der „Insurgenten" schwebten.

Maike Piecuch

Häftlingskleidung in der KZ-Gedenkstätte Sandhofen

Neuinszenierung eines Mahnmals

Die KZ-Gedenkstätte Sandhofen beherbergt in ihrer Sammlung unter anderem eine Häftlingsuniform des ehemaligen Häftlings Lech Brydak sowie einen Ledergürtel des ehemaligen Häftlings Marian Marchewka. Brydak und Marchewka wurden über das KZ Dachau nach Sandhofen deportiert, wo sie zusammen mit 1.058 weiteren polnischen Häftlingen in die Räume der damaligen Friedrichschule (heute Gustav-Wiederkehr-Schule) gepfercht und als Zwangsarbeiter im Mannheimer Daimler-Benz-Werk eingesetzt wurden.[1]

Lech Brydak, geboren am 25. März 1922, überlebte nach seiner Inhaftierung in Sandhofen den Kochendorfer Todesmarsch und wurde am 29. April 1945 von der US-Armee befreit. Er kehrte nach Warschau zurück, wo er Mitte der 2000er Jahre starb. Im Jahr 1989 besuchte er zusammen mit weiteren ehemaligen Häftlingen Mannheim und übergab dem damaligen Bürgermeister seine Häftlingsuniform mit dem Hinweis, dass es sich dabei um ein Geschenk für das sich zu dieser Zeit noch im Aufbau befindliche „Museum" in Sandhofen handele.

Marian Marchewka, geboren am 10. März 1927, wurde nach seiner Inhaftierung in Sandhofen in das KZ Vaihingen verlegt, wo er im April 1945 von der französischen Armee befreit wurde. Den Ledergürtel stiftete er der KZ-Gedenkstätte in den 1990er Jahren. Vor seiner Inhaftierung wog er 60 kg, nach knapp sechs Monaten im KZ Sandhofen waren es nur noch 40 kg. In einem Brief schrieb er Ende der 1980er Jahre: „Ich hatte in Dachau einen Gürtel behalten dürfen, den ich bis zur Befreiung trug: Damals bei der Evakuierung in Vaihingen war der Umfang meines Bauches genau so groß wie der meines Kopfes." Marian Marchewka lebt bis heute in München.[2]

Die Uniform sowie der Gürtel sind seither in der KZ-Gedenkstätte ausgestellt. Im Jahr 2006 wurden die Objekte im Rahmen eines studienvorbereitenden Restaurierungspraktikums in der Textilrestaurierungswerkstatt der Reiss-Engelhorn-Museen bearbeitet, um sie nach aktuellem konservatorischem Standard weiterhin in der Ausstellung zeigen zu können. Die Durchführung der notwendigen Maßnahmen erfolgte im Rahmen eines drittmittelfinanzierten Werkvertrags, da die studienvorbereitende Ausbildung von Restauratoren seitens der Stadt Mannheim finanziell nicht unterstützt wird. Die beiden Objekte wurden mittels Absaugen mit einem feinregulierbaren Staubsauger gereinigt und vereinzelt nähtechnische Sicherungsmaßnahmen durchgeführt. Am Gürtel wurden zusätzlich korrodierte Stellen reduziert

Häftlingsuniform und Gürtel im Ausstellungsraum 1 der KZ-Gedenkstätte Sandhofen
Foto: MARCHIVUM, Kathrin Schwab

und die Oberfläche gefestigt. Für die Präsentation in den Ausstellungsräumen wurde für die Uniform eine passgenaue Figurine hergestellt, welche das Objekt optimal unterstützt. Die Montage für den Gürtel besteht aus einer auf der Gürtelinnenseite angebrachten Stützkonstruktion sowie einer Montageplatte. Insgesamt nahm das Projekt 85 Arbeitsstunden in Anspruch. Die Objekte werden seit 2006 in einer eigens für sie neu angeschafften Vitrine im Ausstellungsraum 1 gezeigt (Abb.).

1 Klaus Dagenbach, Peter Koppenhöfer: Eine Schule als KZ, Mannheim 1999, S. 48.

2 Freundliche mündliche Mitteilung von Marco Brenneisen, Ansprechpartner für die Gedenkstätte, am 29.10.2018.

Jutta Neuhaus

Ein archäologischer Fund mit Tiefgang

Zu einer Toilettenschüssel aus Mannheim, C 4, 6

Im Zuge der Renovierung eines barocken Anwesens aus dem 18. Jahrhundert in Mannheim, C 4, 6 (Abb. 1), wurden von den Reiss-Engelhorn-Museen archäologische Untersuchungen durchgeführt. Dabei wurde 2014 in einem Seitengebäude eine mit sandigem Bauschutt verfüllte, tonnengewölbte Latrine entdeckt (Abb. 2, vgl. Abb. 31 und 32). Darin fanden sich zahlreiche Artefakte vom Barock bis in das frühe 20. Jahrhundert. Darunter waren zwei Zahnbürsten, über die bereits Untersuchungen vorliegen (Neuhaus 2018, 143-159).

Dieser Beitrag behandelt Fragmente einer Toilettenschüssel (Abb. 3–6).

Abb. 1
Mannheim, C 4, 6.
Zustand nach der Sanierung von 2015. In einem Seitengebäude wurden Fragmente der Sanitas-Toilette gefunden.

Abb. 2
Mannheim, C 4, 6.
Fundort der Sanitas-Toilette. Latrinenschacht mit Tonnengewölbe unter dem Seitengebäude.

Beschreibung der Toilette

Die Toilette ist ein freistehendes Modell aus cremefarbenem, glänzendem, glattem und wasserdichtem Steingut. Bei ihrer Auffindung war sie in 43 Teile fragmentiert, die teilweise mit feinen dunklen, gelb- bis braunfarbigen Auflagerungen bedeckt waren (Steinmetz 2014, 1). Die Schüssel ist kreisförmig, der Spülrand ist oben plan (Abb. 7). Am Zulauf des Spülwassers ins Innere der Schüs-

Abb. 5 (oben)
Mannheim, C 4, 6.
Reste des Sockelfußes der Sanitas-Toilette (Fundnummer: BW2017-40-014-118)

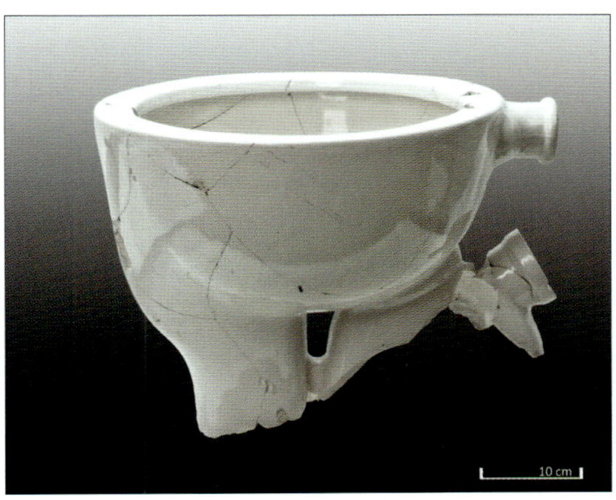

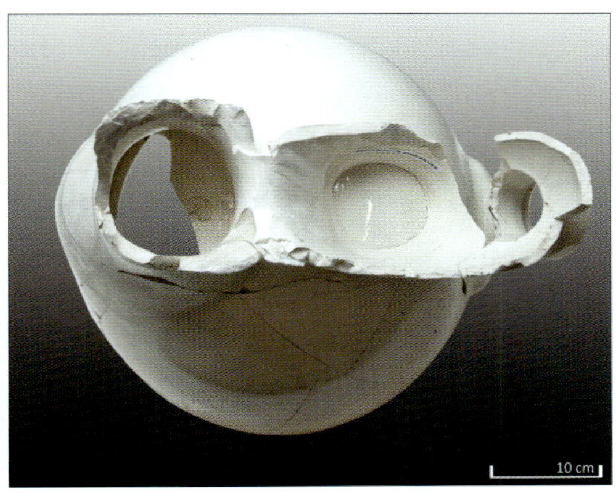

Abb. 3 (links oben)
Mannheim, C 4, 6.
Seitenansicht der Sanitas-Toilette (Fundnummer: BW2017-40-014-118)

Abb. 4 (rechts oben)
Mannheim, C 4, 6.
Die Sanitas-Toilette von unten. Einige Teile des Sockels sind erhalten.

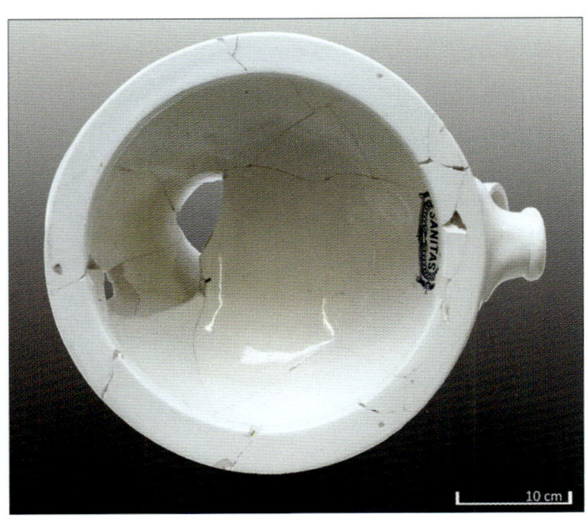

Abb. 6 (links unten)
Mannheim, C 4, 6.
Teil eines zur Toilette gehörenden Ab- oder Zuflussrohrs (Fundnummer: BW2017-40-014-119)

Abb. 7 (rechts unten)
Mannheim, C 4, 6.
Die SANITAS-Toilette von oben. Die Schüssel ist kreisförmig, der Rand plan.

Ein archäologischer Fund mit Tiefgang

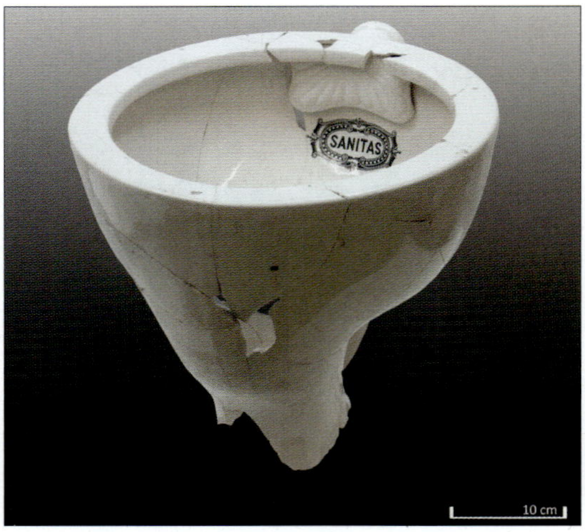

Abb. 8 (links)
Mannheim, C 4, 6.
Sanitas-Toilette mit ornamental ausgearbeiteter Abdeckung des Wasserzulaufs.

Abb. 9 (rechts)
Mannheim, C 4, 6.
Der Sanitas-Schriftzug in einer dekorativen Kartusche unter der Wasserzulaufabdeckung.

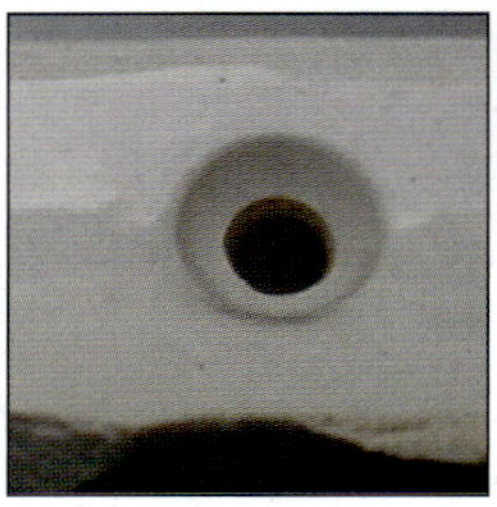

Abb. 10
Mannheim, C 4, 6.
(Schraubloch im) Fuß der Sanitas-Toilette

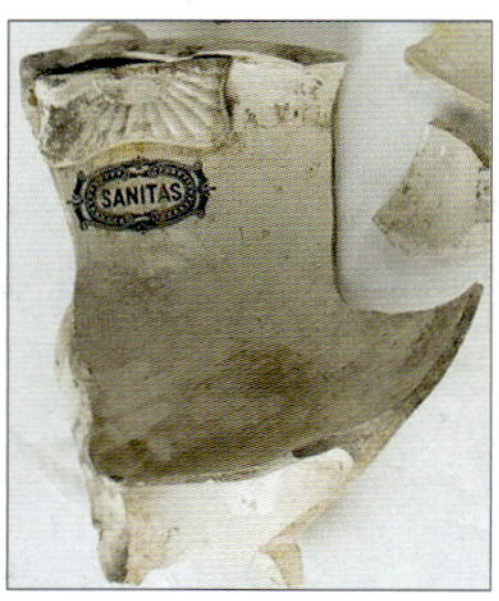

Abb. 11
Mannheim, C 4, 6.
Die Toilette vor der Säuberung. Über dem Sanitas-Schriftzug sind gelbliche Verfärbungen zu erkennen.

sel befindet sich eine ornamental ausgearbeitete Abdeckung, die dazu dient, den Wasserstrahl so zu verteilen, dass das Becken vollständig gereinigt wird (Abb. 8). Unter dieser Abdeckung ist in schwarzem Umdruckdekor eine Kartusche mit kunstvoll geschmücktem Rahmen angebracht, in der sich der Schriftzug „Sanitas" befindet (Abb. 9).

Der untere Teil des Schüsselsockels ist nur bruchstückhaft erhalten (vgl. Abb. 3–5). An einem Teilstück des Sockelfußes ist ein Loch zu erkennen, durch das eine Schraube geführt werden konnte, um das Klosett am Boden zu befestigen (Abb. 10). Obwohl das Gegenstück fehlt, lässt sich erschließen, dass der Fuß ursprünglich zwei Löcher hatte. Die Führung für die Schraube verläuft leicht schräg zum Boden.

Einige Teile des Beckenbodens fehlen, die Form der Abflussöffnung ist aber dennoch gut zu erkennen. Technisch gehört die Toilette zum Typ Flachspülklosett.

Die Toilettenschüssel zeigte direkt unterhalb des Wasserzulaufs gelbliche Ablagerungen, die sich in Fließrichtung des Wassers gebildet hatten. Dabei könnte es sich um Sinter handeln. Dies weist darauf hin, dass die Toilette benutzt wurde[1] (Abb. 11).

Tab. 1
Mannheim, C 4, 6.
Abmessungen der Toilettenschüssel

erhaltene Gesamthöhe		31,5 cm
Gesamttiefe		42,0 cm
Becken:		
	Durchmesser innen	30,0 cm
	Durchmesser außen	37,0 cm
	Höhe	17,7 cm
Beckenrand:		
	Breite oben	3,5 cm
	Höhe innen (Unterschneidung)	1,5 cm
Abdeckung Wasserzulauf		
	Gesamthöhe	6,6 cm
	Höhe Mitte	5,6 cm
	Gesamtbreite	12,8 cm
	Breite Verjüngung	12,4 cm
Ablauf im Becken:		
	Länge	11,5 cm
	Breite	9,0 cm
Wasserzulauf		
	Durchmesser außen	6,2 cm
	Durchmesser innen	4,5 cm
	Länge	5,8 cm
Abwasserabfluss		
	Durchmesser außen	7,7 cm
	Durchmesser innen	6,0 cm
	Randhöhe innen	1,0 cm
	Randhöhe außen	1,5 cm
Fuß fragmentiert erhalten		
	Länge	22,0 cm
	Breite	17,0 cm
Schraubenloch im Fuß		
	Durchmesser außen	1,5 cm
	Durchmesser innen	0,8 cm
	Höhe	2,7 cm
Separates Rohr		
	erhaltene Höhe	12,8 cm
	Durchmesser außen	10,7 cm
	Durchmesser innen	8,9 cm
	Breite Rand oben	1,8 cm

Ziel dieser Recherche ist, Informationen zur Zeitstellung und zum Hersteller dieser Sanitas-Toilettenschüssel herauszufinden sowie die Historie des in C 4, 6 gefunden Exemplars zu erforschen.

Jutta Neuhaus

Sanitas – Was steckt dahinter?

Sanitas (fem.) ist lateinischen Ursprungs und bedeutet Gesundheit, Wohlbefinden, aber auch Vernunft, Besonnenheit. Im 20. Jahrhundert wurde aus dem entsprechenden französischen Wort „sanitaire" die deutsche Variante „sanitär" abgeleitet in der Bedeutung: mit der Körperpflege, der Hygiene in Zusammenhang stehend, sie betreffend, ihr dienend. Bekannt ist vor allem auch die Wortverbindung sanitäre Anlagen, mit denen öffentliche Toiletten (Bedürfnisanstalten) bezeichnet werden.[2]

Da außer Sanitas keine weiteren Angaben auf der Toilettenschüssel zu finden sind, muss dieser Name Ausgangspunkt für die folgende Untersuchung sein.

Sanitas als Firmenname

Sanitas könnte der Herstellername sein. Ein Blick ins Internet zeigt, dass dies zumindest heute ein beliebter Name für Unternehmen ist. So schmücken sich eine schweizerische Krankenversicherung (Sanitas Krankenversicherung), ein Produzent von Nahrungsergänzungsmitteln (sanitas – biologische Nahrungsergänzungs- und Heilmittel GmbH & Co. KG), ein litauisches Pharmaunternehmen (AB Sanitas), diverse häusliche Pflegedienste (Häusliche Pflege Sanitas, Sanitas Mobiler Pflegedienst GmbH oder Sanitas Hauskrankenpflege) eine Berliner Apotheke und ein gemeinnütziger Verein zur Impfaufklärung (Libertas & Sanitas e. V.) mit diesem Namen.[3] Sogar ein Brot namens Sanitas wurde einst angeboten. Es diente bezeichnenderweise als Schutz- und Heilmittel gegen Stuhlverstopfung und Verdauungsbeschwerden (Generalanzeiger 1908, Nr. 43, 7) (Abb. 12).

Auch ein Hersteller von Küchen- und Badezimmereinrichtungen ist zu finden: die Sanitas Troesch AG in Bern. Sie entstand 1991 aus dem Zusammenschluss der beiden Familienunternehmen Sanitas (gegründet 1911) und Troesch (gegründet 1912). Seit 2005 gehört Sanitas Troesch zu Saint-Gobain, einem international tätigen Unternehmen, das seine Wurzeln in der 1665 in Frankreich gegründeten königlichen Glasmanufaktur hat.[4] Die Firma Sanitas AG ging ursprünglich aus der 1905 gegründeten Firma Ad. Rohrbach, Zürich, hervor, ein Installationsgeschäft für sanitäre Einrichtungen.[5] 1918 übernahm die Sanitas AG die Armaturenfabrik Zürich, vormals HPP und Co.[6]

Ein Inserat der Firma Sanitas AG aus dem Jahr 1927, das das Waschbecken Modell Nevada zeigt, gab Hoffnung, dass diese Firma – obwohl sie, wie aus der Anzeige zu entnehmen ist, das Produkt wohl nicht selbst herstellte, sondern nur vertrieb – auch Klosettschüsseln unter ihrem Namen verkaufte (Abb. 13). Die Sanitas AG besaß auch ein Patent auf einen WC-Sitz[7] (Abb.14). Eine Nachfrage bei der Firma Sanitas Troesch führte leider nicht zum Erfolg. Es sei nicht mehr nachzuvollziehen, ob die Firma ein derartiges Modell vertrieben hatte, da keine Unterlagen aus früheren Zeiten vorhanden seien.[8] Das Amt für Raumentwicklung des Kantons Zürich schließt allerdings aus, dass die Sanitas AG derartige Toilettenschüsseln produzierte.[9]

Abb. 12 (links) Inserat, mit dem das Reformhaus „Zur Gesundheit" im Generalanzeiger der Stadt Mannheim und Umgebung 1908 für das Sanitas-Brot wirbt (Generalanzeiger 1908, Nr. 43, 7).

Abb. 13 (rechts) Inserat der Firma Sanitas AG, Zürich. Der Begriff „Toilette" in Verbindung mit einem Waschbecken ist hier als „Toilette machen" zu verstehen. Das Inserat ist aus einer Zeitung oder Zeitschrift ausgeschnitten. Ohne Quellenangabe. Laut Angaben des Verkäufers stammte es aus dem Jahr 1927[38].

Ein archäologischer Fund mit Tiefgang

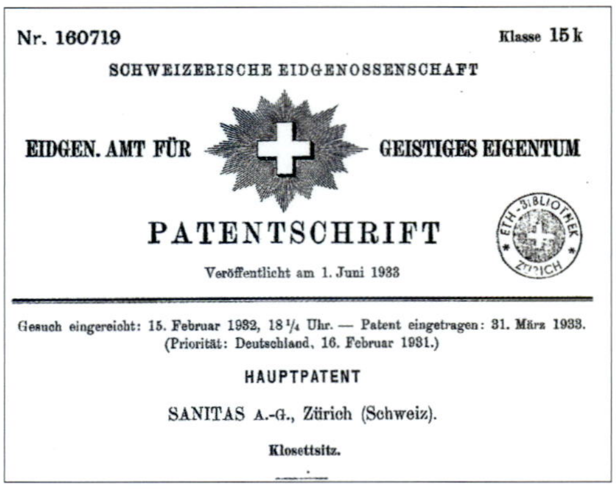
Nr. 160719 Klasse 15 k
SCHWEIZERISCHE EIDGENOSSENSCHAFT
EIDGEN. AMT FÜR GEISTIGES EIGENTUM
PATENTSCHRIFT
Veröffentlicht am 1. Juni 1933
Gesuch eingereicht: 15. Februar 1932, 18 1/4 Uhr. — Patent eingetragen: 31. März 1933.
(Priorität: Deutschland, 16. Februar 1931.)
HAUPTPATENT
SANITAS A.-G., Zürich (Schweiz).
Klosettsitz.

Abb. 14
Ausschnitt der Titelseite der Patentschrift der Firma Sanitas. Patentierung eines Klosettsitzes, Patenteintragung von 1933.

Abb. 15
Aktie der Firma Sanitas AG, Hamburg. Ausgabe: Dezember 1929, Wert: 1.000 RM.

In einer Beschreibung einer Hamburger Honigfabrik auf der Internetseite der Geschichtswerkstatt Wilhelmsburg & Hafen wird auch eine Firma Sanitas mit passendem Sortiment erwähnt: „... Gegenüber lagen die Oleinwerke, eine Ölfabrik. Auf dem Gelände des heutigen Sanitasparks stellte die Sanitas AG Wasch- und Toilettenbecken für Luxusliner her. Daneben siedelten sich 1913 die Asbest & Gummiwerke Merkel an ..."[10]. Es ist zu erwägen, ob die Hamburger Firma auch sanitäre Badeinrichtungen für Wohnhäuser produzierte. Dies bestätigt auch die Beschreibung einer Aktie der Hamburger Sanitas AG (ausgegeben am 1. Januar 1929), die das Hanseatische Sammlerkontor für Historische Wertpapiere zum Kauf anbietet: „Gründung 1899, hervorgegangen aus der Sanitas-Ges. in Hamburg m.b.H. Zweck: Fabrikation sanitärer Einrichtungen für Wohn- und Geschäftshäuser, Fabriken, Kasernen, Krankenhäuser und Bahnhöfe sowie von sanitären Schiffsausrüstungen für See-, Fahrgast- und Frachtschiffe, Segeljachten, Motorboote, auch in Spezialausführung für Flugzeuge und Luftschiffe. ... Zuletzt etwa 30 Mitarbeiter, 1959 umgewandelt in die Sanitas-AG Nachf. S. Jens KG."[11] (Abb. 15). Ab 2010 bis 2015 gehörte die Firma zur Aug. Höhne Söhne mbH, Hamburg, einer Vertriebsgesellschaft für Fliesen. Laut Auskunft dieser Firma wurden von der Sanitas AG ausschließlich Fliesen aus Übersee vermarktet und keine Sanitärartikel vertrieben.[12] Das dürfte für diesen Zeitraum zutreffen, das Sortiment aus den früheren Jahren umfasste gemäß obiger Beschreibung jedoch Sanitäreinrichtungen. Damit kann die Firma Sanitas in Hamburg als Hersteller der Klosettschüssel von C 4, 6 zwar nicht eindeutig identifiziert, aber auch nicht ausgeschlossen werden.

Auch in den USA existierte eine Firma namens Sanitas, die sanitäre Einrichtungen produzierte. Frank Winfield Woolworth (1852-1919), Gründer der Woolworth-Warenhauskette, besuchte kurz vor Weihnachten 1911 „The Sanitas Manufacturing Company", um sich das Sortiment an Toiletten und anderen sanitären Artikeln für das im Bau befindliche Woolworth Building anzusehen (Klaw 2017, Kapitel 13).[13] Tatsächlich existieren von der Firma „The Sanitas Manufacturing Company" noch Verkaufskataloge. In einem ist das Woolworth Building als Referenzbeispiel abgebildet.[14] Aus den Unterlagen ist ersichtlich, dass Sanitas nicht nur der Firmenname war, sondern auch der Markenname ihrer Erzeugnisse.[15]

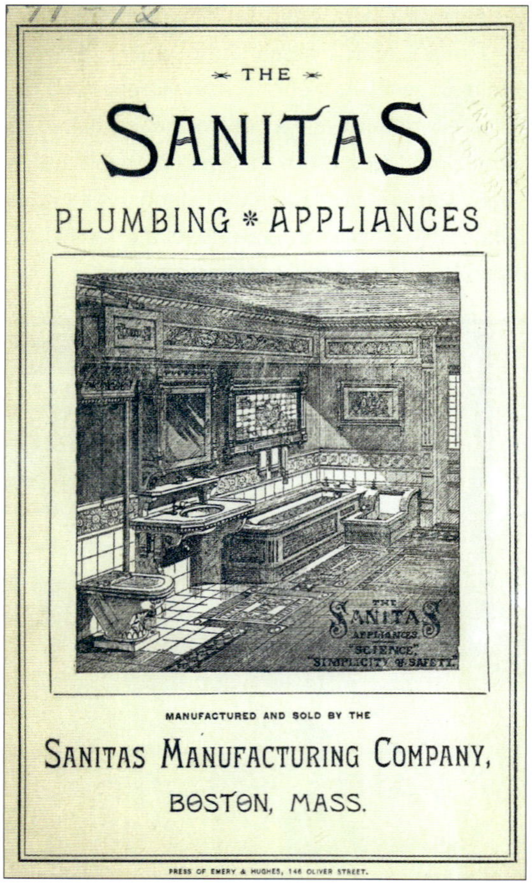

Abb. 16
Badezimmer, eingerichtet mit Sanitas Sanitäranlagen der Firma „The Sanitas Manufacturing Company", Boston. Titelseite einer Firmenschrift von 1896.

Sanitas als Modell-, Marken- bzw. Produktname

Unter dem Namen Sanitas wurden von „The Sanitas Manufacturing Company" ein Sortiment an sanitären Einrichtungsgegenständen angeboten: Toiletten, Badewannen, Waschbecken, Spülen für die Küche sowie Ventile, Siphons etc. (Abb. 16). Leider stimmen das Logo von „The Sanitas Manu-

Jutta Neuhaus

Abb. 17
Firmen-/Produktlogo der Firma „The Sanitas Manufacturing Company", Boston. Rückseite einer Firmenschrift von 1896.

facturing Company" und das der Mannheimer Toilette nicht überein (Abb. 17, vgl. Abb. 9). Die Toilette befand sich demnach nicht im Verkaufssortiment dieser Firma.

Nicht nur in den USA wurden Toiletten mit dem Namen Sanitas hergestellt, sondern auch in England. England war im 19./20. Jahrhundert führend in der Entwicklung und Herstellung von Wasserklosetts.[16] So bot die Firma Doulton ein Modell unter dem Namen „The Sanitas Wash Down Closet"[17] an und schmückte es mit entsprechendem Logo unterhalb des Wassereinlaufs (Blair 2000, 24) (Abb. 18).[18] Aber auch dieses Logo entspricht nicht dem der Mannheimer Toilette (Abb. 19).

Da die Toilette in Mannheim gefunden wurde, könnte sie auch das Modell eines in Deutschland produzierenden Herstellers gewesen sein. Anfragen bei Keramag[19], Ideal Standard[20] und Villeroy & Boch[21] ergaben jedoch, dass diese Unternehmen keine sanitären Einrichtungen unter der Marke Sanitas verkauften.[22] Dieses Sanitas-Logo sei diesen Firmen vollkommen unbekannt.

Sanitas als Typenbezeichnung

Palmer (1977, 63) erwähnt, dass der Amerikaner J. Pickering Putnam 1883 ein Klosett mit geräuscharmem Betrieb erfand und es Sanitas nannte. Putnam (1847-1917) war Architekt, der vor allem im modernen Wohnungsbau Pionierarbeit leistete und sich mit Hygiene- und Sanitärfragen beschäftigte. Er reiste nach seinem Abschluss an der Harvard University, Massachusetts, zu Studienzwecken nach Europa und besuchte unter anderem von 1870 bis 1872 die Königliche Bauakademie in Berlin. Aufgrund dieses Aufenthaltes könnte es Verbindungen nach Deutschland gegeben haben, sodass sein Toilettentyp auch hier Verwendung gefunden haben könnte. Er erwähnte sogar in einer seiner Veröffentlichungen, dass Wm. Paul Gerhard in seiner 1897 in Stuttgart erschienenen deutschen Arbeit über Sanitärinstallationen die Eigenschaften der Toilette Sanitas lobte und sie gegenüber den damals üblichen Fabrikaten und Modellen als überlegen beurteilte (Putnam 1911, 483).[23] Es ist also denkbar, dass Toiletten des Typs Sanitas in Deutschland erhältlich waren und das Mannheimer Exemplar zu diesem Typ gehörte.[24]

Putnam stellte einen Katalog von 14 Anforderungen[25] auf, die seiner Meinung nach ein Klosett zu erfüllen hatte. Besonderen Wert legte er auf eine geräuscharme Spülung. Dies löste er mithilfe von Hydraulik und atmosphärischem Druck. Er erklärte dieses Prinzip mit einer gefüllten Flasche, deren Öffnung kopfüber in einem mit Wasser gefüllten Behältnis steht (Abb. 20 und 21) (Putnam 1887). Seine Idee war, dass die Wasserzuleitung immer mit Wasser gefüllt ist (Wassersäule), da dies geräuschärmer sei als ein System, bei dem das Wasser erst beim Betätigen der Wasserspülung durch das leere Rohr rauscht. Dafür war es notwendig, dass der Was-

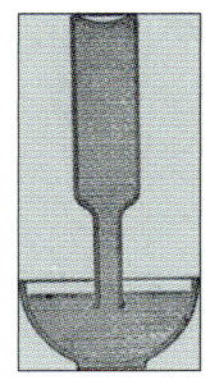

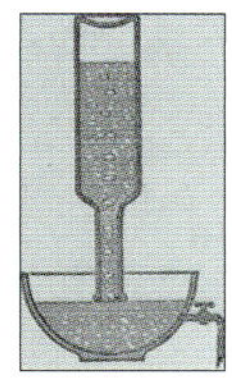

Abb. 20 (links)
Mit Wasser gefüllte Flasche, deren Öffnung kopfüber in einem mit Wasser gefüllten Behältnis steht. Das Wasser fließt nicht aus der Flasche, solange sich ihre Öffnung unter dem Wasserspiegel der Schale befindet.

Abb. 21 (rechts)
Senkt sich die Wasseroberfläche bis unter die Flaschenöffnung, fließt Wasser aus der Flasche nach, bis sich die Öffnung wieder unter dem Wasserspiegel befindet. http://chestofbooks.com/

Abb. 18 (links)
„The Sanitas Wash Down Closet" aus glasiertem Steingut, England, viktorianisch. Das gleiche Modell gab es auch in Weiß und mit farbigem Dekor (s. Abb. 19).

Abb. 19 (rechts)
Logo des „The Sanitas Wash Down Closets". Es findet sich auf Toilettenschüsseln, die in England hergestellt wurden.

Ein archäologischer Fund mit Tiefgang

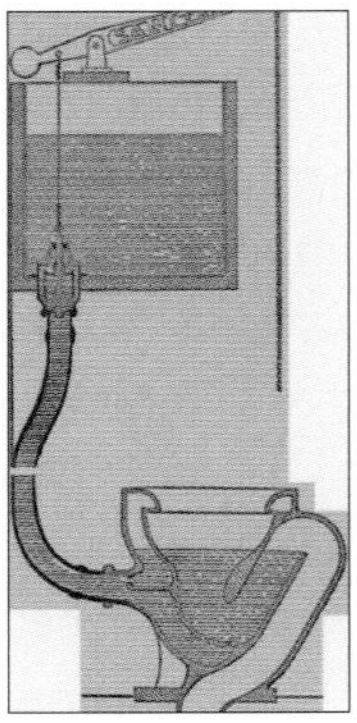

Abb. 22 (links)
Die Zeichnung zeigt das Prinzip des Sanitas-Toilettentyps. Der Wassereinlauf liegt unterhalb des Wasserspiegels in der Schüssel. Bei Betätigung der Spülung öffnet sich das Ventil im Spülkasten, das Wasserniveau im Becken steigt, sodass das Wasser über den Siphon abfließen kann. Durch den dadurch erzeugten Sog wird der Schüsselinhalt abtransportiert.
http://chestofbooks.com/

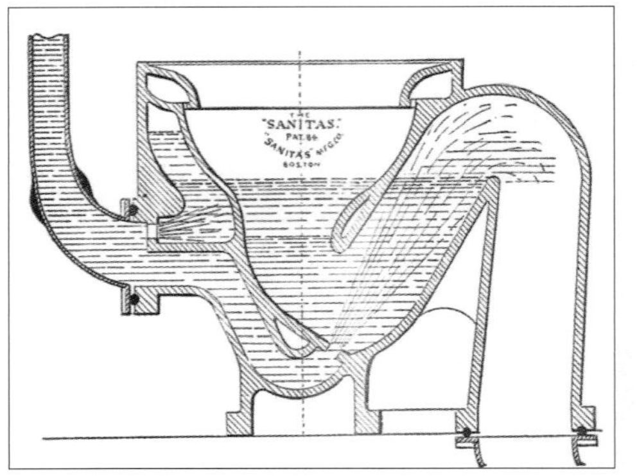

Abb. 23 (rechts)
Ein Sanitas WC aus einem Verkaufskatalog der Firma „The Sanitas Manufacturing Company" aus dem Jahr 1887. Die Zeichnung verdeutlicht die Spülfunktion aus Abb. 23. Der Hauptzufluss ist am Eingang zum Schüsselboden verengt, wodurch ein kräftigerer Wasserstrahl und damit verbundener starker Sog entsteht und den Inhalt der Schüssel wegspült. Ein zweiter Wasserstrahl wird unter den Beckenrand geführt und säubert die Schüssel zusätzlich.
http://chestofbooks.com/

sereinlauf in das Toilettenbecken unterhalb des Wasserstands im Becken lag (Abb. 22 und 23). Das ist bei dem Mannheimer WC nicht der Fall (vgl. Abb. 3). Es ist eindeutig ein Flachspüler und verwendet nicht das von Putnam entwickelte Spülverfahren. Der Schriftzug Sanitas bezieht sich nicht auf den Toilettentyp.[26]

Ein besonderes Stück: die Mannheimer Sanitas-Toilette

Nachfragen beim Sanitärhistorischen Museum Wien, Deutschen Hygiene-Museum Dresden, Klo & So – Museum für historische Sanitärobjekte Gmunden, Keramikmuseum Villeroy & Boch Mettlach und Hansgrohe-Museum „Wasser – Bad – Design" Schiltach, führten zu keinem brauchbaren Ergebnis. Das Sanitas-Logo auf der Mannheimer WC-Schüssel ist nicht zu ergründen. Vergleichbare Toiletten mit diesem Signet sind nicht bekannt geworden.[27]

Es gibt jedoch Anhaltspunkte, die für eine Datierung hilfreich sein können. Die ersten Flachspülklosetts, zu denen das in Mannheim gefundene Exemplar gehört, sind für das Jahr 1851 nachweisbar (Ragland 2004, 76). Eine weite Verbreitung fanden die Flachspüler aber erst durch die englische Firma T. W. Twyford, die auf ihr verbessertes Modell ein Patent erhielt (Blair 2000, 14; Ragland 2004, 19).

Toiletten mit Spülrand, wie ihn die Mannheimer Toilette aufweist, kamen in England ab 1870 auf den Markt (Denley 2015, 19; Palmer 1977, 135).

Weiße, schlichte Modelle wurden seit Ende des 19. Jahrhunderts immer häufiger nachgefragt. Zuvor wurde der Markt fast ausschließlich von reich dekorierten, bunten Exemplaren beherrscht (Blair 2000, 26).

Die Gestaltung des Wassereinlaufs in die Schüssel und des Sanitas Signets der Toilette von C 4, 6 deuten auf die Übergangszeit vom Historismus zum Jugendstil hin. Das Modell könnte daher um 1880 entstanden sein.[28]

Ab 1889 wurde begonnen, den Bodenabschluss des Toilettensockels schräg zum Boden zu gestalten, sodass die Löcher für die Bodenschrauben ebenfalls schräg verlaufen konnten. Dies erleichterte die Montage (Ragland 2004, 62). Der untere Sockelrand der Toilette von C 4, 6 weist diese Schrägstellung auf.

Auf der Schüssel sind keine Vorrichtungen zur Befestigung eines Sitzes angebracht. Diese direkte Fixierung kam ab 1904 auf (Ragland 2004, 69).[29] Vermutlich hatte die Klosettschüssel von C 4, 6 ein spezielles Gestell mit Sitzvorrichtung (Abb. 24).

Abb. 24
Toilette mit einer an der Wand befestigten Sitzanlage. Daneben gab es auch auf dem Boden stehende Gestelle. Beide Arten von Sitzhalterungen sind für die in C 4, 6 gefundenen Toilettenschüssel denkbar.

Abb.26 (rechts)
Mannheim, C 4, 6.
Fragmente eines Waschbeckens, die zusammen mit der Toilettenschüssel gefunden wurden. Fehlstellen sind durch Gips ergänzt.

Abb. 27 (links)
Mannheim, C 4, 6.
Das Waschbecken ist wie die Toilettenschüssel kreisförmig.

Aufgrund der vorhandenen Merkmale kann die in Mannheim gefundene Toilette ab 1889 produziert worden sein.[30] In dieser Zeit gab es weniger Modellwechsel als heute,[31] ein längerer Produktionszeitraum kann angenommen werden.

Eine genauere Datierung ist für die Mannheimer Toilette jedoch möglich. In der Verfüllung der Latrine fand man auch zwei Zahnbürsten aus Bein, die zwischen 1870 und 1920 bzw. zwischen 1865 und 1920 gefertigt wurden (Neuhaus 2018, 144) (Abb. 25). Die Toilette wurde somit spätestens um 1920 demontiert.

In der Latrinenverfüllung wurden auch Reste eines Waschbeckens gefunden (Abb. 26). Das Waschbecken wurde nicht nur zusammen mit der Toilettenschüssel entsorgt, sondern könnte auch zur selben Badezimmerausstattung gehört haben. So ist das Becken ebenfalls kreisförmig (Abb. 27) und passt stilistisch zur Toilette. Das Material ist jedoch härter und im Gegensatz zur Toilette hat das Waschbecken eine weiße Farbe.

erhaltene Gesamthöhe	14,5 cm
Durchmesser innen	26,4 cm
Durchmesser außen	33,6 cm
Breite Rand gesamt	7,2 cm
Durchmesser Zierrand	0,8 cm

Tab. 2
Mannheim, C 4, 6.
Metrische Angaben zum Waschbecken

Auf einer zum Waschbecken gehörenden Scherbe ist ein Signet eingeprägt. In einem Kreis ist ein großes H zu erkennen, über dem Mittelstrich ist ein W und unter dem Mittelstrich ein G. Über dem Kreis ist die Zahl 45 zu lesen. Wahrscheinlich war davor mindestens eine weitere Ziffer, die weggebrochen ist. Rechts neben dem Kreis befindet sich ein liegendes N, das eventuell auch als (stehendes) Z zu lesen ist (Abb. 25). Es dürfte sich um eine Firmenmarke mit Typennummer handeln. Die Marke ist bislang unbekannt.[32]

Ein weiteres Indiz für die Inbetriebnahme der Toilette bildet die Installation der Wasserver- und -entsorgung in Mannheim. Eine Toilette mit Wasserspülung ist erst dann sinnvoll, wenn Leitungswasser und eine Kanalisation für das Abwasser vorhanden sind[33]. Erste Kanalisationsanlagen gehen in Mannheim auf das Jahr 1873 zurück (Schwetzingerstadt). Ab 1875 erbaute die Stadt die Entwässerungsanlagen innerhalb des Rings (Heichlinger 1906, 576). Um 1900 war der Ausbau des innerstädtischen Kanalnetzes weitgehend abgeschlossen[34], sodass das Gebäude von C 4, 6 spätestens ab 1900 mit einem Abwasserkanal versorgt war. Die Kläranlage auf der Friesenheimer Insel wurde 1905 in Betrieb

Abb. 25
Mannheim, C 4, 6.
Firmenmarke und Typnummer des Waschbeckens

Ein archäologischer Fund mit Tiefgang

Abb. 28
Mannheim, C 4, 6.
Zwei Zahnbürsten aus Bein, die wie die Fragmente der Toilette in der Verfüllung der Latrine lagen.

genommen (Heichlinger 1906, 585). Zuvor flossen die Abwässer in den Neckar (Heichlinger 1906, 578). Eine ortspolizeiliche Vorschrift, die Hausentwässerungsverordnung, regelte die Hausentwässerung. Sie ordnete unter anderem an, wie der Anschluss der Häuser zum Entwässerungskanal zu erfolgen hatte und was bei Toiletten zu berücksichtigen war: „Die Aborte müssen eine Spülvorrichtung erhalten, die bei Einzelaborten nach jeder Benützung, bei Massenaborten in entsprechenden Zeiträumen eine ausreichende kräftige Wasserspülung gestattet" (Heichlinger 1906, 591).[35]

Das Wasserwerk in Mannheim-Käfertal wurde 1888 fertiggestellt.[36] Die Erbauung des Wasserturms auf dem Mannheimer Friedrichsplatz, der als Hochbehälter zur Begrenzung des Förderdrucks und zum Ausgleich der Verbrauchsschwankungen für die Quadrate sowie die Stadtteile Lindenhof und Schwetzingerstadt diente, fand von 1886 bis 1889 statt (Pichler 1906, 628; Schenk 1999, 101). Der Anschluss der einzelnen Wohnhäuser an das Wassersystem begann ab 1888. Ab Februar 1888 inserierten im Generalanzeiger der Stadt Mannheim verschiedene Firmen, die sich für die Anschlussarbeiten empfehlen und sich auf die Bekanntmachung der Stadt berufen (Abb. 29).

Die Mannheimer Sanitas-Toilettenschüssel dürfte somit frühestens 1889 (schräger Lauf der Löcher für die Befestigungsschrauben) installiert und aufgrund der mit ihr gefundenen Zahnbürsten spätestens um 1920 in der Latrine entsorgt worden sein.

Sanitärkeramik wird oft bei Haussanierungen oder Wohnungsrenovierungen nach Umzügen ausgewechselt. Die Eigentümer des Hauses in C 4, 6 sind ab 1888 und die Bewohner ab 1894/95 durch die Mannheimer Adressbücher bekannt. 1888 gehörte das Anwesen dem Kaufmann Johann Fricks, der wahrscheinlich die Sanitas-Toilette installieren ließ. Nach seinem Tod (1898/99) blieb es laut Adressbücher bis 1908 Eigentum seiner Erben. Von 1909 bis 1939/40 ist als Eigentümer und Bewohner von C 4, 6 ein Heinrich Dubbernell[37] aufgeführt. Seine Berufsbezeichnung: Spenglermeister und Installateur. Dubbernell wohnte im zweiten, ab 1936/37 im dritten Stock (= erstes bzw. zweites Obergeschoss). Bis 1930/31 ist er auch als Nutzer des Erdgeschosses im Hinterhaus aufgeführt, wo er

Unter Bezugnahme auf die jüngste Bekanntmachung des verehrlichen Stadtraths empfehlen wir uns zur Ausführung von: 26381

Hauswasserleitungen,
Closets- und Badeeinrichtungen,
Springbrunnen- und Entwässerungs-Anlagen.

Massot & Werner,
Gas- & Wasserleitungs-Geschäft.

Hauswasserleitungen.

Laut Bekanntmachung des städtischen Wasserwerks erfolgt demnächst die Inbetriebsetzung der städtischen Wasserleitung und bitten wir, unter Bezugnahme hierauf, diejenigen verehrlichen Hausbesitzer, welche uns mit Einrichtung ihrer Hauswasserleitungen betrauen wollen, uns ihre gefälligen Aufträge möglichst sofort zukommen zu lassen. 26361

Kieser & Ross,
Gas- und Wasserleitungs-Geschäft
O 2, 9 Kunststrasse. O 2, 9.

H. Barber, N 2, 9¼,
früher Bender'sche Stopfenfabrik,
Gas- und Wasserleitungs-Geschäft
empfiehlt sich den tit. Hausbesitzern zur Einrichtung von Hauswasserleitungen. 26331
(Specialität: Badeeinrichtungen.)

Abb. 29 (rechts)
Mit Hilfe von Inseraten empfehlen sich Firmen für das Legen von Hausanschlüssen an die neue städtische Wasserleitung (Generalanzeiger 1888, Nr. 42, 8).

Geschäftsverlegung u. Empfehlung.

Einem geehrten Publikum und meinen verehrl. Kunden insbesondere gestatte ich mir die ergebenste Mitteilung, dass ich mein

Spengler- u. Installations-Geschäft

nach meinem eigenen Hause

C 4, 6.

verlegt habe.

Für alle in mein Fach einschlagende Arbeiten, Reparaturen jeder Art halte ich mich bestens empfohlen und ersuche höflichst, mir auch in meinem neuen Heime die gewohnte Patronage zu Teil werden zu lassen. 79371.

Mit vorzüglicher Hochachtung:
Heinrich Dubbernell
Spenglermeister und Installateur
C 4, 6.

Abb. 30 (links)
Inserat, mit dem Heinrich Dubbernell im Mai 1908 seine Geschäftsverlegung nach C 4, 6 – seinem „eigenen Haus" – bekannt gab (Generalanzeiger 1908, Nr. 243, 6).

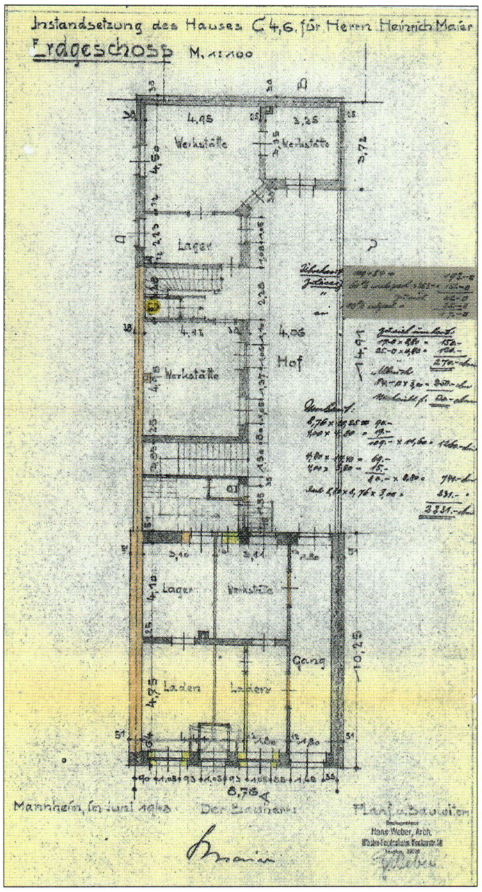

Abb. 32
Plan zur Instandsetzung von C 4, 6 von 1948 von Hans Weber, Bauingenieur, Mannheim-Feudenheim, Neckarstr. 50. Grundriss des Erdgeschosses. Die Toilette auf der ehemaligen Latrine ist gelb markiert.

wohl seinen Betrieb untergebracht hatte. Seinen Umzug von D 5, 10 nach C 4, 6 gab er im Mai 1908 durch ein Inserat bekannt. Es erschien zweimal im Generalanzeiger der Stadt Mannheim (Generalanzeiger 1908, Nr. 243, 6 und Nr. 250, 13) (Abb. 30).

Es ist denkbar, dass Dubbernell nach dem Kauf von C 4, 6 Umbauten vornahm. So ist auffallend, dass fast alle Mieter im Vorderhaus, die noch im Adressbuch von 1908 verzeichnet sind, in der Ausgabe von 1909 nicht mehr erscheinen. Man kann unterstellen, dass Dubbernell zumindest in seiner eigenen neuen Wohnung die alte Badeinrichtung entfernte und durch eine zeitgemäße ersetzte. Die alten Utensilien entsorgte er zusammen mit Bauschutt in der Latrine. Als sie voll war, wurde sie geschlossen und geriet in Vergessenheit. Auf einem Instandsetzungsplan von 1948, den der Bauingenieur Hans Weber aus Feudenheim für den neuen Eigentümer Heinrich Maier[38] anfertigte, ist die Latrine zumindest nicht eingezeichnet (Abb. 31). Interessanterweise befindet sich aber über der früheren Latrine eine Toilette (Abb. 32). Ob sich schon vor oder direkt nach dem Schließen der Latrine eine derartige Anlage dort befand und

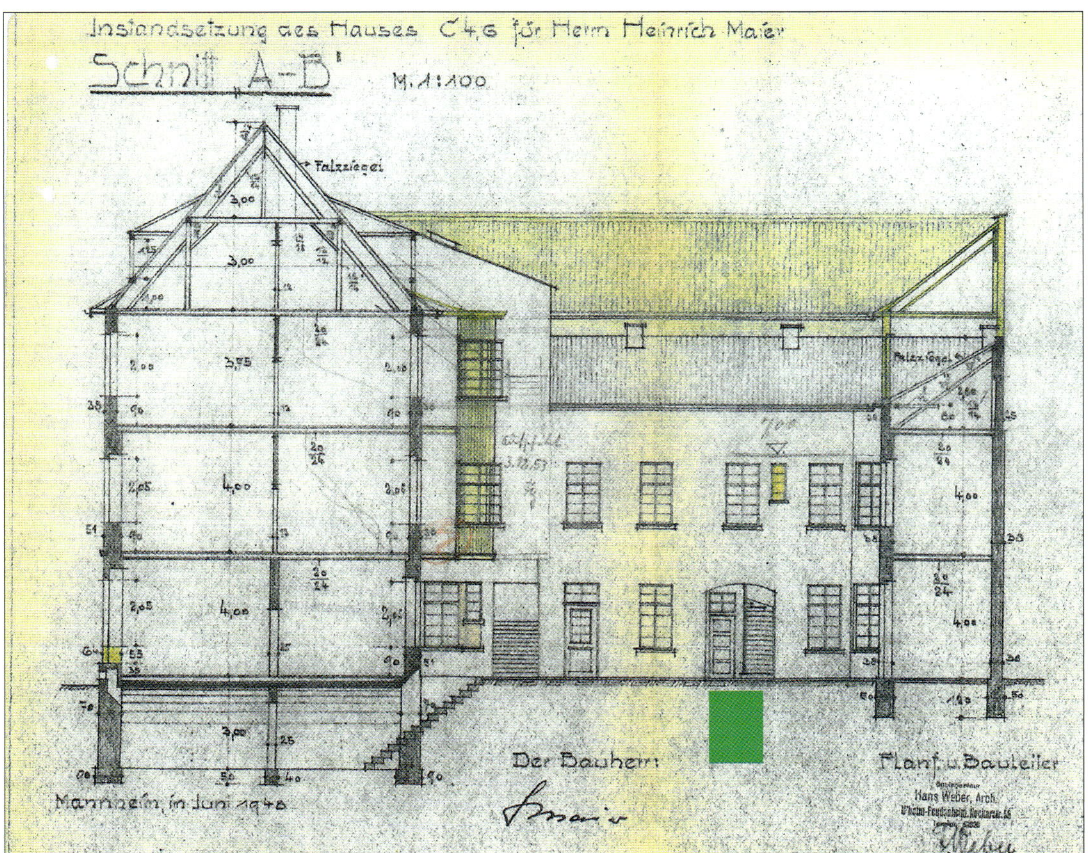

Abb. 31
Plan zur Instandsetzung von C 4, 6 von 1948 von Hans Weber, Bauingenieur, Mannheim. Ansicht des seitlichen Hinterhauses. Die Lage der Latrine ist durch das grüne Feld gekennzeichnet.

Ein archäologischer Fund mit Tiefgang

Abb. 33
Sanitas-Klosett als mobile SaniRent Toilette

für die Handwerker im Hinterhaus diente, kann nur vermutet werden.

Zusammenfassung

Die Herkunft der Toilettenschüssel mit der Aufschrift Sanitas von C 4, 6 konnte nicht abschließend geklärt werden. Zwar existierten Hersteller von Sanitärkeramik mit Namen Sanitas, die Mannheimer Toilette ist ihnen aber nicht eindeutig zuzuordnen. Eine Hamburger Firma Sanitas, die im fraglichen Zeitraum existierte, kann als Produzent nicht ausgeschlossen werden.

Der Schriftzug könnte auch ein Modellname sein. Alle bekannten Sanitas-Modell-Schriftzüge sehen jedoch anders aus. Ebenfalls ist auszuschließen, dass es sich um eine Typenbezeichnung handelt, da der in den USA Ende des 19. und Anfang des 20. Jahrhunderts sehr bekannte Sanitas-Typ auf einer anderen Spültechnik basierte.

Der Zeitraum, in dem die Toilette im Haus C 4, 6 in Funktion war, kann anhand des Schraubenlochs im Sockel, des Baus der Mannheimer Wasserversorgung und Kanalisation sowie weiterer Fundobjekte auf die Jahre 1889 bis 1920 eingegrenzt werden. Der Erwerb des Anwesens von C 4, 6 durch Heinrich Dubbernell im Jahr 1908, die Verlegung seines Spengler- und Installationsbetriebs und sein Wohnungsumzug dorthin sowie der vermeintliche Mieterwechsel im selben Jahr deuten auf Umbaumaßnahmen hin, bei denen die Toilette demontiert und entsorgt wurde, sodass sie nur zwischen 1889 (oder später) und 1908 in Gebrauch war.

Auch wenn es Sanitas als Toilettenhersteller, -marke und -typ nicht mehr gibt, der Name findet als Bezeichnung für eine mobile Toilette immer noch Verwendung (Abb. 33).

1 E-Mail von P. Will (REM) vom 08.05.2019. Die Bearbeitung dieses außergewöhlichen Fundmaterials erfolgte auf Anregung von Dr. K. Wirth (REM).

2 Der Große Duden, Band 7: Das Herkunftswörterbuch, S. 612, https://www.duden.de/rechtschreibung/sanitaer, letzter Zugriff: 20.05.2018, https://de.pons.com/%C3%BCbersetzung/latein-deutsch/sanitas, letzter Zugriff: 20.05.2018

3 https://www.sanitas.com, letzter Zugriff: 20.05.2018, https://www.sanitas.de, letzter Zugriff: 11.11.2017, https://de.wikipedia.org/wiki/AB_Sanitas, Stand: 17.05.20017, http://www.pflege-sanitas.de, letzter Zugriff: 20.05.2018, http://www.sanitas-kl.de, letzter Zugriff: 20.05.2018, http://www.sanitas-pritzwalk.de, letzter Zugriff:20.05.2018, http://www.sanitas-apotheke-berlin.de, letzter Zugriff: 20.05.2018, http://www.libertas-sanitas.de, letzter Zugriff: 20.05.2018

4 http://www.sanitastroesch.ch/de/Unternehmen/Das-Unternehmen/Geschichte, letzter Zugriff: 20.05.2018

5 https://suche.staatsarchiv.djiktzh.ch/detail.aspx?ID=23094, letzter Zugriff: 20.05.2018

6 https://suche.staatsarchiv.djiktzh.ch/detail.aspx?Id=23115, letzter Zugriff: 20.05.2018

7 https://worldwide.espacenet.com/publicationDetails/originalDocument?CC=CH&NR=160719&DB=worldwide.espacenet.com&locale=de_EP#, letzter Zugriff: 20.05.2018

8 E-Mail von D. Pfulg vom 19.06.2017

9 E-Mail von S. Keck vom 15.01.2018

10 https://www.geschichtswerkstatt-wilhelmsburg.de/honigfabrik/geschichte, letzter Zugriff: 20.05.2018
Neben dem Sanitaspark, der seinen Namen erst erhielt, nachdem die Firma Sanitas das Gelände verlassen hatte, gibt es noch eine Sanitasstraße. Die Hamburger Sanitas-Firma muss ein bedeutendes Unternehmen gewesen sein.

11 https://www.historische-wertpapiere.de/de/hsk-auktion-xxix/?AID=72200&AKTIE=Sanitas+AG, letzter Zugriff: 20.05.2018

12 E-Mail von B. Müller vom 08.01.2018

13 Der Architekt des Woolworth Building war Cass Gilbert (1859-1934). Das Gebäude wurde zwischen 1910 und 1912 in Manhattan, New York City, im neogotischen Stil erbaut und war die Zentrale der F. W. Woolworth Company. Es hat 20 Stockwerke und war von 1913 bis 1930 das weltweit höchste Gebäude.

14 The Sanitas Manufacturing Company: Sanitas Plumbing Fixtures for Residences. Ohne Seitenangabe (URL: https://babel.hathitrust.org/cgi/pt?id=nyp.33433087587386;view=1up;seq=189;size=150, letzter Zugriff: 21.05.2018)

15 Auf den verschiedenen Katalogen und Unterlagen zu The Sanitas Manufacturing Company sind unterschiedliche Firmenangaben zu finden:

- The Sanitas Plumbing Appliances, 1887: The Sanitas Manufacturing Company, Boston (https://ia800700.us.archive.org/33/items/TheSanitasPlumbingAppliances_965/CCA79677.pdf, letzter Zugriff: 21.05.2018).
- Hub Stoves, Ranges and Furnaces, 1894/95: Smith & Anthony Company, Boston, New York, Chicago. Auf S. 103 des Katalogs steht, dass die Firma die weltbekannten Sanitas Spezialartikel herstellt (https://ia800606.us.archive.org/19/items/CatalogueSmithAnthonyCompanyHubStovesRangesAndFurnaces/SmithAnthonyCompany.pdf, letzter Zugriff: 21.05.2018).
- The Sanitas Plumbing Appliances, 1896: Sanitas Manufacturing Co., Smith & Anthony Co. Proprietors, Boston, New York, Chicago. Auf der Seite nach dem Titelblatt ist das Sanitas-Logo abgebildet (vgl. Abb. 17) (https://ia801001.us.archive.org/32/items/SanitasPlumbingAppliances/Cca34795SanitasMfg.Co.pdf, letzter Zugriff: 21.05.2018).
- The Sanitas Plumbing Appliances, 1896: The Sanitas Manufacturing Company, Boston. Auf der Rückseite der Firmenschrift prangt das Sanitas Logo (vgl. Abb. 17) (https://archive.org/details/TheSanitasPlumbingAppliances, letzter Zugriff: 21.05.2018).
- Sanitas – Plumbing Fixtures for Residences, 1913: The Sanitas Manufacturing Company, Boston, New York. Das dort zu findende Sanitas-Logo weicht von dem von Abb. 17 ab. Der Sanitas-Schriftzug befindet sich in einem schlichten Oval, die Schrift ist die gleiche. – wahrscheinlich eine Anpassung an den Zeitgeschmack (https://babel.hathitrust.org/cgi/pt?id=nyp.33433087587386;view=1up;seq=12;size=150, letzter Zugriff: 21.05.2018).
- Danach könnte The Sanitas Manufacturing Company von Smith & Anthony Company als Tochterunternehmen gegründet oder irgendwann gekauft worden sein. Die Informationen zu beiden Gesellschaften sind sehr spärlich. Von Smith & Anthony Company ist bekannt, dass die Firma 1879 von William E. Smith und Edgar Waterman Anthony in Boston gegründet wurde. Ihr Sortiment umfasste Öfen, Herde, Heizgeräte, Boiler, Badewannen, Küchenspülen, Stahltüren etc. Die Firma stellte 1917 ihre Geschäfte ein (http://oasis.lib.harvard.edu/oasis/deliver/~bak00227, letzter Zugriff: 21.05.2018).
- Aus dem Vorwort eines Kataloges der The Sanitas Manufacturing Company ist zu entnehmen, dass der Name Sanitas seit 25 Jahren für beste sanitäre Anlagen steht. Der Katalog ist aus dem Jahr 1913. Danach begannen Produktion und Verkauf des Sanitas-Sortiments im Jahr 1888 (https://babel.hathitrust.org/cgi/pt?id=nyp.33433087587386;view=1up;seq=2;size=150, letzter Zugriff: 21.05.2018).

16 England war richtungsweisend bei der Entwicklung von Wasserklosetts sowie von Wasserver- und -entsorgungssystemen. Die erste Toilette mit Wasserspülung, ein so genanntes Klappenklosett, wurde 1589, 1592 oder 1596 von John Harington gebaut (von den Autoren werden unterschiedliche Daten genannt: Palmer 1977, 133; Blair 2000, 4; Palmer 1977, 15). Allerdings hatte außer ihm nur noch Königin Elisabeth I. dieses Modell besessen. Weitere bemerkenswerte englische Erfindungen waren z. B. der von dem Uhrmacher Alexander Cumming gekrümmte Wasser-Geruchsverschluss (Siphon in Form eines schlangenförmigen Rohrs, Patentierung 1775) (Palmer, 1977, 18), das Pfannenklosett (Patentierung 1796) (Blume 2004, 219) und das Flachspülklosett. Eine frühe Form dieses Toilettentyps installierte George Jennings bereits 1851 als öffentliche Toilettenanlage anlässlich einer Ausstellung (Blair 2000, 14). Die Firma T. W. Twyford erhielt 1870 ein Patent auf ihr Flachspülklosett (Ragland 2004, 19) und stellte 1883 mit dem Modell Unitas das erste frei stehende, nur aus einem Teil bestehende Keramikklosett vor (Blair 2000, 17; Publikation der Firma Twyford, 5). 1884 brachte Frederick Humperson das erste Tiefspülklosett auf den Markt (Blair 2000, 19).

17 „Wash down" ist die englische Bezeichnung für Tiefspül- und „wash out" für Flachspülklosetts.

18 Eine eindeutige Zuordnung zur Firma Doulton als Hersteller kann allerdings nicht gemacht werden. So steht auf manchen Toiletten unter dem The Sanitas Wash Down Closet Logo: Owen Thomas – Sanitary Plumber – Llandudno. Auf YouTube ist unter https://www.youtube.com/watch?v=tj-4arLQIb4 (letzter Zugriff: 21.05.2018) auch ein Video zu finden, bei dem das Logo diesen Zusatz hat. Zudem zeigt es auch die Toilette in Spülfunktion. Zur Firma Owen Thomas waren keine weiteren Informationen zu herauszubekommen. Der angegebene Ort Llandudno ist ein Seebad in Wales. Ein mit blauen Blumen dekoriertes Modell des The Sanitas Wash Down Closets wird vom Auktionshaus the saleroom als Staffordshire pottery angeboten (https://www.the-saleroom.com/en-gb/auction-catalogues/rogers-jones-and-co/catalogue-id-2791378/lot-8600326, letzter Zugriff: 09.02.2018). Staffordshire, insbesondere Nordstaffordshire, war ein Zentrum der Keramik- und Porzellanindustrie. Die Firma Doulton, die Blair als Hersteller nennt (Blair 2000, 24), hatte ihren Sitz in Lambeth, London.

19 1903 gründeten die englischen Unternehmer Thomas W. Twyford in Ratingen und Alfred Johnson in Wesel Feuertonfabriken, um einerseits der wachsenden Nachfrage nach Sanitärkeramik nachzukommen und andererseits die hohen Einfuhrzölle zu vermeiden. 1917 erfolgte der Zusammenschluss mit den „Diamant" Steingutwerken in Flörsheim zur Keramische Werke GmbH mit

Sitz in Ratingen. Ab 1918 firmierte die Firma unter Keramag Keramische Werke GmbH (später eine AG). 1926 erwarb die britische Unternehmerfamilie Walker die Aktienmehrheit, 1968 ging die Aktienmehrheit an die französischen Allia S.A., die 1991 von der finnischen Sanitec Corporation übernommen wurde. Seit 2015 gehört das Unternehmen zur Geberit Gruppe, einem weltweit tätigen schweizerischen Konzern für Sanitärprodukte (https://de.wikipedia.org/wiki/Keramag, Stand: 20.01.2017).

20 Ideal Standard Deutschland in Bonn ist die deutsche Tochter der belgischen Ideal Standard International. Sie wurde ursprünglich 1901 als Nationale Radiator Gesellschaft mbH in Berlin gegründet und war ein Tochterunternehmen der American Radiator Corporation New York (Gründung 1892 durch Fusion mehrerer Radiatorenhersteller). Sie stellte Radiatoren und Heizkessel aus Gusseisen für den Wohnungsbau her. Die Herstellung von Produkten für den Sanitärbereich begann 1929 mit der Fusion von American Radiator Corporation New York mit der Standard Sanitary Corporation (Gründung 1899 durch Fusion mehrere US-amerikanischer Unternehmen) zur American Radiator & Standard Sanitary Corporation. Später erfolgte die Umfirmierung in American Standard Companies (Hauptsitz in Piscataway, New Jersey). 1950 wurde in Deutschland der Name in Ideal Standard GmbH geändert. 2007 erfolgte die Übernahme der Bad- und Küchenproduktesparte von American Standard Companies durch den US-amerikanischen Finanzinvestor Bain Capital, wodurch Ideal Standard ein eigenständiges Unternehmen wurde (https://en.wikipedia.org/wiki/American_Radiator_Company, Stand: 30.01.2018, https://de.wikipedia.org/wiki/American_Standard_Companies, Stand: 30.08.2018, https://de.wikipedia.org/wiki/Ideal_Standard, Stand: 32.05.2018, https://en.wikipedia.org/wiki/Standard_Sanitary_Manufacturing_Company, Stand: 13.11.2016).

21 Villeroy & Boch in Mettlach (Saarland) entstand 1836 durch den Zusammenschluss der Firmen von Jean-François Boch (Gründung 1748 durch François Boch als Keramikfabrik, insbesondere zur Herstellung von Geschirr) und Nicolas Villeroy (Gründung 1791 durch Nicolas Villeroy als Steingutfabrik). Ab 1899 begann Villeroy & Boch mit einer Großserienproduktion von Sanitärkeramik, Toiletten, Spülbecken und Badewannen (https://de.wikipedia.org/wiki/Villeroy_%26_Boch, Stand: 03.07.2018).

22 E-Mails von E. Sande vom 13.11.2017, M. Wege vom 15.11.2017 und E. Schneider vom 28.11.2017

23 Putnam gibt als Quelle an: „Gerhard, Wm. Paul: „Entwässerungs-Anlagen Amerikanischer Gebäude" Nr. 10 in „Fortschritte auf dem Gebiete der Architektur" Stuttgart 1897, Verlag von Arnold Bergstrasser" (Putnam 1911, 484).

24 Als Toilettentyp konnte das Sanitas-Klosett, abhängig von der Patentsituation, von verschiedenen Herstellern angeboten worden sein, wie dies z. B. bei den Flach- und Tiefspülklosetts der Fall war. Zudem war auch ein Import aus den USA möglich.

25 J. Pickering Putnams Anforderungen an ein Klosett:

1. einfach
2. schnelle und gründliche Spülung
3. frei von unsicheren (gefährlichen) Teilen
4. ökonomische Konstruktion und sparsam im Wasserverbrauch
5. kompakte, ansprechende Form
6. stehendes Wasser in der Schüssel
7. Erreichbarkeit und Sichtbarkeit aller Teile einschließlich des Siphons
8. glatte Materialoberfläche
9. robuste, dauerhafte Konstruktion
10. einfache und zuverlässige Dichtungen
11. keine Verdunstung und Geruchsbildung durch Entleerung des Siphons
12. leicht und bequem zu handhabende Spülung
13. geräuschlose Betätigung
14. ansprechendes Design

(Putnam 1911, 474)

26 Nach den Abbildungen aus den Verkaufskatalogen der Firma The Sanitas Manufacturing Company zu urteilen, scheinen die dort angebotenen Toiletten dem von Putnam erfundenen Klosetttyp zu entsprechen (vgl. Abb. 23). Ob die Firma The Sanitas Manufacturing Company eventuell von Putnam gegründet wurde, um seine Erfindung zu produzieren oder ob er die Rechte seiner Erfindung inklusive des Namens Sanitas an The Sanitas Manufacturing Company verkaufte oder ob er in irgendeiner Weise an der Firma beteiligt war, ist leider nicht mehr feststellbar. Zur Firmengeschichte von The Sanitas Manufacturing Company ist nur wenig zu finden. Aus dem Vorwort einer ihrer Kataloge ist zu entnehmen, dass der Name Sanitas seit 25 Jahren für beste sanitäre Anlagen steht. Auf dem Deckblatt dieses Kataloges ist jedoch zu lesen: „1883 – Sanitas – 1913". Daraus kann geschlossen werden, dass die

Jutta Neuhaus

Firma bereits 30 Jahre existierte, eventuell unter anderem Namen und einem anderen Sortiment (https://babel.hathitrust.org/cgi/pt?id=nyp.33433087587386;view=1up;seq=2;size=150, letzter Zugriff: 21.05.2018).

Auch wenn schließlich unter Sanitas ein ganzes Sortiment an Badeinrichtungsgegenständen und -installationen verkauft und Sanitas zu einer Marke wurde, so bezeichnete man in den USA zumindest in den Jahren kurz nach Putnams Erfindung mit Sanitas diesen speziellen Toilettentyp. Beispielsweise beschrieb 1890 Alfred Woodhull in seinem Buch über Militärhygiene für Offiziere unter dem Namen Sanitas diesen speziellen WC-Typ (Woodhull 1904, 139).

27 E-Mails von S. Keck vom 15.01.2018, K. Kramer vom 06.12.2017, M. Mason vom 06.04.2018 und E. Schneider vom 28.11.2017

28 E-Mail von S. Keck vom 15.01.2018

29 Ragland schreibt, dass die österreichische Firma Rudolf Ditmar Znaim (RDZ) 1904 das Modell Simplon auf dem Markt brachte, das als eines der ersten eine Vorrichtung zur Befestigung eines WC-Sitzes direkt auf der Schüssel hatte (Ragland 2004, 69). Blair, der sich bei seiner Abhandlung vorwiegend auf den englischen Markt konzentrierte, nennt 1911 als das Jahr, in dem zum ersten Mal Sitze direkt auf die Klosettschüssel montiert wurden (Blair 2000, 28). Allerdings sind im Katalog der amerikanischen Firma The Sanitas Manufacturing Co. von 1896 bereits mehrere Toiletten mit direkt auf dem Becken montierten WC-Brillen aufgeführt. Bei zwei Modellen, die ohne Sitz abgebildet sind, ist auch die Befestigungsvorrichtung auf der Schüssel zu erkennen (Sanitas Manufacturing Co., Smith & Anthony Co. Proprietors.: Sanitas Plumbing Appliances 1896, 8-21). Möglicherweise war die Fixierung des Sitzes direkt auf dem Klosett eine amerikanische Erfindung, und RDZ war nur in Europa die erste Firma, die eine derartige Konstruktion auf den Markt brachte.

30 Verschiedene Fachleute von Sanitärprodukten schätzen die Zeit, in der das Modell der in Mannheim gefundene Toilettenschüssel produziert wurde, unterschiedlich ein: 1880 (Keck 05.01.2018), 1880-1890 (Kramer 06.12.2017), Regierungszeit Victoria von England (1837-1901) (Mason 06.04.2018), Regierungszeit Kaiser Franz Joseph I. (1848-1916) (Pant September 2017), 1910 bis Mitte der 1930er Jahre (Schneider 28.11.2017).

31 E-Mail von E-Schneider vom 28.11.2017

32 E-Mails von A. Heege vom 06.08.2018 und S. Krabath vom 21.08.2018; Zühlsdorff 1988

33 Es gab allerdings, insbesondere beim Adel, auch Wassertoiletten ohne entsprechende Systeme. So besaß bereits Elisabeth I. von England (1533-1603) in Richmond Palace (Ragland 2004, 73) oder Cornelius Wilhelm Freiherr von Heyl zu Herrnsheim in seinem Herrenhaus des Hofguts Guntershausen (Stockstadt am Rhein, Kreis Groß-Gerau) Ende des 19. Jahrhunderts ein solches Stück ohne öffentliche Anschlüsse. Dafür hatten die Herrschaften aber die entsprechende Dienerschaft, die für die Funktion verantwortlich war. So weiß man vom Hofgut Guntershausen, dass dort ein Wassertank im Dachgeschoss installiert worden war, aus dem das Wasser nach unten rauschen konnte. Der Tank wurde vom Personal des Freiherrn mit Eimern befüllt (http://hofgut-guntershausen.de/englische-nobel-toilette-im-heimatmuseum, letzter Zugriff: 12.07.2019). Auch bei bürgerlichen Haushalten sind Toiletten zu finden, die mit Wasser ausgespült wurden, ohne dass die entsprechenden Ver- und Entsorgungssysteme vorhanden waren. So meldete die Kollektur Mannheim im Jahr 1874 in einem Schreiben an den Oberkirchenrat, dass Pfarrer Hoeck damit einverstanden sei, dass der Abtritt im Pfarrhaus in Heddesheim durch ein Klappenklosett mit entsprechender Vorrichtung zur Ausspülung der Schüssel ersetzt wird. Da Wasserleitungen in Heddesheim noch nicht installiert waren, musste das Wasser in entsprechenden Behältnissen bereitgestellt werden. Die Entsorgung erfolgte über die Dunggrube (Anzinger 2017, 91, 97).

34 http://www.rhein-neckar-industriekultur.de/objekte/pumpwerk-ochsenpferch-mannheim, letzter Zugriff: 21.07.2018

35 Heichlinger erwähnt leider nicht, von wann diese Verordnung stammte. Sie setzt jedoch voraus, dass ein funktionsfähiges Wasserleitungssystem existierte, was in Mannheim ab 1888 der Fall war (Schenk 1999, 229).

36 Zuvor erfolgte die Wasserversorgung nur über öffentliche und private Brunnen (Schenk 1999, 229).

37 Im Familienmeldebogen der Stadt Mannheim wird Heinrich Dubbernell teilweise auch nur mit einem b (Dubernell) geführt. Heinrich Dubbernell wurde am 20. Dezember 1852 in Bergzabern geboren und war bayerischer Staatsangehöriger. Am 20. Februar 1893 wurde er badischer Staatsbürger. Dubbernell war dreimal verheiratet und hatte insgesamt acht Kinder, von denen drei sofort nach der Geburt oder im Kleinkindalter starben. Heinrich Dubbernell wird in den Adressbüchern von 1909 bis 1934/35 als Spenglermeister und Installateur bezeichnet und von 1936/37 bis 1939/40 als Privatier. In den Adressbüchern von 1940/41 und 1941/42 sind als Eigentümer die Erben von Heinrich Dubbernell aufgeführt. Kriegsbedingt erschien das nächste Adressbuch erst wieder 1947. Ein Dubbernell als Bewohner von C 4, 6 ist nicht mehr zu finden.

Heinrich Dubbernells ältester Sohn, der am 19.02.1879 geborene Hermann, war wie sein Vater Installateur und wohnte 1907 und 1908 in M 4, 10 sowie von 1909 bis 1940/41 in der Gr. Metzelstr. 27 a (heute Reichskanzler-Müller-Straße).

Ein archäologischer Fund mit Tiefgang

Am 27.12.1889 wurde Heinrich Dubbernells Sohn Otto geboren, der ab 1919 ebenfalls im Haus C 4, 6 wohnte und zwar im selben Geschoss wie sein Vater. Auch für das Erdgeschoss des Hinterhauses ist er ab diesem Zeitpunkt gelistet. Seine Berufsbezeichnung wird in den Mannheimer Adressbüchern mit Kunstmaler und Malermeister angegeben. Otto Dubbernell ist im Adressbuch vom 1941/42 das letzte Mal unter dieser Adresse zu finden.

37 Im Mannheimer Adressbuch von 1949 ist der Elektro-Kaufmann Heinrich Maier, wohnhaft in der Kirchenstr. 9, zum ersten Mal als Eigentümer von C 4, 6 aufgeführt. Die Adressbuchausgabe von 1947 enthält kein Straßenverzeichnis, aus dem die Eigentümer der Gebäude zu entnehmen sind. Da die Pläne zur Instandsetzung von C 4, 6 aus dem Jahr 1948 stammen, ist davon auszugehen, dass er spätestens 1948, wenn nicht schon früher, das Anwesen erworben hatte.

38 https://www.delcampe.ch/de/sammlerobjekte/werbung/original-werbung-1927-sanitas-ag-sanitaer-apparate-zuerich-bern-st-gallen-toilette-293836652.html#tab-seller, letzter Zugriff: 11.08.2019

Quellen und Literatur

Herbert Anzinger: „Diese alte, viele Jahre hindurch völlig verwahrloste Pfarrwohnung ..." – Auswertung archivarischer Quellen zur Geschichte des Heddesheimer Schul- und Pfarrhauses im 18. und 19. Jahrhundert. In: Hermann Wiegand, Klaus Wirth (Hrsg.): Von der Grubenhütte zum Pfarrhaus – Archäologie und Geschichte der Parzelle Oberdorfstraße 3 in Heddesheim, Heidelberg, Ubstadt-Weiher, Basel 2017, S. 69-98

Franklin P. Baugh: Historical perspective of bathroom design and space requirements in the United States, Masterarbeit, Oklahoma State University, 1989, URL: https://shareok.org/bitstream/handle/11244/14122/Thesis-1989-B346h.pdf?sequence=1&isAllowed=y, abgerufen am 09.04.2018

Munroe Blair: Ceramic Water Closets, Princes Risborough 2000

Jacob Blume: Von Donnerbalken und innerer Einkehr – Eine Klo-Geschichte, Göttingen 2004

Jan Carstensen, Heinrich Stiewe (Hrsg.): Orte der Erleichterung – Zur Geschichte von Abort und Wasserklosett, Schriften LWL-Freilichtmuseums Detmold, Band 38, Petersberg 2016

James Denley: A history of Twyfords 1680-1982, ohne Ortsangabe, publiziert 2015, URL: https://issuu.com/booklooks/docs/history_of_twyfords_1680-1982_by_ja und Download unter: https://www.twyfordbathrooms.com/about-us/history/, abgerufen am 05.04.2018

Der Große Duden, Band 7: Das Herkunftswörterbuch – Etymologie der deutschen Sprache, Mannheim, Wien, Zürich 1989, 2. völlig neu bearb. u. erw. Aufl.

Familienmeldebogen der Stadt Mannheim: Heinrich Dubernell/Dubernell, Marchivum Mannheim

Generalanzeiger der Stadt Mannheim und Umgebung, Nr. 42 vom 19.02.1888; Nr. 43 vom 27.01.1908; Nr. 243 vom 26.05.1908; Nr. 250 vom 30.05.1908, Marchivum Mannheim

Heichlinger: Die Entwässerungsanlagen. In: Unterrheinischer Bezirk des Badischen Arch.- und Ing.-Vereins und Arch.- und Ing.-Verein Mannheim-Ludwighafen (Hrsg.): Mannheim und seine Bauten, Mannheim 1906, S. 576-593 [Onlinefassung]; URL: http://digi.ub.uni-heidelberg.de/diglit/mannheim1906, abgerufen am 02.11.2017

Spencer Klaw: The World's Tallest Building. In: Edwin S. Grosvenor (Hrsg.): The Best of American Heritage: New York, New Word City, 2017, Kapitel 13, (E-Book) über: https://books.google.de/books?id=JS8oDwAAQBAJ&pg=PT139&lpg=PT139&dq=The+Sanitas+toilet&source=bl&ots=JnrY9lfja3&sig=XGmxF19HTN4tJuLJ0UvjinWIRn0&hl=de&sa=X&ved=0ahUKEwiX5L2whorZAhVR6KQKHf9hDWUQ6AEIVTAG#v=onepage&q=The%20Sanitas%20toilet&f=false, abgerufen am 03.02.2018 und https://www.amazon.com/Best-American-Heritage-New-York-ebook/dp/B072KMYY11#reader_B072KMYY11, abgerufen am 03.02.2018.

Adrean Knoepfli: Aus zwei mach eins, in: Hochparterre : Zeitschrift für Architektur und Design, Band 4 (1991), S. 105, URL: https://www.e-periodica.ch/digbib/view?pid=hoc-001:1991:4::723#723, abgerufen am 06.01.2018

Mannheimer Adressbücher von 1888 bis 1949, Marchivum Mannheim

Jutta Neuhaus: Kleiner Fund mit großer Geschichte: Die Zahnbürsten von C 4, 6 in Mannheim. Mannheimer Geschichtsblätter 34, 2017, Heidelberg, Ubstadt-Weiher, Basel 2018, S. 143-159

Benita Nold: Englische Nobel-Toilette im Heimatmuseum, Ried Echo vom 05.06.2018, http://hofgut-guntershausen.de/englische-nobel-toilette-im-heimatmuseum, abgerufen am 12.07.2019

Maureen Ogle: All the modern conveniences: American household plumbing, 1840-1870, Retrospective Theses and Dissertations, Iowa State University, 1992, PDF-Version, URL: https://lib.dr.iastate.edu/cgi/viewcontent.cgi?article=10939&context=rtd, abgerufen am 27.03.2018

Jutta Neuhaus

Roy Palmer: Auch das WC hat seine Geschichte, München 1977

Pichler: Das Wasserwerk. In: Unterrheinischer Bezirk des Badischen Arch.- und Ing.-Vereins und Arch.- und Ing.-Verein Mannheim-Ludwighafen (Hrsg.): Mannheim und seine Bauten, Mannheim 1906, S. 624-632 [Onlinefassung]; URL: http://digi.ub.uni-heidelberg.de/diglit/mannheim1906, abgerufen am 02.11.2017

J. Pickering Putnam: Improved Plumbing Appliances, 1887, zitiert über http://chestofbooks.com/home-improvement/construction/plumbing/Plumbing-Appliances/The-Sanitas-Closet.html, abgerufen am 18.11.2017

J. Pickering Putnam: Plumbing and Household Sanitation, New York 1911, URL: http://scans.library.utoronto.ca/pdf/5/33/plumbinghousehol00putnuoft/plumbinghousehol00putnuoft.pdf, abgerufen am 27.05.2018

Jonny Ragland: The Hidden Room, Kingston, St. Pölten 2004, URL: http://www.redoakleaves.com/downloads/The_hidden_room.pdf, abgerufen am 27.02.2017

Barbara Ritter, Sabine Pich: Pumpwerk Ochsenpferch in Mannheim, Informationsblatt zum Tag des Offenen Denkmals 2008, http://www.rhein-neckar-industriekultur.de/objekte/pumpwerk-ochsenpferch-mannheim, abgerufen am 21.07.2018

Monika Ryll, Sabine Pich: Fremdeneinstieg in die Mannheimer Kanalisation, veröffentlicht auf der Internetseite von Rhein-Neckar-Industriekultur e.V., http://www.rhein-neckar-industriekultur.de/objekte/fremdeneinstieg-die-mannheimer-kanalisation, abgerufen am 25.11.2017

Andreas Schenk: Architekturführer Mannheim, Berlin 1999

Ulrike Scholda: Vom Nachtscherm zur Klomuschel, in: Ottillinger, Eva B. (Hrsg.): Intime Zeugen – Vom Waschtisch zum Badezimmer, Publikationsreihe der Museen des Mobiliendepots, Band 40, Wien, Köln, Weimar 2011, S. 113-128

Mila Schrader: Plumpsklo, Abort, Stilles Örtchen, Suderburg-Hösseringen 2003, URL: http://www.goesslinghoff.net/393182425X.pdf, abgerufen am 11.08.2017

Amandine Steinmetz: Restaurierungsbericht: BW2010-40-13 MA C4.6 vom 01.09.2014, Reiss-Engelhorn-Museen, Restaurierungsatelier der Abt. Archäologische Denkmalpflege und Sammlungen

Hans Weber: Plan zur Instandsetzung von C 4, 6, Mannheim 1948

Wolfgang Wiese, Wolfgang Schröck-Schmidt (Hrsg.): Das Stille Örtchen – Tabu und Reinlichkeit bey Hofe, Begleitband zur Wanderausstellung der Staatlichen Schlösser und Gärten Baden-Württemberg, München 2011

Alfred A. Woodhull: Notes on Military Hygiene for Officers of the Line – A Syllabus of Lectures Formerly Delivered at the U.S. Infantry and Cavalry School, 3. Auflage von 1904 (1. Auflage: 1890), URL: https://archive.org/details/notesonmilitaryh00woodrich, abgerufen am 13.04.2018

Lawrence Wright: Clean and Decent – The fascinating history of the bathroom & the water closet, 2. Auflage, New York 1960, URL: https://hdl.handle.net/2027/miun.agr4207.0001.001?urlappend=%3Bseq=5, abgerufen am 13.04.2018

Dieter Zühlsdorff: Markenlexikon, Porzellan und Keramik Report 1805–1935, Band 1, Europa (Festland), Stuttgart 1988

Internet

http://www.cambridge.org/de/academic/subjects/history/history-medicine/notes-military-hygiene-officers-line-syllabus-lectures-formerly-delivered-us-infantry-and-cavalry-school?format=PB&isbn=9781108069823#WKD36VluphoOsMHT.97, abgerufen am 31.08.2017

http://catalogue.jerseyheritage.org/collection/Details/collect/20273?rank=, abgerufen am: 24.08.2017

https://www.delcampe.ch/de/sammlerobjekte/werbung/original-werbung-1927-sanitas-ag-sanitaer-apparate-zuerich-bern-st-gallen-toilette-293836652.html#tab-seller, abgerufen am 08.08.2017

https://www.duden.de/rechtschreibung/sanitaer, abgerufen am 20.05.2018

https://www.duden.de/rechtschreibung/Sanitaet, abgerufen am 20.05.2018

https://www.geschichtswerkstatt-wilhelmsburg.de/honigfabrik/geschichte/, abgerufen am 20.05.2018

http://gutowski.de/Katalog-51/PDFs/131-140.pdf, abgerufen am 13.042018

http://www.historische-wertpapiere.de/de/hsk-auktion-xxix/?AID=72200&AKTIE=Sanitas+AG, abgerufen am 20.05.2018

http://www.libertas-sanitas.de, abgerufen am 20.05.2018

http://norfolkreclamation.co.uk/stock/sanitary-ware/toilets-bidets/original-the-sanitas-washdown-closet-toilet-pan-wc.html, abgerufen am 20.05.2018

http://oasis.lib.harvard.edu/oasis/deliver/~bak00227, abgerufen am 21.05.2018

Ein archäologischer Fund mit Tiefgang

http://www.pflege-sanitas.de/, abgerufen am 20.08.2018

https://de.pons.com/%C3%BCbersetzung/latein-deutsch/sanitas, abgerufen am 20.05.2018

https://www.sanita.de/, abgerufen am 11.11.2017

https://www.sanitas.com/, abgerufen am 20.05.2018

https://www.sanitas.de/, abgerufen am 20.05.2018

http://www.sanitas-apotheke-berlin.de, abgerufen am 20.05.2018

http://www.sanitas-kl.de, abgerufen am 20.05.2018

http://www.sanitas-pritzwalk.de, abgerufen am 20.05.2018

http://www.sanitastroesch.ch/de/Unternehmen/Das-Unternehmen/Geschichte, abgerufen am 20.05.2018

http://www.scheisse-museum.de/ins-museum/rund-um-die-toilette/geschichte/, abgerufen am 30.08.2015

http://www.stiffkeybathrooms.com/products/antique-toilets-lavatories/the-sanitas-victorian-wc-with-p-trap-outlet, abgerufen am 20.05.2018

https://suche.staatsarchiv.djiktzh.ch/detail.aspx?Id=23115, abgerufen am 20.05.2018

https://suche.staatsarchiv.djiktzh.ch/detail.aspx?ID=23094, abgerufen am 20.05.2018

https://suche.staatsarchiv.djiktzh.ch/detail.aspx?Id=1932105, abgerufen am 27.07.2017

https://www.the-saleroom.com/en-gb/auction-catalogues/rogers-jones-and-co/catalogue-id-2791378/lot-8600326, Stand: 21.05.2018

https://www.twyfordbathrooms.com/about-us/history/, abgerufen am 05.04.2018

http://www.query.sta.be.ch/detail.aspx?ID=626936, abgerufen am 27.07.2017

http://www.query.sta.be.ch/detail.aspx?ID=626937, abgerufen am 27.07.2017

https://de.wikipedia.org/wiki/AB_Sanitas, Stand: 17.05.2017

https://en.wikipedia.org/wiki/American_Radiator_Company, Stand: 30.01.2018

https://de.wikipedia.org/wiki/American_Standard_Companies, Stand: 30.08.2018

https://de.wikipedia.org/wiki/Cass_Gilbert, Stand: 03.04.2018

https://de.wikipedia.org/wiki/Geberit, Stand: 28.06.2018

https://de.wikipedia.org/wiki/Ideal_Standard, Stand: 23.05.2018

https://de.wikipedia.org/wiki/Keramag, Stand 25.01.2017

https://en.wikipedia.org/wiki/J._Pickering_Putnam, Stand: 19.01.2017

https://en.wikipedia.org/wiki/List_of_tallest_buildings_in_New_York_City, Stand: 50.05.2018

https://de.wikipedia.org/wiki/Llandudno_(Wales), Stand: 30.04.2018

https://de.wikipedia.org/wiki/Sanitas_Troesch, Stand: 20.05.2018

https://en.wikipedia.org/wiki/Standard_Sanitary_Manufacturing_Company, Stand: 13.11.2016

https://de.wikipedia.org/wiki/Toilette#Geschichte, Stand: 02.04.2018

https://de.wikipedia.org/wiki/Villeroy_%26_Boch, Stand: 03.07.2018

https://de.wikipedia.org/wiki/Wales, Stand 09.04.2018

https://de.wikipedia.org/wiki/Winfield_Woolworth, Stand: 24.03.2018

https://en.wikipedia.org/wiki/Woolworth_Building, Stand: 16.05.2018

https://worldwide.espacenet.com/publicationDetails/originalDocument?CC=CH&NR=160719&DB=worldwide.espacenet.com&locale=de_EP#, abgerufen am 20.05.2018

https://www.youtube.com/watch?v=tj-4arLQIb4, abgerufen am 21.05.2018

Firmenveröffentlichungen

Publikation der Firma Twyford: The development of the flushing toilet, detailed chronology 1596 onwards, Stoke-on-Trent, keine Jahresangabe, Download unter: https://www.twyfordbathrooms.com/about-us/history/, abgerufen am 05.04.2018

Firmenschrift der Firma The Sanitas Manufacturing Company: The Sanitas Plumbing Appliances, Boston 1896, https://archive.org/details/TheSanitasPlumbingAppliances, abgerufen am 21.05.2018

Verkaufskatalog der Firma The Sanitas Manufacturing Company: The Sanitas Plumbing Appliances. Boston 1887, PDF-Version, URL: https://ia800700.us.archive.org/33/items/TheSanitasPlumbingAppliances_965/CCA79677.pdf, abgerufen am 21.05.2018

Verkaufskatalog der Firma Sanitas Manufacturing Co., Smith & Anthony Co. Proprietors.: Sanitas Plumbing Appliances, Boston, New York, Chicago 1896, PDF-Version, URL: https://ia801001.us.archive.org/32/items/SanitasPlumbingAppliances/Cca34795SanitasMfg.Co.pdf, abgerufen am 21.05.2018

Verkaufskatalog der Firma The Sanitas Manufacturing Company: Sanitas Plumbing Fixtures for Residences, Boston, New York, Wakefield (Mass.), 1913, digitalisierte Version, URL: https://babel.hathitrust.org/cgi/pt?id=nyp.33433087587386;view=1up;seq=190;size=150, abgerufen am 21.05.2018

Verkaufskatalog der Firma Smith & Anthony Company: Hub Stoves, Ranges and Furnaces, Boston, New York, Chicago 1894/95, PDF-Version, URL: https://ia800606.us.archive.org/19/items/CatalogueSmithAnthonyCompanyHubStovesRangesAndFurnaces/SmithAnthonyCompany.pdf, abgerufen am 21.05.2018

Sonstiges

Auskunft von Herrn Jason Castledine, Museum Registrar, Jersey Heritage, St. Helier (Jersey), E-Mal vom 08.09.2017

Auskunft von Herrn Dr. Andreas Heege, Zug, Schweiz, E-Mail vom 06.08.2018

Auskunft von Frau Sandrine Keck, Archäologin, Betreuerin Bauteillager, Amt für Raumentwicklung – Archäologie und Denkmalpflege, Zürich, E-Mail vom 08. und 15.01.2018

Auskunft von Herrn Dr. Stefan Krabath, Niedersächsisches Institut für historische Küstenforschung, Wilhelmshaven, E-Mail vom 21.08.2018

Auskunft von Herrn Klaus Kramer, Fotografie · Grafik · Fotorestaurierung, Aichhalden, Ansprechperson für Hansgrohe-Museum „Wasser – Bad – Design", Schiltach, E-Mail vom 06.12.2017

Auskunft von Herrn Matthew Mason, Technical Support, Geberit Sales Ltd., Warwick (GB), E-Mail vom 06.04.2018

Auskunft von Frau Beate Müller, Aug. Höhne Söhne mbH, Hamburg, E-Mail vom 08.01.2018

Auskunft von Herrn Kurt Pant, Sanitärhistorisches Museum, Wien, Telefonat vom September 2017

Auskunft von Frau Denise Pfulg, Assistentin Leitung Marketing und Category Bad, Sanitas Troesch AG, Zürich, E-Mail vom 19.06.2017

Auskunft von Herrn Ernst Sander, Sachbearbeiter Endkunden Telefon, Geberit Vertriebs GmbH, Ratingen, E-Mail vom 13.11.2017

Auskunft von Frau Ester Schneider, Managing Director Museum of Ceramics, Keramikmuseum Villeroy & Boch AG, Mettlach, E-Mail vom 28.11.2017

Auskunft von Marion Thalheim, Sammlung, Deutsches Hygiene-Museum, Dresden, E-Mai von: 07.12.2017

Auskunft von Frau Martina Wege, Produktmanagerin Keramik und Möbel, Ideal Standard GmbH, Bonn, E-Mail vom 15.11.2017

Auskunft von Herrn Peter Will, Restaurator Archäologie, Reiss-Engelhorn-Museen, Mannheim, E-Mail vom 08.05.2019

Bildnachweise

Abb. 1, 6, 10, 13, 25, 33: Jutta Neuhaus

Abb. 2–5, 7–9, 11, 26-28, 31, 32: Reiss-Engelhorn-Museen, Archäologische Denkmalpflege und Sammlungen, Mannheim

Abb. 12, 29, 30: Marchivum, Mannheim

Abb. 14: Eidgenössisches Institut für Geistiges Eigentum, Bern

Abb. 15: www.historische-Wertpapiere.de

Abb. 16, 17: Canadian Centre for Architecture, ark:/13960/t79s2qg1n, archive.org

Abb. 18: stiffkeybathrooms.com

Abb. 19: Norfolk Antique and Reclamation Centre, norfolkreclamation.co.uk

Abb. 20–22: http://chestofbooks.com

Abb. 23: us.archive.org

Abb. 24: hathitrust.org

Herausgeber
Hermann Wiegand
Alfried Wieczorek
Ulrich Nieß
Hans-Jürgen Buderer
Wilhelm Kreutz

Inhaltliche Konzeption
Claudia Braun
Wilhelm Kreutz
Ulrich Nieß
Hermann Wiegand

Wissenschaftliche Redaktion
Wilhelm Kreutz
Luisa Reiblich
Hanspeter Rings

Lektorat
Luisa Reiblich

Graphische Gestaltung
Luisa Reiblich
Jochen Baumgärtner

Autoren
Dr. Hans-Otto Brinkkötter
Dr. Hans-Jürgen Buderer
Kristin Knaack M.A.
Dr. Christian Könne
Anselm Küsters
Andreas Mix
Jutta Neuhaus
Maike Piecuch
Heinrich Renschler
Dr. Monika Ryll
Sibylle Schwab M.A.
Toby Sonnemann
Dr. Harald Stockert
Dr. Alfred Storch
Prof. Dr. Claude W. Sui

Produktion
verlag regionalkultur,
Heidelberg – Ubstadt-Weiher
– Speyer

Abbildungen
© Reiss-Engelhorn-Museen
Mannheim (Fotografen Jean
Christen, Carolin Breckle,
Maria Schumann, Lina
Kaluza oder rem-Archiv) und
MARCHIVUM, wenn nicht
ausdrücklich andere Rechte-
inhaber oder Fotografen
benannt sind.

ISSN 0948-2784
ISBN 978-3-95505-174-7

Abbildung auf der
Vorderseite:
Bertha Sonneman in der
Heinrich-Lanz-Straße 34
MARCHIVUM, AB03996-056
(NL Sonneman)
(Siehe S. 78)

Abbildung auf der
Rückseite:
Mannheim
Charlottenstraße 19
(Rathenaustraße 19)
Links Wohnhaus,
Gartenpavillon zerstört
Um 1910
MARCHIVUM
(Siehe S. 58)

Für Publikationsanfragen
wenden Sie sich bitte an das
Sekretariat des Mannheimer
Altertumsvereins z. Hd. Herrn
Prof. Dr. Wilhelm Kreutz
Reiss-Engelhorn-Museen
D 5, Museum Weltkulturen
68159 Mannheim

Für unverlangt eingehende
Manuskripte wird weder
Haftung noch eine Publika-
tionsgarantie übernommen.